Irritationen im Delta-Sektor

Geheimakte MARS 25

© 2023 D. W. McGillen

Umschlagsfoto: Mit Lizenz

Paperback: ISBN: 9781725841833
Imprint: Independently published

Hardcover: ISBN: 9798863983974
Imprint: Independently published

ISBN-e-Book: ebenfalls erhältlich:

Das Werk, einschließlich seiner Teile ist urheberrechtlich geschützt. Jede Verwertung ist ohne die Zustimmung des Verlages und des Autors unzulässig. Die Namen der Personen und die Handlung sind frei erfunden.

D.W. McGillen, 10.10.2023

Auch erhältlich:

Geheimakte Mars 01: Suche nach dem Ursprung
Geheimakte Mars 02: Erde in Gefahr
Geheimakte Mars 03: Entscheidung an der Dunkelwolke
Geheimakte Mars 04: Rebellion auf Proxima-Centauri
Geheimakte Mars 05: Flug in die zweite Dimension
Geheimakte Mars 06: Die versunkene Basis
Geheimakte Mars 07: Krisenfall Andromeda
Geheimakte Mars 08: Flugverbots-Zone Sombrero-Nebel
Geheimakte Mars 09: Die Admiralität von Santarid
Geheimakte Mars 10: Die weiße Anomalie der Zierrakies
Geheimakte Mars 11: Konfrontation in der zweiten Dimension
Geheimakte Mars 12: Das gefallene Kaiser-Imperium
Geheimakte Mars 13: Operation in Centauri
Geheimakte Mars 14: Fluchtplanet Redartan
Geheimakte Mars 15: In Geheimer Mission
Geheimakte Mars 16: Lorin's Vergeltung
Geheimakte Mars 17: Das Blaue Universum
Geheimakte Mars 18: Auf den Spuren der Mächtigen
Geheimakte Mars 19: Kampf um Adramalon
Geheimakte Mars 20: Verlorene Erkenntnisse der Vergangenheit
Geheimakte Mars 21: Mission Fluchtpoint Ragun
Geheimakte Mars 22: Präventivschlag im Zeitstrom
SPC -   Mars 01: Sabotage
Geheimakte Mars 23: Missionsziel Göttertor
Geheimakte Mars 24: Inkarnation Ragun
Geheimakte Mars 25: Irritationen im Delta-Sektor

Inhaltsverzeichnis

RÜCKBLICK: 4
ZURÜCK IN DER GEGENWART 8
EIN NEUER AUFTRAG 41
IM DELTA-SEKTOR 157
RÜCKBLICK IN DIE VERGANGENHEIT 332
PLANET AREL 368
VORSCHAU: 440

Rückblick:

Episode 22:
Der überraschende Angriff der Raguner auf die Flucht-Station der Aller-Ersten konnte vereitelt werden. Trotzdem bleibt die Gefahr aus der Vergangenheit weiterhin akut. Geoffwan, der Sprecher der alten Species sagte zu, die geheime Station in die Obhut der Terraner zu übergeben. Doch vorher mussten die Wurmloch-Tore der Raguner vernichtet werden, um die von ihnen geplante Zeitmanipulation zu verhindern. Ihr Plan war es, den Untergang ihres Imperiums zu verhindern. Major Travis sah keine andere Möglichkeit, als einen Gegenschlag durch Zeit und Raum zu befehlen. Die Gefahr für das Neue-Imperium und seine Bewohner sollte abgewendet werden. Ein Präventivschlag gegen die zeitgesteuerten Wurmloch-Stationen der Raguner wurde vorbereitet. Admiral Tarin versuchte weiterhin Spuren auf die Heimatwelt der Arthropoden finden, die er als Verursacher hinter dem Angriff der Rigo-Sauroiden auf

Natrid vermutete. Mit seinem Flaggschiff beteiligte er sich an der Mission Ragun. Doch die Gegenseite war nicht untätig.

Episode 23:

Die Wissenschaftler des Neues-Imperiums wurden von Geoffwan und Technikern seines Volkes in die Bedienung und Steuerung der geheimen Flüchtlings-Station eingewiesen. Die zwölf Tore, die von Ragun aus geöffnet werden können, müssen gesichert werden. Die Führung des Neuen-Imperiums plant einen geheimen Einsatz, um diese Wurmloch-Tore für immer abzuschalten.

Nach einer erfolgreichen Mission gelang es Systemrat Camaal, seine Flotte in das ragunische Imperium zurückzuführen. Dort ernannte ihn die Hypertronic-KI der zeitgesteuerten Wurmloch-Station auf Vagun zum alleinigen Oberbefehlshaber. Zurück auf der Zentralwelt wurden ihm wichtige Informationen zugespielt. Halswan und seine Komplizen gelang es, unbemerkt den Vorsitzenden des ragunischen Zentralrates zu beseitigen. Er stand den Plänen des Aller-Ersten im Wege. Die Regierung von Ragun beauftragte Systemrat Camaal einen Zeitsprung in die Zukunft durchzuführen, um einen Angriff auf das Neue-Imperium zu fliegen. Die geheime Station der Aller-Ersten mit der zeitgesteuerten

Wurmlochanlage sollte nach dem Willen des Zentralrates vernichtet werden.

Die Ereignisse überschlagen sich. Durch das Neue-Imperium werden dem Systemrat neue Informationen für die Rasse der Ceshalter bekannt, die mit der Beteiligung seiner Flotte die Welten der Arthropoden angreifen und vernichteten konnte. Doch scheinbar konnten nicht alle bewohnten Welten lokalisiert werden.

Episode: 24
Unerwartet materialisiert eine Flotte von 5.000 ragunischen Klappflügel-Zerstörern im Sol-System. Nachdem das Flaggschiff, unter dem Befehl von Systemrat Camaal, die Flottenpräsenz des Neuen-Imperiums gescannt hat, entscheidet sich der Kommandeur auf den von seinem Zentralrat befohlenen Angriff zu verzichten. Er erkannte rechtzeitig, dass seine Flotte massiv unterlegen war. Aufgrund des in Kürze vermuteten Angriffes der Arthropoden auf seine Heimatwelt, bittet er Major Travis um Asyl. Dieser erhält neue Informationen, die sehr hilfreich für einen geplanten Einsatz sein könnten. Das Neue-Imperium von Natrid & Tarid beabsichtigt die gefährlichen Flüchtlingstore auf dem ragunischen Regierungsplaneten abzuschalten. Ranus, ein Gefangener des letzten Angriffes der Raguner, unterstützt das Neue-Imperium und bittet General Poison seinen Clan zu evakuieren, um

diesen vor dem drohenden Untergang des Planeten zu retten. Das Neue- Imperium geht auf diese Bitte ein. Noel wird beauftragt, den evakuierten Ragunern einen lebenswerten Planeten zu suchen. Mit Unterstützung der Aller-Ersten und Heran, dem lantranischen Freund von Major Travis, laufen die Planungen für diese heikle Mission an. Sie trägt den Codenamen „Inkarnation Ragun".

Zurück in der Gegenwart

Oberhalb von Tarid öffnete sich ein großes zeitgesteuertes Wurmloch. Das Flaggschiff der Aller-Ersten, unter dem Befehl von Geoffwan hatte es geöffnet. Der Austritt der Missionsflotte wurde von 30.000 Schiffen der Heimatverteidigung des Neuen-Imperiums, unter dem Befehl von Commander Giacombo, akribisch beobachtet. Dieser Flottenverband stand in dem Orbit von Tarid, um den Einflug der Schiffe ins Sol-System zu überwachen. General Poison hatte zur Sicherheit den Commander mit einem starken Schiffsverband an diesen Standort befohlen, falls andere Schiffe als die eigenen Schiffe, aus dem Wurmloch austreten sollten.

In kurzen Abständen flog die Einsatzflotte-Ragun aus dem Tunnel heraus. Die neuen Schiffe der Imperator-Klasse hatten sich bewährt. Admiral Tarin befahl seinen Schiffs-Verband eine Warteposition in dem Leerraum zwischen Tarid und Natrid einzunehmen. Nach der Kampfflotte des Admirals passierten die zwei Transportschiffe mit den evakuierten Ragunern den Tunnel. Ihnen folgte die Termar 1 und das Evolutionsschiff von Heran. Als letztes Raumschiff trat das Flaggschiff der Aller-Ersten aus dem Wurmloch aus. Hinter ihrem Schiff schloss sich der zeitgesteuerte Durchgang und beendete den Kontakt zu dem untergehenden Planeten der Raguner.

Major Travis blickte den Funkoffizier seines Schiffes an.

»Sergeant Farmer«, bat er. »Öffnen sie mir bitte eine Flotten-Funkverbindung.«

Der Funkoffizier nickte. »Sie können sprechen, Herr Major«, bestätigte er. »Die Funkverbindung baut sich auf.«

Der Major griff nach seinem Communicator. »Hier ist Major Travis«, sprach er in das Gerät. »Wir sind zurück in der Gegenwart. Ich bedanke mich bei allen Commandern für ihre Unterstützung. Insbesondere bei Admiral Tarin, den Truppenführern der Bodenteams und bei unseren ragunischen Gästen. »Auch Heran, unserem lantranischen Freund, danke ich aufrichtig. Auf ihre Hilfe können wir nicht verzichten.«

Der Major blickte seine Offiziere und die Gäste auf der Brücke der Termar 1 an.

»Selbstverständlich möchte ich auch Zentralrat Muuda, Systemrat Camaal, Truppenführer Lenus und Ranus danken«, ergänzte er. »Ohne sie wäre unser Einsatz wesentlich schwieriger geworden. Dank ihren Hinweisen konnte die Gefahr für unsere Zeitepoche gebannt werden. Halswan und seinem Team konnte Einhalt geboten werden. Sie wurden von der Hypertronic-KI der Vagun-Station eliminiert. Obwohl das Neue-Imperium jetzt über zwei Stationen verfügt, die zeitgesteuerte Wurmlöcher öffnen können, werden wir diese Technik wohl nicht mehr einsetzen. Es zeigt sich, dass ein Eingriff in die Zeit ungeahnte Komplikationen mit sich bringen kann. Die EWK wird diese Stationen ausbauen und unter die Kontrolle der zentralen natradischen Hypertronic-KI stellen. Sie werden zukünftig ihren Dienst als Flottenkampfbasen und Raumschiffwerften verrichten. Die großflächige Höhlen-Anlage auf Vagun bietet zahlreichen Schiffen unserer Flotten einen neuen Hafen.«

Erneut machte der Major eine kurze Pause.
»Der Einsatz der Flotte von Admiral Tarin ist beendet«, erklärte er.» Ich bitte den Admiral seine Schiffe in die zugeordneten Werften und Landebasen zu entlassen. Nach Absprache mit General Poison, gewähren wir allen an diesem Einsatz beteiligten Personen, eine Woche Sonderurlaub. Ihre Dienststellen wurden entsprechend informiert. Die Führungsoffizire bitte ich zu einem Abschlussgespräch nach Titan. General Poison wartet auf unseren Bericht. Ich bitte auch die Delegation der Aller-Ersten, Heran und die ragunischen Führungsoffizire, an diesem Gespräch teilzunehmen.

Bevor die evakuierten Angehörigen von Ranus Clan auf die Schiffe von Systemrat Camaals Flotte verteilt werden, bitte ich die zwei Transportschiffe auf dem Raumhafen von Titan zu landen. Die Raguner werden von unserem medizinischen Team untersucht. Für Speisen und Getränke wurde gesorgt.«

»Die Schiffe bestätigten ihren Befehl«, meldete der Funkoffizier. »Das Personal bedankt sich.«

»Einen Kurs nach Titan setzen«, befahl Major Travis. »Landen sie auf dem großen Raumhafen vor dem Casino.«

Commander Brenzby gab die Einweisung weiter. Der 1. Offizier hatte das Kommando über das Schiff übernommen.

***

Drei Stunden später hatten sich alle Offiziere und Gäste in einem großen Sitzungssaal des Distributionszentrums auf Titan eingefunden.

General Poison, Noel, Commodore von Häussen, Commodore McGregor, Oberst Cameron und Commander Giacombo, standen vor den geladenen Offizieren. Major Travis saß bei Heran, Sirin, Atlanta und Heinze.

»Wo ist Major Travis?«, fragte der General. »Ich bitte den Major auf das Podium zu kommen.«

»Die Pflicht ruft«, lächelte Heran. »Der General will es förmlich machen. Du wirst an das Podium gerufen.«

Major Travis nickte und stand auf. Er zog seine Uniform glatt und bahnte sich einen Weg durch die Offiziere. Vor dem General und seinen Stellvertretern salutierte der Major vorschriftsmäßig.

General Poison und seine Mitarbeiter erwiderten den Gruß.

»Schön, dass sie erfolgreich und gesund zurückgekommen sind«, sagte der General. »Ich bin bereits informiert worden, dass sie alle Schiffe unversehrt zurückgebracht haben.«

»Leider haben wir den Soldaten eines Bodenteams verloren«, erklärte der Major. »Es hätte noch schlimmer kommen können, wenn nicht ein ragunischer Offizier und sein Stellvertreter eingegriffen hätten. Wir haben die beiden Raguner mitgebracht und Systemrat Muuda unterstellt. Er wird sich um sie kümmern.«

Der General nickte.

»Die Gesundheitsprüfung der Angehörigen von Ranus Clan läuft zügig ab«, erklärte Poison. »Nach meiner Einschätzung, kann Oberst Cameron bereits heute Abend, die ragunische Flotte zu ihrem neuen Heimatplaneten Weiran überführen.«

Der General beugte sich nach vorne und klopfte dreimal mit einem Kugelschreiber an das Mikrofon. Dumpfe Töne schallten durch den Sitzungssaal.

»Ich glaube, alle Offiziere sind eingetroffen«, sprach er in das Mikrofon. »Setzen sie sich bitte und stellen sie ihre Gespräche ein.«

Die Geräuschkulisse wurde leiser. Als die Anwesenden sich einen Stuhl gesucht hatten, klangen die Geräusche ganz ab.

»Danke«, lächelte der General. »Bevor ich zu ihnen spreche, bitte ich die Delegation der Aller-Ersten und die ragunischen Offiziere zu mir.«

Major Travis sah, wie sich rechts und links des Saales Personen erhoben und sich einen Weg zu dem General bahnten.

Die Führung des Neuen-Imperiums begrüßte die Gäste.
Der General zog das Mikrofon aus der Halterung.

»Liebe Offiziere, Gäste und Freunde«, sagte er. »Eine schwierige Mission wurde erfolgreich beendet. Das ist nicht nur unser Verdienst. Dank der Beteiligung von unseren Freunden, ich spreche von den Aller-Ersten, dem Lantraner Heran, ragunischen Offizieren und nicht zuletzt von Admiral Tarin und seinen Flotten-Commandern. Gemeinsam gelang es uns, die Gefahr für die Milchstraße abzuwenden.«

Lauter Beifall wurde hörbar.
Der General hob seine Arme und beruhigte die applaudierenden Zuhörer.

»Sie sehen es an diesem Beispiel«, ergänzte er. »Erst durch eine Gemeinschaft und die Zusammenarbeit zuverlässiger Nationen, konnte dieser Sieg errungen werden. Auf Freunde in Krisensituationen zurückgreifen zu können, ist mehr wert als ein Raumschiff voller Gold. Das Neue-Imperium wird diesen eingeschlagenen Weg weitergehen.«

Der General zeigte auf die ragunische Führung.
»Eine neue Rasse möchte sich in unserem Imperium integrieren«, fuhr er fort. »Die langen Gespräche, die wir

mit Zentralrat Muuda, Systemrat Camaal, Flottenführer Lenus und Ranus geführt haben, konnten uns verdeutlichen, dass sie und ihre Angehörigen sich unter den Schutz des Neuen-Imperiums begeben möchten. Unsere Einsatzflotte hat den Angriff der Arthropoden auf ihre Heimatwelt verfolgt. Trotz ihrer mächtigen und starken Flotte, konnte der Zentralplanet die Allianz-Armada der Arthropoden nicht aufhalten. In unserer heutigen Zeit gibt es den Planeten Ragun nicht mehr. Lediglich ein Asteroidenfeld kennzeichnet noch die Position des ehemaligen Planeten in unserem Sternensystem.

Ich spreche für uns alle, wenn ich erkläre, so etwas darf sich niemals wiederholen. Die Arthropoden sind eine alte insektoide Rasse. Ihr Hass auf alle humanoiden Lebensformen ist immens. Wir können heute nur noch spekulieren, was diesen Hass in den frühen Zeiten ihrer Entwicklung ausgelöst hat. Hierauf möchte ich auch nicht länger eingehen. Die Arthropoden leben in einem weit entfernten Sektor der Galaxie. Admiral Tarin vermutet hinter ihnen die Rasse, welche die Rigo-Sauroiden künstlich erzeugt hat. Sie waren später für den Angriff auf Natrid verantwortlich.

Wir besitzen keine abschließenden Beweise, um dieser Vermutung zustimmen zu können. Tatbestand ist jedoch, wenn eine Rasse den Arthropoden auf die Füße tritt, wird sie von ihnen angegriffen und vernichtet. Entsprechend dieser Erkenntnis werden wir in den nächsten Jahren unsere Flottenpräsenz weiter ausbauen, um den Schutz aller Völker in unserer Milchstraße gewährleisten zu können.«

Der General blickte die Zuhörer an. Diese hörten gespannt seinen Worten zu.

»Neben der Worgass-Kolonie, die ebenfalls an der Vergrößerung ihrer Flottenbestände arbeitet, wäre noch die Raumflotte der Green-Lizards zu nennen, die Flotte der Najekesio und jetzt auch die Flotte der Raguner, die im Angriffsfall die Feuerkraft in unserer Milchstraße verstärken werden. Auch die Morina, die Piraten und die Argoner arbeiten an der Aufstockung ihrer Kampfflotten, die zunächst ihre Planeten absichern werden, bis Schiffsverbände des Neuen-Imperiums eintreffen. Ich möchte die Lantraner nicht erwähnen. Sie können sich selbst wehren und sind uns technisch weit überlegen. Dankbar sind wir für ihre technische Unterstützung, die Heran als ein Freund unseres Imperiums für uns bei seiner Regierung durchboxt.«

Erneut tönte lauter Beifall auf. Der General wartete, bis dieser abgeklungen war.

»Die Gemeinschaft der Völker in unserem Imperium ist es, die uns zu einer starken Macht aufsteigen lässt. Eine einzelne Zivilisation kann nicht über das ganze Universum herrschen. Das haben viele aggressive Species noch nicht verstanden. Eine Gemeinschaft vieler Arten und Rassen, die sich untereinander verstehen und sich gegenseitig helfen, das ist das richtige Zukunftsrezept. Gemeinsam sind wir stark und können uns gegen äußere Einflüsse zur Wehr setzen. Mehr möchten wir nicht. Uns liegt es fern, andere Sterneninseln zu erobern. Der Zusammenhalt gegen das Böse im Universum wird weiter forciert. Ich erinnere an unsere Freunde in der kleinen Magellanschen Wolke. Nachdem wir sie gegen die Worgass unterstützen konnten, haben sie nicht gezögert, uns mit einer Flotte zu Hilfe zu eilen.«

Er blickte sich kurz um.
»Jeder von ihnen kennt die Statuten des Neuen Imperiums«, sagte er. »Alle Rassen sollen sich in Freiheit, nach eigenen religiösen Vorstellungen und im Rahmen ihrer Kultur entwickeln. Die Führung des Planetenbundes unterstützt den Handel und die Zusammenarbeit mit den unterschiedlichen Rassen. Sie sorgt für Schutz und achtet auf die Einhaltung der Gesetze. Diese besagen klipp und klar, der Angriff auf eine Rasse unseres Imperiums ist

untersagt. Streitigkeiten werden ausschließlich durch ordentliche Gerichtsverfahren bereinigt.

Alle Species, die sich unserem Planetenverbund anschließen möchten, müssen die Regeln befolgen. Niemand wird hierzu gezwungen. Wir erwarten, dass von den unterschiedlichen Rassen unseres Imperiums das Leben einzelner Individuen akzeptiert wird. Es gibt keine Sklaverei und keine Unterdrückung. Hiergegen werden wir energisch vorgehen. Sie alle kennen die Statuten unseres Beitrittsvertrages. Ich möchte jetzt nicht mehr länger hierüber diskutieren.«

Er zeigte auf die Raguner.
»Zentralrat Muuda und Systemrat Camaal haben die Verträge unterschrieben und unsere Vorgaben akzeptiert«, erklärte er. »Wir konnten einen Planeten für ihre Rasse finden, der ihrer Heimatwelt Ragun sehr ähnlich ist. Begrüßen wir die Raguner als neues Mitglied in unserem Imperium.«

Tobender Befall wurde lauter und lauter. Der General hob erneut seine Arme in die Luft.

»Ich bitte Zentralrat Muuda, vor das Mikrofon zu treten«, sagte er.

General Poison gab das Mikrofon an Muuda weiter. »Sprechen sie zu den Offizieren«, sagte er. »Sie erwarten einige Worte von ihnen zu hören. Sie kennen das doch von ihren Sitzungen im Zentralrat her.«

Muuda nahm das Mikrofon an sich und nickte. Dann stellte er sich dem Publikum.

»Geschätzte Offiziere und Zuhörer«, sprach er. Ein Translator übersetzte seine Worte.

»Die Angehörigen meiner Rasse sind überglücklich und dankbar, dass ihre Flotte uns gerettet und evakuiert hat«, erklärte er. »Noch vor Wochen sahen wir das Ende unserer Zivilisation kommen. Es wurde in unseren Ratssitzungen nicht angesprochen, aber jeder von uns befürchtete, dass die Vernichtung unserer Zentralwelt immer näher rückte.«

Er ließ seine Worte kurz wirken.
»Ich möchte nicht die Fehler ansprechen, die unsere Regierung in der Vergangenheit gemacht hat«, ergänzte er. »Diese versuchen wir auf keinem Fall zu wiederholen. Auch wir haben erkannt, dass nur starke und gute Freunde das Überleben einer Rasse gewährleisten können. Eine neue Zukunft liegt vor uns. Ihre Führung haben wir es zu verdanken, dass wir die 5.000 Klappflügel-

Zerstörer unserer 1.000 Meter-Klasse, behalten dürfen. Das Personal dieser Schiffe und die evakuierten Personen von Ranus Clan, werden den Grundstock unserer neuen Zivilisation bilden. Grob gerechnet werden das 15.000 Lebewesen sein, die sich in ihrem Imperium ansiedeln werden. Ich meine, das ist eine überschaubare Größe. Unsere dringlichste Aufgabe ist es, für Nachwuchs zu sorgen. General Poison bot uns an, bei dem Aufbau unserer Kolonie behilflich zu sein, bis wir auf eigenen Füßen stehen können. Das Angebot nehmen wir gerne an. Wir werden einen engen Kontakt zu ihnen halten und sie über alle Ungereimtheiten informieren. Danke, dass sie uns aufnehmen und unterstützen.«

Der Zentralrat verbeugte sich vor den Offizieren und Gästen.

Ein lange anhaltender Applaus wurde hörbar. Erst nach 30 Sekunden hob der Zentralrat seinen Kopf. Ein Lächeln spiegelte sich in seinem Gesicht. Er gab das Mikrofon an General Poison zurück.

»Danke für die Redezeit«, sagte er.
Der General schlug ihm mit der rechten Hand auf seine Schulter.

»Wir freuen uns, sie als neue Rasse begrüßen zu dürfen«, erwiderte er.

Der General hob das Mikrofon und wandte sich den Gästen zu.

»An diesem Punkt verabschieden wir unsere ragunischen Gäste«, teilte er mit. »Eine Flotte von 30.000 Schiffen des ISD, begleitet die Raguner zu dem Planeten Weiran. Sie wird von Oberst Cameron kommandiert.«

Ein großer Bildschirm erhellte sich in seinem Rücken. Das angesprochene Planetensystem wurde angezeigt.

»Weiran ist etwas größer als Tarid«, erklärte General Poison. »Der Name Weiran ist ein alter natradischer Begriff und bedeutet „Der Begünstigte". Er liegt in der habitablen Zone im Sektor von Epsilon Eridani. Er ist der vierte Planet eines kleinen Sternensystems.«

Der General zeigte mit einem Laserpointer auf den Planeten.

Die Hypertronic-KI zoomte ihn heran. Der Planet schimmerte in einem grünlich blauen Farbton. Ozeane und Kontinente waren zu sehen.

»Seine Gesamtfläche beträgt 675.000 Quadrat-Kilometer«, fuhr der General fort. »Weiran teilt sich auf in eine Wasserfläche von 395.000 Quadrat-Kilometern und einer Landfläche von 280.000 Quadrat-Kilometern auf. Die Entfernung nach Tarid beträgt nur etwas mehr als 10 Lichtjahre. Die neue ragunische Kolonie hätte somit immer einen schnellen Kontakt zu uns, falls sie Hilfe brauchen sollte.«

Die Bildaufnahmen erloschen.

»Ich möchte aus Zeitgründen nicht näher hierauf eingehen«, sagte der General zu den anwesenden Gästen. » Schauen sie sich die Informationen selbst im Flottennetz an. Noel hat sie freigegeben.«

Der General drehte sich zu Zentralrat Muuda, Systemrat Camaal, Truppenführer Lenus und Ranus um.

»Gehen sie mit Oberst Cameron«, sagte er. »Er bringt sie zu ihrer Flotte. Sobald sie auf ihren Schiffen eingecheckt haben, starten sie in Richtung Weiran. Die EWK hat 50 Schiffe der Kaiser-Klasse als Transportschiffe bereitgestellt. Diese wurden mit zahlreichen Notunterkünften, Geräten für die Wasserversorgung, Stromgeneratoren, Hyperkomm-Funkanlagen, mobilen Krankenstationen und natürlich auch Anlagen zur

Lebensmittelerzeugung bestückt. Sie werden von EWK-Wissenschaftlern, Technikern, und Arbeitsrobotern begleitet, die ihnen bei den groben Arbeiten helfen, wie zum Beispiel den Boden zu planieren, Brunnen zu bohren, oder die Notunterkünfte aufzubauen.«

»Wir machen das wieder gut«, antwortete Zentralrat Muuda. »Wir haben noch nie eine derartige Großzügigkeit erlebt, wie sie uns von ihnen zu Teil wird. Glauben sie uns, dass wir ihnen alles zurückzahlen werden. «

Der General winkte ab.
»Es gibt ein Sprichwort auf Tarid«, lächelte er. »Hilfst du Anderen, dann helfen dir auch die Anderen in Notlagen. Nach diesem System verfahren wir. Bauen sie ihre Kolonie auf. Melden sie sich, wenn sie weitere Unterstützung brauchen. «

»Danke, mir fehlen die Worte«, antwortete der Zentralrat Muuda. »Das Gleiche gilt auch für sie. Falls wir ihnen auf irgendeine Art Hilfe leisten können, scheuen sie sich nicht uns anzusprechen. Vielleicht können wir ihnen auf diese Weise unsere ernsthafte Zugehörigkeit zu dem neuen Imperium demonstrieren. «

General Poison nickte.

»Übernehmen sie das Kommando von Systemrat Camaals Flotte nach Weiran«, sagte der General. »Ich brauche den Systemrat noch bezüglich einiger Fragen zu der Vagun-Station. Wir lassen ihn später zu ihnen bringen.«

»Ich verstehe«, antwortete Muuda.
Dann verabschiedeten sich die ragunischen Offiziere und folgten Oberst Cameron zu dem Raumhafen, vor das Casino.

General Poison blickte Systemrat Camaal an. Dieser wirkte überglücklich.

»Ich bitte sie noch etwas bei uns zu bleiben«, lächelte er. »Commander Heinemann hat mich gebeten, sie um Unterstützung zu bitten. Er möchte gerne von ihnen in die präzise Befehlsstruktur der Vagun-Station eingewiesen werden. Mir wäre es Recht, wenn sie ihn bei den ersten Kommandos an die Hypertronic-KI unterstützen würden. Ihm ist nicht ganz wohl, als er davon hörte, dass die Hypertronic-KI eigenständig Halswan und seine Begleiter eliminiert hat.«

Systemrat Camaal nickte.
»Das mache ich gerne«, antwortete er. »Ich unterstütze ihn bei der Anpassung der ragunischen KI an das Netzwerk ihrer imperialen Hypertronic-KI von Natrid.«

Noel war an die Seite von General Poison und Systemrat Camaal getreten.

»Ich gebe ihnen IT-Experten mit, welche die Programmierung der Hypertronic-KI überprüfen und analysieren«, sagte er. »Wissen sie, ob eine Datensicherung des KI-Kerns vorhanden ist?«

Systemrat Camaal überlegte.
»So wie ich mich entsinne, sollten in dem gesicherten Bereich der Leitstelle Datenkristalle existieren, mit der die Hypertronic-KI bei einem Datenverlust neu gebootet werden kann. Im Normalfall ist auch die vollständige Befehlshierarchie in Form von Speicherkristallen vorhanden.«

»Das wäre sehr hilfreich«, antwortete Noel gelassen. »Ich möchte die Hypertronic-KI spüren lassen, dass wir sie zwar updaten, sie jedoch ihre Erinnerungen an die ragunische Zeitepoche behalten darf. Vielleicht ziehen wir später einmal einen Nutzen hieraus.«

»Sichern sie den Bereich, der das zeitgesteuerte Wurmloch aktivieren kann«, sagte General Poison. »Die IT-Experten von Noel müssen diesen Zugang mit mehreren Abfragen sperren. Ich halte es für notwendig, dass die Aktivierung des Wurmloches mit ID-Codes von mindestens drei Offizieren des Imperiums gesichert und zusätzlich mit einem Iris-Scan bestätigt werden muss. Nur wenn diese Daten übereinstimmen, darf ein Zugang zu dem Aktivierungsbereich des zeitgesteuerten Wurmloches freigegeben werden.«

»Wer sollten diese drei Personen sein?«, erkundigte sich Systemrat Camaal.

General Poison blickte ihn an.
»Verzeihen sie mir, dass ich sie nicht in die engere Auswahl nehme«, entschuldigte er sich. »Dafür kennen wir uns zu wenig. Ich schlage Commander Heinemann vor, den Befehlshaber der Basis. Ferner Major Travis als Oberbefehlshaber der Streitkräfte des Neuen-Imperiums und Oberst Cameron, als Kommandeur des Interstellaren Sicherheitsdienstes, kurz ISD genannt.«

»Das soll mir recht sein«, antwortete Systemrat Camaal. »Machen sie sich keine Gedanken, ich verstehe ihre Entscheidung. In der ehemaligen Verwaltung meiner 35 Sternensysteme, habe ich ebenfalls nur vertraute Offiziere mit sensiblen Aufgaben betraut.«

General Poison winkte Commander Giacombo zu sich. Er stellte ihn als Oberkommandeur der Heimatflotte vor.

»Können sie mir einen Gefallen erweisen?«, fragte der General.

Der Commander blickte ihn an.
»Seit wann bitten sie mich um etwas?«, erkundigte er sich. »Nach ihren schönen Worten an die Gäste hier im Sitzungssaal, wollen sie doch hoffentlich nicht wieder ihre Ansprache gegenüber unseren Offizieren ändern?«

Der General blickte den Commander mit einem abwertenden Blick an.

»Wie ich erkenne, unterhalten sie sich scheinbar zu oft mit Captain Hunter«, antwortete der General. »Ich frage sie jetzt nicht mehr, sondern befehle ihnen Systemrat Camaal und einige IT-Experten morgen zur Vagun-Station zu fliegen. Sichern sie die Gruppe mit 12 Schiffen ihrer Flotte.«

»Zu Befehl«, antwortete der Commander. »Die IT-Experten möchten sich bitte um 09:00 in der Empfangshalle des Raumhafens auf Titan einfinden.«

»Ich bemühe mich um das Personal«, sagte Noel.

Er drehte sich ab und schritt in eine ruhigere Ecke des Saals. Dann öffnete er seinen Communicator und gab Anweisungen durch.

»Immer langsam, Commander Giacombo«, zügelte ihn General Poison. »Systemrat Camaal wird heute an dem Bankett in dem Festsaal teilnehmen. Wir feiern den erfolgreichen Abschluss unserer Mission. Danach wird uns die Delegation der Aller-Ersten verlassen. Ich erwarte sie ebenfalls auf dem Fest.«

»Die Einladung kommt reichlich spät«, entgegnete der Commander.

»Das macht nichts«, lächelte der General. »Das Fest ist kurzfristig ausgerichtet worden. Eine Ehrenuniform ist nicht erforderlich.«

General Poison ließ den Commander stehen und schritt auf Geoffwan und seine Begleiter zu.

Major Travis unterhielt sich mit ihnen. Geoffwan lächelte, als der General nähertrat.

»Unsere Zeit im Sol-System neigt sich dem Ende zu«, bemerkte der Sprecher der Aller-Ersten. »Ich habe unseren Ältestenrat von dem erfolgreichen Abschluss unseres Einsatzes informiert. Er ist mehr als zufrieden mit unserer Arbeit.«

»Das sind wir auch«, antwortete General Poison. »Sie haben einen maßgeblichen Anteil hieran. Durch die Besessenheit ihr Schiff zu verfolgen, zog er die ragunische Heimatflotte aus dem Orbit des Zentralplaneten ab. Unserem Einsatzkommando wurde hierdurch die Arbeit erleichtert. Danke für ihre Unterstützung.«

»Wir haben zu danken«, konterte Geoffwan. »Letztendlich waren wir für diese Misere verantwortlich. Unser Volk ist nicht in der Lage in die Zukunft zu sehen. Auch gelingt es uns nicht immer, alle Hinweise unseres Propheten Aahnn perfekt zu interpretieren. Unsere Flüchtlingsstation auf Tarid wurde in einer Zeitepoche erbaut, als ihr Planet noch kein intelligentes Leben trug.«

»Wir machen ihnen keinen Vorwurf«, lächelte Major Travis. » Dankbar sind wir ihnen, dass sie nun die Station an uns übergeben und unsere Wissenschaftler und Techniker in ihrer Bedienung geschult haben. Das haben wir von den Lantranern noch nicht erlebt.«

»Die Lantraner sind anders als wir«, flüsterte Geoffwan. »Sie sind technisch genauso weit fortgeschritten, doch sie spielen es herunter. Sie geben sich als Retter des

Universums aus, doch zu gegebener Zeit werden sie auch auf einige ihrer Stationen stoßen, oder auf andere Einrichtungen, über die sie bisher noch nicht reden möchten. Ich will dem nicht vorgreifen. Es ist gut, dass sie Heran als Freund haben. Er ist ihre Eintrittskarte zu der lantranischen Technologie. Verspielen sie diese Trumpfkarte nicht leichtfertig.«

Der General blickte Major Travis fragend an.
»Das werden wir nicht«, antwortete der Major. »Vielmehr habe ich das Gefühl, dass die Lantraner langsam mehr Vertrauen in uns gewinnen.«

»Das ist beneidenswert«, lächelte Geoffwan. »Dann sind sie die erste Rasse, die es geschafft hat Vertrauen zu ihnen aufzubauen. Früher waren sie immer sehr zurückhaltend und haben keiner anderen Species getraut. Sie haben immer dafür gesorgt, dass ihnen niemand etwas anhaben konnte. Vermutlich war das nicht der falsche Weg. Wie wir erkennen können, gibt es sie immer noch.«

»Nehmen sie nicht an unserem Festbankett teil?«, erkundigte sich General Poison.

»Wir wissen ihre Einladung zu schätzen«, antwortete Talswan. »Bitte verstehen sie, dass wir uns schon viel zu lange bei ihnen aufhalten. Das ist bisher einmalig in der Geschichte unseres Volkes. Halswan wurde eliminiert und bedeutet keine Gefahr mehr für das Universum. Unsere alte Flüchtlingsstation wurde ihrer Kontrolle übergeben. Der Ältestenrat unseres Volkes tagt in der Wolkenstadt Zandrockia. Wir wurden aufgefordert, ihn persönlich zu informieren. Es ist nicht in unserem Sinne, diesen Wunsch abzulehnen. Unsere Wissenschaftler haben alle Funktionen der Station ihrem Personal übergeben. Sie sind bereits zurückgekehrt. Wir wollten nicht unhöflich erscheinen und sie ohne unseren Dank verlassen.«

»Wie können wir sie erreichen, falls wir noch Fragen haben, oder ihre Hilfe brauchen sollten?«, erkundigte sich Major Travis.

»Wir besitzen ein ähnliches Gerät, wie es auch die Lantraner benutzen«, erklärte Geoffwan.

Nadewan reichte ihm eine Schatulle und öffnete sie. In ihr lag eine Kugel, die mit drei Tasten ausgestattet war.

Major Travis blickte Geoffwan irritiert an.

»Diese Kugel symbolisiert das Universum«, erklärte der Sprecher der Aller-Ersten. »Die runde Form weist auf die Unendlichkeit hin. Sie besteht aus mehreren Schichten, die als Dimensionen verstanden werden können. Legt man die Kugel auf den Boden, rollt sie davon. Dieser Vorgang symbolisiert die kontinuierliche Ausdehnung des Universums. Ein Anfang und ein Ende lassen sich nicht erkennen. Das haben unsere Wissenschaftler mittlerweile erkannt.«

Geoffwan zeigte auf die Mittlere der drei Tasten.
»Falls sie uns sprechen möchten, drücken die bitte auf diese Taste«, erklärte er. Ein für ihre Ohren nicht hörbarer Ton verlässt in mehrfacher Lichtgeschwindigkeit die Kugel. Dieser Ton findet uns. Er dringt durch zahlreiche Galaxien und Dimensionen zu uns vor, wo immer wir uns auch gerade aufhalten. Wir werden informiert, dass sie nach uns suchen.«

»Danke«, antwortete Major Travis. »Wir verwenden sie nur im Notfall.«

»Darum bitte ich sie«, antwortete Geoffwan. » Es gibt einige Rassen im Universum, die diesen Ton mit ihren Ohren empfangen können. Er bereitet ihnen große Schmerzen, die bis zu einer Bewusstlosigkeit führen können. Wir haben mit diesen Species vereinbart, dass wir nur im äußersten Notfall unser Überlicht-Hochfrequenz-Notrufgerät aktivieren werden.«

»Wofür sind die restlichen zwei Tasten?«, erkundigte sich der Major.

Geoffwan, Talswan und Nadewan blickten sich ernst an. Der Sprecher des Ältestenrates drehte seinen Kopf wieder Major Travis und General Poison zu.

»Das brauchen sie nicht zu wissen«, lächelte er. »Ich habe die Tasten deaktivieren lassen, damit sie nicht versehentlich hierauf drücken. Die Kugel ist in dieser Ausführung lediglich ein Ruftonsender.«

»Vielen Dank«, lächelte der Major. »Wir werden dieses Gerät sicher aufbewahren.«

Die Aller-Ersten verbeugten sich.
»Wir verlassen sie jetzt«, sagte Geoffwan. »Um keine Aufregungen zu verursachen, werden wir erst außerhalb dieses Raumes unseren Durchgang zu unserer Stadt öffnen. Wir denken, das ist besser für ihre Offiziere.«

»Ich begleite sie noch hinaus«, antwortete der Major.

General Poison salutierte und verabschiedete sich von der gutmütigen Species. Dann drehte er sich Commodore McGregor und von Häussen zu.

Major Travis stand auf und führte die Aller-Ersten aus dem Saal. Außerhalb befahl er den Sicherheitssoldaten, kurz in den Saal zu gehen.

Diese führten den Befehl aus. Der Major schloss die Türe hinter ihnen.

Major Travis nickte Geoffwan zu.
»Kommen sie gut nach Zandrockia«, verabschiedete der Major seine Gäste.

Die drei Abgesandten der Aller-Ersten hoben ihre rechten Hände zu ihrer Brust hoch. Das war ihr Zeichen des Abschiedes. In ihrem Rücken entstand ein fluoreszierendes Energiegebilde, welches sie nur mit der Kraft ihres Geistes erzeugt hatten. In seiner Mitte bildete sich ein schwarzer dunkler Tunnel. Ohne weitere Worte schritten die drei Wesen hindurch. Hinter ihnen fiel das Energietor in sich zusammen, als ob es nicht existiert hätte.

Major Travis schüttelte seinen Kopf. Er hatte das Portal bereits öfter gesehen. Es war immer wieder faszinierend zu sehen, welche Möglichkeiten unterschiedlichen Species zur Verfügung standen.

Er öffnete die Tür zu dem Sitzungssaal. Abgestandene Luft strömte heraus. Die Sicherheitssoldaten gingen wieder nach Außen und positionierten sich rechts und links des Einganges.

Major Travis schritt auf General Poison zu.
»Die Aller-Ersten sind fort«, sagte er. »Wir werden sie vermutlich so schnell nicht wiedersehen. «

»Sie haben genug Unruhe verursacht«, brummte der General. »Es ist gut, wenn ich sie eine längere Zeit nicht sehe. «

»Sind wir hier fertig? «, meldete eine Stimme aus dem Hintergrund. » Langsam verdurste ich hier. «

General Poison blickte Heran mit einem grimmigen Gesicht an.

»Was ist? «, fragte er Lantraner. » Kann es sein, dass sie früher großzügiger waren? Nach einer erfolgreichen Mission sollte mindestens ein Bier auf Kosten der EWK drin sein. «

»Sie bekommen später noch eines«, fluchte der General. »Lassen sie mich bitte noch das Abschlusswort sprechen.

Dann wechseln wir in den Festsaal. Ich habe Speisen und Getränke vorbereiten lassen.«

»Hervorragend«, schmunzelte Heran. »Das ist wieder der alte General, wie ich ihn kenne. Aus diesem Grunde unterstütze ich sie. Denken sie bitte immer hieran.«

General Poison blickte Major Travis an. Der winkte ab.

»Sprechen sie ihr Schlusswort«, sagte Major Travis »Ich habe das Gefühl, dass unsere Offiziere langsam Hunger bekommen.«

General Poison griff nach dem Mikrofon.
»Ruhe bitte«, sprach er hinein.

Die Geräuschkulisse verstummte. Die Offiziere blickten ihren Vorgesetzten an.

»Ich möchte kurz noch etwas sagen«, sprach der General in das Mikrofon.

Erwartungsvoll verstummten die Gäste.

»Die EWK und meine Wenigkeit sind mit dem Erfolg der Ragun-Mission sehr zufrieden«, fuhr der General fort. »Die Besonnenheit und die Ausführung dieses Einsatzes waren beispielhaft. Aus diesem Grunde haben wir beschlossen, allen Beteiligten an dieser Mission eine Woche Sonderurlaub zu gewähren. Sämtliche Kosten übernimmt die EWK. Genießen sie mit ihren Familien einige schöne Tage. Vielen Dank für ihre gute Arbeit.«

Der General lächelte plötzlich.
»Genug von den Missionen«, sagte er. »Wir wechseln in den Festsaal. Ich habe Speisen und Getränke vorbereiten lassen. Feiern wir unseren Sieg. Denken sie bitte auch daran, dass einer unserer Soldaten heute nicht hieran teilnehmen kann. Wir gedenken an unseren Kameraden und Freund. Seiner Familie können wir den Mann und Vater nicht wiedergeben. Doch wir werden dafür sorgen, dass es seinen Angehörigen an nichts fehlt. Seine Kinder werden eine gute Ausbildung erhalten. Ihnen wird es an nichts mangeln. Im Namen der EWK danke ich ihnen nochmals und bitte sie jetzt, sich zu erheben und in den Festsaal zu gehen.«

Die Geräuschkulisse wurde lauter. Die Personen drängten dem Ausgang entgegen.

Heran kam auf Major Travis und General Poison zugeschritten.

»Bekomme ich auch Urlaub bezahlt?«, fragte er General Poison.

Er blickte den Lantraner irritiert an.
»Es ist immer das gleiche mit ihnen«, schimpfte er. »Sie scheinen nie zufrieden zu sein.«

Er drehte sich um und lief mit strammen Schritten aus dem Saal.

Heran blickte Major Travis an.
»Habe ich etwas Falsches gesagt?«, erkundigte er sich.

»Nein«, antwortete der Major. »Ihr Beide mögt euch auf eine spezielle Art. Leider gebt ihr das nicht zu. Manchmal komme ich mir vor, wie in einem Kindergarten.«

Heran lachte laut auf.
»Der General trägt selbst die Schuld hieran«, sagte er in einer normalen Tonlage. »Hätte er sich anfangs nicht immer so kleinlich angestellt, würde es das Problem nicht geben. Aus diesem Grunde muss ich ihn leider immer wieder daran erinnern, dass meine Dienstleistungen nicht entsprechend honoriert werden.«

»Lass uns etwas trinken gehen«, lächelte der Major. »Sirin und die anderen Offiziere warten bereits auf uns.«

»Gerne«, erwiderte Heran. »Hierauf freue ich mich bereits den ganzen Tag.«

Ein neuer Auftrag

Der warme Wind blies über das blaue Meer und schäumte die Wellen vor der Ná-Pali Küste in Hawaii auf. Major Travis lag mit Sirin am Strand der Hanalei Bucht. Sein nackter Oberkörper bräunte in der Sonne. Sirin trug einen hawaiianischen Bikini, der ihre Kurven optimal zur Geltung brachte. Ihre natürliche braune Hautfarbe war durch die Sonne noch dunkler geworden. Sie schaute den vielen Surfern zu, die sich von dem starken Wellengang nicht beeindrucken ließen. Der Major und seine Lebensgefährtin hatten den Sonderurlaub zu einem Besuch in Marcs Zweitwohnung genutzt, um der Hektik der EWK zu entfliehen. Wenige Schritte hinter ihnen standen Tart 1 und Tart 2. Die Personen-Schutzroboter des Majors störten sie nicht. Die beiden Offiziere hatten sich bereits lange an sie gewöhnt.

Dem Major kam die kurze Abwechslung sehr Recht. Aufgrund der vielen Einsätze der letzten Wochen, konnte er seiner natradischen Lebensgefährtin nicht viel Zeit widmen.

Sirin akzeptierte das, ohne große Diskussionen. Sie kannte aus ihrem früheren Leben die Notwendigkeit, Krisensituationen für das Imperium zu bereinigen.

Sie blickte ihn verliebt an.

»Hier ist es schön«, sagte sie. »Es ist ganz anders als früher auf Natrid. Das Meer riecht salzig. Das Wasser ist tiefblau. Bei uns hatte das Meer immer einen rötlichen Schimmer. Es war sehr eisenhaltig. Ich genieße diese Tage mit dir.«

»Das war meine Absicht«, lächelte Major Travis »Von den sieben Tagen Sonderurlaub haben wir erst zwei verlebt. Es bleibt noch viel Zeit die Schönheiten dieser Insel zu entdecken.«

Sirin lächelte ihn an und gab ihm einen Kuss auf den Mund.

»Langsam delegierst du einige deiner Aufgaben«, lächelte Sirin. »Es ist nicht nötig, alles selbst zu erledigen. Die EWK hat gutes Personal. Die Mitarbeiter wurden hinlänglich geschult. Ich weiß zwar, dass du gerne die Ansiedlung der Raguner persönlich geleitet hättest, doch Oberst Cameron kann das genauso gut. Die Flotte des ISD begleitet die Schiffe der Raguner nach Weiran. Die Lagerräume der 50 Transportschiffe der Kaiser-Klasse, wurden von General Poison mit allen erforderlichen Gerätschaften für den Aufbau der Kolonie bestückt.«

Der Major nickte.

»Der General hat seine ablehnende Haltung aufgegeben«, bestätigte er. »Zuerst wollte er die Kosten in einem kleinen Rahmen halten. Doch dann hat er erkannt, dass dies keinen Sinn macht. Die Raguner können nur ein wichtiges Mitglied in dem neuen Imperium werden, wenn wir sie in den Anfängen ihrer Ansiedlung unterstützen, bis sie auf eigenen Beinen stehen.«

»Noel hat von seiner Mutter-KI einen geeigneten Planeten aus dem natradischen Archiv herausfiltern lassen«, sagte Sirin.

Der Major nickte ihr zu.
»Die Daten der Welt lagen in eurem Archiv vor«, antwortete er. »Die KI brauchte den Planeten lediglich mit Ragun abzugleichen, um eine vergleichbare Welt für unsere Neuankömmlinge zu finden.«

»Er ist tatsächlich mit Ragun vergleichbar«, sagte Sirin. »Ich habe große Meere und vier ausgedehnte Landflächen gesehen. Nach den Daten der natradischen KI ist er unbewohnt und größer als Tarid.«

»Er liegt in der habitablen Zone im Sektor von Epsilon Eridani«, bestätigte Major Travis. »Er ist der vierte Planet eines kleinen Sternensystems. Seine Gesamtfläche beträgt 675.000 km2. Diese teilen sich in eine Wasser- und Landflächen auf. Die Entfernung nach Tarid beträgt nur etwas mehr als 10 Lichtjahre. Die Raguner hätten somit immer einen schnellen Kontakt zu uns, falls sie Hilfe brauchen sollten. «

»Das ist eine schöne Welt«, sagte Sirin. » Ich glaube, dass wir die richtige Wahl getroffen haben. Systemrat Camaal war begeistert. «

Der Major nickte zustimmend.
»Dann hoffen wir einmal, dass sich zwischenzeitlich keine andere Rasse auf dem Planeten niedergelassen hat«, ergänzte Sirin. »Du weißt, dass die Aufzeichnungen unserer Datenbank letztmalig vor 100.000 Jahren aktualisiert wurden. «

Major Travis lachte.
»Die Milchstraße ist zu groß, als dass wir bereits alle Planeten des ehemaligen kaiserlichen Imperiums prüfen konnten«, antwortete er. »Falls die Flotte von Oberst Cameron auf eine eigenständige Rasse auf dem Planeten trifft, dann muss die Ansiedlung gestoppt werden. Der Abschluss der Mission »Inkarnation Ragun« erfordert eine unbewohnte Welt. Alles andere würde zu viele Probleme bereiten. Das ist auch Muuda und Camaal bekannt. «

»Oberst Cameron wird die Situation richtig bewerten«, erwiderte Sirin. »Du kannst ihm vertrauen. Er ist ein guter Offizier.«

»Darüber besteht kein Zweifel«, konterte der Major. »Eine neue, langwierige Suche nach einem zweiten passenden Planeten für die Raguner, möchte ich uns eigentlich ersparen. Sie sind jetzt schon sehr gespannt auf ihre neue Welt. Falls diese Ansiedlung scheitern sollte, wird ihre Enttäuschung maßlos sein.«

»Die 50 Transporter der Kaiser-Klasse sind mit allen erforderlichen Materialien und Gerätschaften bestückt«, sagte Sirin. »Vergleichbar mit unserer damaligen Unterstützungsflotte, die wir bei der Ansiedlung der Green-Lizards eingesetzt haben. Neben zahlreichen Notunterkünften, Geräten für die Wasserversorgung, Stromgeneratoren und natürlich auch Anlagen zur Lebensmittelerzeugung, werden von den Schiffen auch 2 Atmosphären-Umwandler mitgeführt. Die Raguner werden von ausgesuchten EWK-Wissenschaftlern, Technikern und Konstrukteuren unterstützt, die sich um den Aufbau der Kolonie kümmern werden. Nicht zu vergessen die zahlreichen Maschinen und die 12.000 Arbeitsroboter, die wir für den Aufbau der Kolonie einsetzen werden.«

»Da sind wir wieder bei den Kosten«, bemerkte der Major. »Die immensen Ausgaben müssen von uns egalisiert werden. Ich hoffe, dass durch unsere Unterstützung die Wirtschaft der Raguner schnell ans Laufen kommt. General Poison erwartet, dass diese Ausgaben irgendwann zurückbezahlt werden.«

»Im Vordergrund steht die humanitäre Evakuierung«, antwortete Sirin. »Die EWK sollte nicht so kleinlich sein. Das ist ein Grund, warum ich das neue Imperium so schätze und mich dafür einsetze. Wir sollten nicht den gleichen Fehler machen, wie Kaiser Quoltrin-Saar-Arel. Er hat die Rassen neuer Planeten immer nur ausgequetscht und ihnen kaum bezahlbare Abgaben auferlegt.«

»Diesen Fehler werden wir nicht begehen«, erwiderte Major Travis. »Jeder Rasse muss die Möglichkeit gegeben werden, sich erfolgreich zu entwickeln. Alles Weitere wird sich finden.«

Er blickte auf das schäumende Meer. Eine weiße Welle rollte auf den Sandstrand zu.

»Es ist schön, nicht an die EWK denken zu müssen«, flüsterte der Major. »Du hast Recht. Ich sollte mehr

Aufgaben delegieren. Von diesen kostbaren Tagen gibt es einfach zu wenige.«

Sirin blickte ihn an.
»Genieße den Augenblick«, erwiderte sie. »Das Universum verändert sich nicht so schnell.«

Major Travis lachte laut auf.
»Langsam bekomme ich Hunger«, sagte er. »Wir sollten das gemütliche Restaurant im Hafen nochmals aufsuchen. Der Koch dort versteht sein Handwerk.«

»Das Essen war perfekt« bestätigte Sirin.

Ihr Gesicht versteinerte sich.
»Meistens kommt es aber anders«, flüsterte sie ihm zu. »Das war früher unter dem natradischen Kaiser auch nicht anders. Aus dem Essen wird vermutlich nichts werden. Man könnte fast annehmen, dass die Führung eines Imperiums ihren Mitarbeiten keine Freizeit gönnt.«

Major Travis blickte sie fragend an.
Sie hob ihren Arm und zeigte hinaus auf Wasser.

Ein 38 Meter langes schwarzes Schnellboot schäumte die Wellen auf. An dem Mast wehten die Fahnen der EWK und des Neuen-Imperiums.

»Ich habe es geahnt«, fluchte der Major.

Das Schiff drosselte seine Geschwindigkeit. Der Bug des Schiffes senkte sich, der Anker rutschte ins Wasser.

Major Travis hob seine Sonnenbrille an und schaute unter ihr durch auf das Meer. Ein Beiboot wurde zu Wasser gelassen. Drei Personen kletterten in ein Schlauchboot. Es beschleunigte und raste auf den Sandstrand zu.

Die Touristen an dem Strand beobachteten interessiert das sich nähernde Boot. Es lief auf den Sandstrand auf. Ein Offizier und ein Soldat sprangen aus dem Boot und eilten auf Major Travis und Sirin zu. Vor den beiden salutierten sie vorschriftsmäßig.

Major Travis erwiderte den Gruß.
»Was gibt es, meine Herren?«, erkundigte er sich.

»Mein Name ist Sergeant Hiller«, stellte sich der Offizier vor. »Ich habe den Befehl sie und ihre Begleiterin in die Verwaltung der EWK zu bringen. General Poison erwartet sie. Ihren Urlaub dürfen sie später fortführen.«

Major Travis schaute Sirin an.

»Kann die EWK nicht mal einige Tage ohne mich auskommen?«, fragte er ärgerlich.» Es sind doch genug andere Offiziere im Dienst.«

Sergeant Hiller hob seine Schultern.
»Entschuldigen sie bitte, Herr Major«, antwortete er.»Ich habe lediglich den Auftrag sie von diesem Strand abzuholen. Alles Weitere wird ihnen der General persönlich mitteilen. Sobald sie auf dem Boot sind, werde ich eine Funkverbindung zu ihm aufbauen. Kommen sie bitte mit. Um ihre persönlichen Dinge in dem Hotel kümmern wir uns. Passende Kleidung liegt für sie und ihre Begleiterin auf unserem Schiff bereit.«

Major Travis stand auf und schüttelte seinen Kopf. Er reichte Sirin eine Hand und zog sie aus dem Liegestuhl.

»Gehen wir«, sagte Sirin.»Lassen wir unseren Vorgesetzten nicht warten.«

Major Travis nickte dem Sergeant zu.
»Bringen sie uns auf ihr Schiff«, bestätigte er.

Nach 15 Minuten hatten sich Sirin und Major Travis angekleidet. Die Uniformen saßen passgenau. Der Major bemerkte, wie das Schnellboot wendete und Fahrt aufnahm.

»Gehen wir auf die Brücke«, sagte er zu Sirin. »Hören wir uns an, was der Alte von uns will. «

Die Beiden verließen die großzügige Kabine und schritten den langen Gang entlang auf eine Treppe zu, die auf die Brücke führte.

Als sie eintraten, salutierten die Offiziere. Major Travis und Sirin erwiderten den Gruß. Sie sahen Sergeant Hiller an der Fensterfront der Brücke stehen. Er drehte sich zu ihnen um.

»Da sind sie ja«, sagte er. »Ihr Einverständnis vorausgesetzt, stelle ich jetzt eine abhörsichere Funkverbindung zu General Poison her. «

»Machen sie das«, antwortete der Major. »Ich kann es nicht erwarten, mit ihm zu sprechen. «

Sergeant Hiller hantierte an der Hyperkomm-Funkanlage. Ein Knistern wurde hörbar, dann stabilisierte sich die Verbindung.

»Wer spricht? «, fragte Sergeant Hiller.
»Hier ist Frau Schiffers«, tönte es aus den Lautsprechern. »Sie sprechen mit dem Vorzimmer von General Poison. «

»Mein Name ist Sergeant Hiller«, sprach er in das Mikrofon. »Ich habe Major Travis und seine Begleiterin an Bord. Verbinden sie mich bitte mit dem General. Er erwartet meinen Anruf.«

»Ich verbinde sie«, antwortete die Sekretärin des Generals. »Warten sie einen Moment.«

Der Sergeant reichte Major Travis das Mikrofon und einen Kopfhörer.

»Das Vorzimmer verbindet«, teilte er mit.

»Danke«, antwortete der Major und setzte den Kopfhörer auf.

»Hier ist Poison«, klang es aus den Lautsprechern. »Spreche ich mit Major Travis?«

»Können sie neuerdings Gedanken lesen?«, fragte der Major ironisch. »Langsam werden sie mir unheimlich.«

Eine kurze Pause entstand.
»Lassen sie die Scherze«, bemerkte der General in einem ernsten Ton. »Kommen sie unverzüglich in die EWK-Verwaltung. Ich brauche sie hier.«

»Ich habe gerade mit Sirin einige Tage Urlaub begonnen«, antwortete der Major. »Sie erinnern sich doch noch an den Sonderurlaub, den sie uns gewährt haben? «

»Leichtsinnigerweise«, erwiderte der General. » Senil bin ich noch nicht. Das war als Dankeschön für ihre gute Arbeit während der Mission »Inkarnation Ragun« zu verstehen. Damals wusste ich noch nicht, dass neue Probleme auf uns warten. «

»Können die nicht von Oberst Cameron, oder Captain Hunter erledigt werden? «, fragte der Major. » Sie wissen doch, dass ich eigentlich in den Diensten von Noel stehe. Haben sie das mit ihm abgesprochen? «

»Das habe ich«, antwortete der General. »Die Angelegenheit betrifft ein natradisches Thema. Aus diesem Grunde bitte ich auch Sirin zu mir. Ich hoffe, sie kann uns etwas zu den Erkenntnissen von Gildor Barenseigs sagen. Sehen sie zu, dass sie in die EWK-Verwaltung geflogen kommen. «

»Das funktioniert nicht, General«, erwiderte der Major. »Fliegen ist im Moment nicht möglich. Wir befinden uns auf einem Schnellboot vor Hawaii. Wir werden zwei Tage brauchen, ehe wir bei ihnen eintreffen. «

Major Travis hörte, wie der General schluckte.

»Wie sie wissen, sind wir eine Unterorganisation der EWB«, erklärte der General. »Die europäische Weltraumbehörde hat ein Auge auf uns geworfen. Sie steht unter starkem Druck seitens der UN und deren Mitgliedsstaaten, die ebenfalls an der Verwertung der technischen Hinterlassenschaften von Natrid interessiert sind. Bisher konnten wir immer argumentieren, dass sie als einzige Person das natradische Gen der ehemaligen Kaiserkaste in sich tragen.

Bekanntlich wird das von der großen Hypertronic-KI als Identifizierung gefordert. Wir teilten der EWB mit, dass Personen ohne dieses Gen die Anlagen der Natrid-Hypertronic-KI nicht betreten dürften. Sie wären in akuter Lebensgefahr. Doch die Mitgliedstaaten der UN sind nicht dumm. Sie fragen mittlerweile nach, was mit dem ganzen Verwaltungspersonal der EWK ist, welches sich frei in der Stadt Tattarr bewegen kann.«

Major Travis lachte.
»Das war eigentlich vorherzusehen«, bemerkte er. »Doch ich stimme ihnen zu, dass wir die Technik des natradischen Kaiser-Imperiums nicht den Staaten der Erde offenlegen dürfen. Die Folgen wären katastrophal.«

»Dem stimme ich zu«, antwortete General Poison. » Viele Mitglieder der UN wollen lediglich die Technik für ihre eigene Waffenproduktion nutzen. Das werden wir unter allen Umständen verhindern. Die EWK wird weiterhin die natradischen Hinterlassenschaften kontrollieren und Teile der Technik erst nach reiflicher Überlegung weitergeben. Das habe ich den Regierungsvertretern der EWB klargemacht. «

»Dann ist doch alles in Ordnung«, sagte Major Travis. »Wofür brauchen sie mich denn noch? «

»Die Spurensuche von Gildor Barenseigs festigt sich«, flüsterte der General. »Er und seine Mitarbeiter glauben, ein weiteres Geheimnis des ehemaligen natradischen Kaiser gelüftet zu haben. Nach seinen Aussagen hat er den Planeten Schirrack gefunden. «

»Das ist gut für ihn«, antwortete der Major. »Den Namen kenne ich nicht. Was ist Schirrack? «

Der Atem des Generals wurde schwerer.
»Das sollte ihnen eigentlich zu denken geben«, sagte Poison. »Ihnen wurde doch von Noel das komplette natradische Wissen implantiert. Was denken sie wohl, warum ihnen der Name des Planeten nichts sagt? «

»Vermutlich, weil der Quoltrin-Saar-Arel der Hypertronic-KI von Natrid keine Informationen übergeben hat«, antwortete der Major. »Das kennen wir doch bereits von dem Fluchtplanet der Redartaner. Sie sollten ihn zu diesem Thema einmal eindringlich befragen. Gegebenenfalls wird Heinze sie hierbei unterstützen. Ist der Protokoll-Roboter Jahol-Sin bereits abgefragt worden? «

»Noch nicht«, antwortete der General. »Das wird von Barenseigs erledigt. Wie sie wissen, trägt der letzte natradische Kaiser ein Kind der Arthropoden in sich. Wir müssen seine Person weiterhin abschirmen, damit der Parasit keinen Kontakt zu seiner Rasse aufnehmen kann. Es ist für uns nicht erkennbar, ob die Arthropoden immer noch ihre Reinigungsfeldzüge durchführen und Jagd auf humanoide Lebensformen machen. Nach den Erkenntnissen der letzten Missionen scheint ihr Hass sich in ihrer DNA eingebrannt zu haben. «

»Obwohl die Arthropoden vor vielen Jahrtausenden die ragunische Heimatwelt angegriffen und vernichtet hatten, wissen wir nicht, ob sie in der heutigen Zeit immer noch das gleiche Ziel verfolgen«, antwortete Major Travis. »Auf einen Kontakt mit ihnen möchte ich verzichten. «

»Das sehe ich genauso«, antwortete der General. »In der langen Zeit, in der die Arthropoden nicht mehr in der Milchstraße gewesen sind, kann viel passiert sein. Es ist möglich, dass sie ihre Flottenverbände massiv verstärkt haben.«

»Wir können nur spekulieren«, erwiderte der Major. »Falls sich die Vermutung von Admiral Tarin bewahrheitet, dass die Arthropoden die befehlende Kraft hinter den Sauroiden waren, werden sie vor 100.000 Jahren ihre ganzen Ressourcen dazu verwendet haben, um sie mit Schiffen, Waffen und Ausrüstungen zu versorgen. Der Angriff auf Natrid muss eine lange Zeit vorbereitet worden sein. Durch die Zerstörung der Heimatwelt der Sauroiden durch den Admiral, könnten sie einen gewaltigen Rückschlag erlitten haben.«

Der General atmete tief durch.
»Trotzdem wird die vergangene Zeit ausgereicht haben, um ihre Verluste auszugleichen«, erwiderte er. »Die Hypertronic-KI von Natrid hat eine Prognose erstellt. Diese sagt eindeutig aus, dass wir weiterhin mit einem Angriff dieser Rasse rechnen müssen. Aus diesem Grund legen wir großen Wert auf alle technischen Neuerungen, die uns in die Hände fallen sollten. Das betrifft die geheimen Entwicklungen durch den ehemaligen

natradischen Kaiser ebenso, wie auch eine Unterstützung durch die Lantraner.«

»Ich verstehe«, sagte Major Travis. »Wir sollten nicht zu schwarzsehen. »Damals hatten sich die Lantraner aus der Milchstraße zurückgezogen. Die sich gerade entwickelnden jungen Rassen waren auf sich gestellt. Ich glaube fest daran, dass es fremden Aggressoren in der heutigen Zeit nicht mehr gelingen wird, unbemerkt in die Milchstraße einzudringen, um Tod und Verwüstung unter die Völker zu bringen.«

»Sie sehen immer alles positiv«, fluchte der General. »Doch meine Vorahnungen haben mich bisher in den seltensten Fällen getäuscht. Ich gehe davon aus, dass wir zu irgendeinem Zeitpunkt wieder auf eine starke Flotte der Worgass, oder der Arthropoden treffen werden. Falls das eintreffen sollte, dann müssen wir vorbereitet sein und uns erfolgreich verteidigen können.«

»Ich komme zu ihnen«, sagte der Major. »Versuchen sie an weitere Informationen zu gelangen. Irgendetwas muss zu finden sein. Gegebenenfalls bitten sie Noel die geheimen Archive des ehemaligen Kaisers öffnen und nach Hinweisen zu forschen.«

»Die Koordinaten von Schirrack besitzen wir mittlerweile«, sagte General Poison. »Gildor Barenseigs konnte sie anhand der Flüge des ehemaligen Kaisers rekonstruieren. Der Planet befindet sich im Delta-Sektor unserer Milchstraße. Die Koordinaten führen in einen bisher noch nicht erkundeten Bereich unserer Galaxie. Dort befindet sich eine große Energieblase, die von unseren Fernortungssensoren nicht durchdrungen werden kann. Das Energieschild spiegelt unsere Sensoren ab. Wir haben zwischenzeitlich eine Forschungsflotte dorthin geschickt. Sie konnte uns weitere Informationen übermitteln. Die ausgesandten Drohnen konnten in die Energieblase eindringen und Bilder übermitteln. In der Energieanomalie befinden sich 16 unbekannte Planeten, die bisher nicht von uns katalogisiert wurden.«

Major Travis überlegte einen Augenblick.
»Wenn sie bereits eine Forschungsflotte zu den Koordinaten geschickt haben, was erwarten sie denn noch von mir. Die Forscher werden doch in der Lage sein, die Planeten der Energieblase zu untersuchen?«

Der General verharrte einen Augenblick.
»Die Flotte hat nur einen Forschungsauftrag erhalten«, erwiderte er. »Die Schiffe besitzen keine großen Verteidigungsgeschütze. Sie sollte lediglich neue Informationen sammeln.«

»Was wollen sie hiermit andeuten?«, erkundigte sich der Major.

»Das will ich ihnen gerade mitteilen«, knurrte der General. »Die ausgesandten Drohnen konnten uns zwar Informationen übermitteln, jedoch sind sie nicht mehr zu der Forschungsflotte zurückgekehrt. Ihre ID-Kennungen erloschen plötzlich auf den Bildschirmen der Schiffe. Wir müssen davon ausgehen, dass unsere Drohnen vernichtet wurden.«

»Daher weht der Wind«, lachte Major Travis. »Irgendjemand wollte sich nicht von ihnen auskundschaften lassen.«

»Diese Vermutung liegt nahe«, antwortete der General. »Es ist also erforderlich, weitere Untersuchungen anzustellen. Noel vermutet, dass dort auch wieder eine eigenwillige Hypertronic-KI aktiv ist, die sich nicht seinem Aktivierungsbefehl unterordnen will.«

»Was konnten die Drohnen für Informationen übermitteln?«, fragte der Major.

Der Name Schirrack wird in den Recherchen von Barenseigs einem geheimen Planeten zugeordnet, auf dem der ehemalige Kaiser eine Forschungsstation betrieben hatte «, teilte der General mit. » Wir wissen jedoch nicht, um welchen Planeten es sich in der Blase handelt. Die Drohnen konnten 16 Planeten erfassen, die sich um eine mittelgroße Sonne drehen. Diese stößt jede Minute starke Eruptionen ins All. Vermutlich hat sich hieraus die seltsame Energieblase gebildet. Die ersten drei Planeten, die nahe der Sonne stehen, weisen eine heiße, teilweise glutflüssige Oberfläche auf.

Die nachfolgenden vier Planeten liegen in der habitablen Zone. Einer von ihnen ist eine Wasserwelt, ein anderer eine Wüstenwelt. Der nächste ist ein zerklüfteter Felsenplanet. Der vierte Planet ist eine Dschungelwelt. Die nachfolgenden Planeten sind mit einer Eiskruste bedeckt. Vermutlich kommen sie nicht in Frage. Der Planet Schirrack konnte von den Sonden nicht identifiziert werden. «

»Vermutlich leben auf dem Dschungelplaneten fremde gefräßige Tiere, die es auf uns abgehen haben«, antwortete der Major. «

»Es wurden aktive Vulkane und ein hoher Anteil von Schwefel in der Atmosphäre festgestellt«, erklärte der General. »Trotzdem ist es uns wichtig, den Forschungsplaneten des natradischen Kaisers zu finden.

Er kann wichtige Entwicklungen verbergen, die uns hilfreich sein könnten.«

»In Ordnung«, antwortete Major Travis. »Ich werde der EWK den Planeten sichern. Wollen sie mich und Sirin abholen lassen?«

»Jede Minute ist wichtig«, konterte General Poison. »Ein Turbostrahl-Helikopter ist bereits gestartet. Er wird auf ihrem Schnellboot landen und sie übernehmen.«

»Haben sie meine Crew der Termar 1 bereits informiert?«, fragte der Major. » Sie wird nicht besonders glücklich über diesen Einsatz sein.«

»Ihre Besatzung lassen wir derzeit abholen«, teilte der General mit. »Sie haben meinen dringenden Wunsch ohne große Einwände verstanden.«

Der General ließ eine kurze Redepause vergehen.
»Im Vertrauen«, ergänzte er schließlich. »Ihre Crew hat mitgeteilt, dass sie lieber diesen Forschungsauftrag annimmt, als einen langweiligen Urlaub zu verleben.«

Major Travis hatte kein Verständnis für diese Antwort. Er bemerkte, wie der Ärger in ihm anstieg.

»Haben sie schon einmal etwas davon gehört, dass ein Arbeitgeber seinen Mitarbeitern Erholungsphasen einräumen muss«, erwiderte er. »Die letzten Einsätze waren sehr kräftezehrend. Meine Besatzung hat sich ihre Erholung verdient. «

»Das sind alles junge Leute«, antwortete der General. »Sie und Sirin eingeschlossen. Wofür brauchen sie Urlaub? Das Neue-Imperium geht vor. Machen sie sich bereit. Der Helikopter landet gleich bei ihnen. Ich erwarte sie in der Verwaltung der EWK. «

Der General brach die Verbindung ab.
Major Travis reichte Sergeant Hiller den Kopfhörer und das Mikrofon.

»Der General hat die Verbindung beendet«, sagte er. »Ein Helikopter ist auf dem Weg zu uns. Er wird Sirin und mich übernehmen. «

»Wir sind informiert«, sagte der Sergeant. »Der Turbostrahl-Helikopter ist bereits auf dem Radar sichtbar.«

»Bringen sie uns zu der Landplattform«, sagte der Major.

Sergeant Hiller nickte.

»Hier entlang«, sagte er und zeigte mit seinem Arm auf den seitlichen Ausgang. Der Sergeant ging voraus, Major Travis und Sirin folgten ihm.

Außerhalb führte eine Stahltreppe zu dem oberen Bereich des Schiffes. Hier war die Landeplattform für Helikopter und Gleiter verbaut.

Ein helles Turbinengeräusch wurde hörbar. Der Major wendete seinen Kopf und blickte nach Süden. Exakt aus der Sonne kommend, erkannte er einen schwarzen Punkt, der schnell größer wurde. Die Geräusche wurden lauter und wurden zu einem zischenden Turbinengeräusch. Der Helikopter bremste ab und kreiste über dem Schnellboot. Langsam sank er tiefer und setzte auf der Landeplattform auf. Das Turbinengeräusch ebbte ab.

Das Schott öffnete sich und ein Soldat sprang heraus. Er eilte auf Major Travis und Sirin zu. Vor ihnen blieb er stehen und salutierte.

»Mein Name ist Captain Meyers«, stellte er sich vor. »Ich bin Kurierpilot der EWK. Darf ich sie und ihre Begleiterin bitten, mich zu begleiten. General Poison erwartet sie in einer dringenden Angelegenheit.«

»Wir sind informiert«, nickte der Major.

Er drehte sich zu Sergeant Hiller um.
»Danke für ihre Unterstützung«, sagte er. »Lassen sie bitte unsere persönlichen Dinge aus meinem Haus in Pearl Harbor nach Douglas bringen.«

»Das wurde bereits veranlasst«, antwortete der Sergeant. »Wenn sie nach dem Gespräch mit dem General nach Hause kommen, werden sie ihre Koffer in dem Eingangsbereich vorfinden.«

»Der General hat wieder an alles gedacht«, lachte der Major.

Er salutierte vor dem Sergeant. Dieser erwiderte den Gruß. Dann folgten beide Offiziere Captain Meyers zu dem Helikopter. Tart 1 und Tart 2 schritten diskret hinterher. Nachdem die Gruppe in dem Turbostrahl-Helikopter eingestiegen war, schloss Captain Meyers das Schott. Er ließ sich neben Major Travis auf einen der komfortablen Sitze fallen.

Der Captain gab dem Piloten ein Zeichen.
»Wir können starten«, sagte er. »Direktflug mit maximaler Leistung in die Verwaltung der EWK.«

Der Pilot drückte mehrere Knöpfe in dem Cockpit. Die Turbostahl-Triebwerke heulten auf. Der Helikopter hob von der Landeplattform ab. Mit abgesenkter Frontnase beschleunigte er südwärts.

***

Zwei Stunden später betraten Major Travis, Sirin, Tart 1 und Tart 2 das Vorzimmer von General Poison. Frau Schiffers kam auf den Major zugelaufen.

»Gehen sie schnell in das Büro«, sagte sie. »General Poison läuft bereits eine längere Zeit hin und her. Noel, Oberst Cameron und der Commander der Forschungsflotte sind bei ihm. Ebenfalls Gildor Barenseigs und sein Team von Department Secret X.«

Sirin verzog ihr Gesicht.
»Auch das noch«, sagte sie. »Diese Person fehlt mir noch zu meinem Glück. «

Major Travis blickte sie an. Er wusste sehr wohl, dass Sirin keine gute Meinung über den Gildor hatte. Noch immer sah sie in ihm einen geflüchteten Natrader neuer Generation, der kein großes Interesse mehr an der Vergangenheit seiner Rasse zeigte.

»So schlimm wird es nicht werden«, flüsterte ihr der Major zu. »Barenseigs wird uns sicherlich seine Recherche nach Schirrack dokumentieren wollen. «

Frau Schiffers, eine Sekretärin des Generals klopfte an der Bürotüre ihres Vorgesetzten.

»Herein«, tönte es von innen.
Sie öffnete die Türe und trat ein.

»Der Major und seine Begleitung sind eingetroffen«, sprach sie den General an.

»Sollen sofort hereinkommen«, antwortete Poison. »Das hat lange genug gedauert. «

Frau Schiffers wandte sich Major Travis zu und verdrehte ihre Augen.

»Sie können jetzt eintreten«, sagte sie. »Ich wünsche ihnen viel Spaß. «

Major Travis lachte.
»Sie sind zu bedauern«, flüsterte er. »Ich muss den General nur ab und zu ertragen. Sie arbeiten jedoch jeden Tag mit ihm. Ich denke, das ist keine leichte Aufgabe. «

»Ich könnte ihnen Geschichten erzählten«, antwortete Frau Schiffers. »Doch auch ich unterliege der Schweigepflicht. Gehen sie hinein, bevor der General unausstehlich wird. «

Major Travis und Sirin traten durch die halb geöffnete Türe. Tart 1 und Tart 2 folgten und stellten sich rechts und links an der Wand, neben ihr auf. Ihre Blicke verfolgten die weiteren Schritte ihres Schutzbefohlenen auf den General zu.

Entgegen seiner sonstigen Angewohnheit, saß General Poison nicht hinter seinem Schreibtisch. Er hatte sich neben Noel, Commodore von Häussen, Gildor Barenseigs, den Mitarbeitern von Secret X und dem Commander der Forschungsflotte, an einem langen Konferenztisch niedergelassen. Als er den Major sah, sprang er erregt auf.

»Da sind sie ja endlich«, sprach ihn der General mit lauter Stimme an.

Sein rechter Arm machte eine einladende Bewegung.
»Kommen sie zu uns und setzten sie sich«, ergänzte er.
»Wir haben eine dringende Angelegenheit zu besprechen. «

»Wir sind so schnell gekommen, wie wir konnten«, erklärte der Major. »Wieso habe ich jedes Mal den Eindruck, dass bei ihnen die Welt untergeht? «

Er blickte die Anwesenden an und nickte ihnen zu. Der General schaute den Major irritiert an.

»Lassen sie das Gerede und setzen sie sich«, sagte der General mit eiserner Stimme.

Er wartete ab, bis sich der Major und Sirin einen Stuhl gesucht hatten.

»Möchten sie etwas trinken? «, fragte er. » Verdursten brauchen sie bei der EWK natürlich nicht.

»Nicht nötig«, antwortete der Major. »Wir hatten in den letzten zwei Tagen genügend Wasser. «

»Sehen sie«, lachte der General. »Dann habe ich sie ja förmlich aus einer Zwangslage befreit. «

Als er das Gesicht des Majors sah, sprach er weiter.

»Ihr Urlaub geht ihnen nicht verloren«, entgegnete er. »Sie werden ihn nachholen können. Leider veranlassen uns die Entdeckungen von Gildor Barenseigs zu einem sofortigen Handeln.«

Der General zeigte auf den Offizier der Forschungsflotte. »Das ist Commander Rankins«, sagte er. »Er war der kommandierende Befehlshaber unserer Forschungsflotte in dem Delta-Sektor. Seinen Aufzeichnungen und Berichten konnten wir interessante Details entnehmen.«

Der General zeigte auf die restlichen Personen.
»Noel, Gildor Barenseigs und sein Team von Secret X kennen sie bereits«, fuhr er fort. » Aus diesem Grunde komme ich schnell auf das anliegende Thema zu sprechen.«

»Das wäre uns recht«, antwortete der Major. »Wir möchten uns später gerne umziehen.«

»Das kann warten«, erwiderte der General. »Lassen wir uns erst einmal vortragen, wie Gildor Barenseigs auf die Spur von Schirrack gekommen ist.«

General Poison blickte den Befehlshaber von Department Secret X an.

»Klären sie den Major auf«, sagte er. »Das ist sicherlich sehr gespannt.«

Barenseigs stand auf.

»Das mache ich gerne«, antwortete er. »Sie alle wissen, dass ich die alten natradischen Archive nach Hinweisen auf Technik und verborgene Artefakte durchsuche. Das ist sehr aufwendig. Leider können wir keine automatische Suchroutine über die Hypertronic-KI von Natrid einspeisen. Kaiser Quoltrin-Saar-Arel, aber auch seine Vorgänger, waren Experten im Verschlüsseln geheimer Informationen. Sämtliche Hinweise, auf die wir stießen, die uns gegebenenfalls widersprüchlich vorkamen, wurden im Archiv der großen Hypertronic-KI als militärische Einrichtungen, Vorratsdepots, oder deaktivierte Einrichtungen getarnt und gespeichert. Es gabt Hinweise auf eine Vielzahl von verlassenen Einrichtungen, die als nicht mehr betriebsfähig eingestuft wurden. Sie können sich vorstellen, dass bei einer Abfrage dieser Daten, die Mutter von Noel leider auch nur die ihr eingespeisten Daten ausgeben konnte. Bei meiner Suche war sie keine große Hilfe.«

Sirin nickte.
»Solche experimentellen Anlagen wurden mit der höchsten Geheimhaltungsklausel belegt«, sagte sie. »Es entzieht sich meiner Erkenntnis, ob mein Onkel sie als nicht mehr betriebsbereit deklariert hat.«

»Davon ist auszugehen«, sagte Barenseigs. »Dank meiner ausgezeichneten Mitarbeiterin, Sessi Seifert, konnten wir tiefer in einen auffälligen Bereich hineingehen. Erst durch die Zuordnung von zahlreichen Flügen des Kaisers zu einer stillgelegten Basis, wurden wir aufmerksam. Sie fragte bei mir nach, warum immer wieder geheime Flüge des Kaisers zu der gleichen stillgelegten Basis führten. Erst als wir 153 relativ hohe Kostenabrechnungen den Flügen zuordnen konnten, stießen wir auf den verwertbaren Suchbegriff »Schirrack«. Nachdem wir diesen Begriff gezielt von der natradischen Hypertronic-KI suchen ließen, wurde uns ein persönliches Geheimarchiv von Kaiser Quoltrin-Saar-Arel angezeigt.

Wir konnten es nicht öffnen. Erst als wir den persönlichen Protokollroboter des Kaisers hinzu riefen, fanden wir das Passwort zu dieser Datei heraus. Scheinbar besitzt Jahol-Sin alle Passwörter des Kaisers, die aber erst nach einer direkten Aufbereitung durch eine natradische Hypertronic-KI geöffnet werden können. Als wir den Code an die Hypertronic-KI übergaben, änderte sich schlagartig die Bezeichnung „Deaktiviert", in den Hinweis „Höchste Geheimhaltungsstufe". Vor einer Benutzung wird die Rücksprache mit dem Kaiser ausdrücklich befohlen.

Barenseigs blickte die Zuhörer an. Diese schienen von seinem Bericht fasziniert zu sein.

Gildor Barenseigs fuhr mit seinen Ausführungen fort. »Als wir die Datei öffneten, fanden wir Hinweise auf eine versteckte Forschungsstation, die scheinbar in der Lage war, ein Sphären-Portal durch das Weltall zu bohren«, erklärte er. »Wir fanden den Hinweis auf eine starke Dimensionswaffe. Die Wirkungsweise wurde leider nicht näher spezifiziert. Doch sie scheint einen Aufriss des Zwischenraumes zu ermöglichen. Vergleichbar mit der Wirkungsweise der lantranischen Waffen, die wir von dem Kampf gegen die Daraner her kennen.«

»Das waren erschreckende Bilder«, sagte Major Travis. »Ich habe verfolgt, wie eine ganze daranische Flotte in den Abgrund des Zwischenraumes gerissen wurde und spurlos verschwand. Wir sollten vorsichtig mit solchen Waffen sein.«

»Das habe ich bereits dem General vorgetragen«, antwortete Barenseigs. »Doch lassen sie mich noch einmal auf das Sphären-Portal zu sprechen kommen, den diese Forschungsstation erzeugen kann. Wie wir den Dokumentationen entnehmen konnten, sollte er dem Durchflug von Schiffen dienen. Dieser künstlich erzeugte Wurmlochtunnel benötigte eine immense Menge an Energie. Da er zielgerichtet programmiert und gebohrt werden kann, ist es möglich den Ausgangspunkt vor einem fremden Planeten, oder in der Atmosphäre einer Welt zu positionieren. Ist er einmal stabil, können durch ihn auch Lenkraketen, Gefechtsköpfe und Torpedos zielgerichtet verschossen werden. Sie wissen, was das bedeuten kann?«

»Man braucht keine Raumschiffe mehr, um eine fremde Welt anzugreifen«, bemerkte Sirin. »Dieses Wurmlochportal und ein großes Arsenal an Gefechtsköpfen reichen aus, um die Heimat eines Feindes zu zerstören. Von den Bewohnern gar nicht zu sprechen.«

Major Travis dachte nach.
»Je länger ich über diese Waffe nachdenke, umso mehr Angst macht sie mir«, bemerkte er. »Wir sollten dafür sorgen, dass sie nicht in die Hände fremder Rassen fallen kann. Ebenso die Konstruktionszeichnungen, die vermutlich auch noch existieren.«

»Einen Moment«, bemerkte der General. »Diese Waffe wäre für uns die Erlösung. Falls wir sie nutzen könnten, wären wir allen Feinden überlegen. «

»Das mag zwar sein«, antwortete Sirin. »Doch ich gebe Major Travis Recht. Denken sie bitte daran, dass auch wir die Konstruktionsunterlagen der Aller-Ersten erbeuten konnten. Wie wollen sie diese Daten vor fremden Rassen, möglicherweise unsichtbaren Eindringlingen, oder auch vor Mutanten sichern. Selbst für Heinze wäre es ein leichtes gewesen, in den Besitz zu gelangen. Wir dürfen solche Waffen nicht in fremde Hände geben. Ich möchte ebenfalls, dass sie vernichtet werden.«

General Poison dachte nach. Er blickte Noel an.
»Wie ist ihre Meinung zu diesem Thema?«, erkundigte er sich.

Noel schüttelte seinen Kopf.
»Die Daten dieser Anlage konnten bisher von meiner Mutter nicht ausgewertet werden«, antwortete er. »Aufgrund der Informationen, die hier in dem Raum mitgeteilt wurden, befürwortet die KI ebenfalls eine Zerstörung der Forschungsstation.«

Die Gesprächspartner sahen sich an.
»Commander Rankins«, sagte der General. »Was für Informationen haben sie uns mitgebracht?«

»Meine Flotte ist zu den uns übermittelten Koordinaten geflogen«, antwortete der angesprochene Befehlshaber des Forschungsgeschwaders. »Der Stellvertreter von Oberst Cameron hatte uns den Befehl hierzu erteilt. Wir sollten sondieren, was sich an dem Zielpunkt, der von Barenseigs ermittelten Flugroute des ehemaligen Kaisers befand. Wie sie wissen, liegt er in dem Delta-Sektor unserer Galaxie.«

Major Travis nickte.
»Leider ein bisher noch nicht intensiv überprüfter Sektor unseres Imperiums«, erklärte er.

»Wir erhielten belanglose Auswertungen von der natradischen Hypertronic-KI, die auf keine Zivilisationen und rohstoffreiche Planeten hinwiesen«, erklärte Commander Rankins. »Laut den Daten der alten natradischen Sternenkarten befanden sich in diesem Sektor lediglich trostlose zerklüftete Felsplaneten, die eine Besiedlung nicht lohnend machten. Es fehlte an Wasser, Vegetation und nährreichen Boden, um Kolonisten ein Überleben zu ermöglichen.«

»So lauten die Daten meiner Mutter«, bestätigte Noel. »Scheinbar wurden die Informationen über diesen Sektor bewusst von Kaiser Quoltrin-Saar-Arel manipuliert. Meine Mutter vermutet, dass die falschen Daten der Abschirmung dieses Sektors dienen sollten. Möglicherweise lohnt es sich, diesen Bereich unserer Sterneninsel einmal näher zu untersuchen.«

Commander Rankins reichte General Poison einen Sprecherkristall.

»Hier sind unsere Bildaufzeichnungen des Sektors«, erklärte er. »Der Planet Schirrack konnte von uns nicht identifiziert werden. Die Koordinaten der Flugroute endeten vor einem unbekannten Sternensystem.«

General Poison hatte den Speicherkristall in ein Abspielgerät gesteckt. Ein großer Bildschirm aktivierte sich. Das Licht des Raumes verdunkelte sich.

»Bitte kommentieren sie ihre Aufzeichnungen«, bat General Poison den Commander der Forschungsflotte.

Dieser nickte kurz.
»Der Name Schirrack wurde in den Recherchen von Barenseigs einem geheimen Planeten zugeordnet, auf dem der ehemalige Kaiser eine Forschungsstation betrieben hatte«, teilte Commander Rankins mit. »Unser Forschungsauftrag lautete, nach einem Planeten mit technischen Anlagen zu suchen. Als wir nach der letzten Flugetappe aus dem Hyperraum fielen, fanden wir eine seltsame energetische Energieblase an den Zielkoordinaten vor.«

Der Commander startete die Aufzeichnung. Die Offiziere in dem Büro des Generals sahen die riesige gelbe

Energieblase, die sich tief in den Sektor des Weltraumes ausbreitete.

»Wir waren erstaunt, weil wir so etwas noch nicht gesehen hatten«, erklärte Commander Rankins. »Wir versuchten das Energiegebilde zu scannen, doch leider konnten unsere Schiffssensoren sie nicht durchdringen. Die Blase reflektierte den Impuls unserer Sensoren. Eine direkte Sicht in das Innere der Energieanomalie war uns ebenfalls nicht möglich. Wir nahmen alle möglichen Messungen vor und rätselten, was diese eigenartige Anomalie verursachen könnte. Die wenigen Daten, die wir aufzeichnen konnten, vermittelten uns, dass die Energieblase von einem aktiven Sonnenplasma gespeist wurde. Doch wir registrierten jedoch keine größeren Sonnen in unserem näheren Umkreis.«

Der Commander ließ die Aufzeichnungen weiterlaufen. »Sie erkennen, dass wir Drohnen ausschleusten, die in die Blase eintauchen sollten«, sagte er.

Die Zuschauer sahen, wie die Drohnen mit der Energieblase kollidierten und in grellen Stichflammen explodierten.

»Die Drohnen konnten dem Energiefeld der Blase nicht standhalten«, bemerkte Commander Rankins. »Erst als wir auf den Gedanken kamen, die Drohnen mit einem modernen Hochleistungs-Schutzschirm auszustatten, schöpften wir ein wenig Hoffnung.«

Die Bildaufzeichnung lief weiter.
Die Offiziere registrierten, wie die Forschungsflotte weitere Drohnen aussandte, die sich der Energieanomalie näherten. Diesmal flogen sie unbeschadet in die Anomalie ein. Den Zuschauern bot sich ein fantastisches Bild. Die Drohnen sandten ihre Aufzeichnungen an die wartende Forschungsflotte. Sie konnten 16 Planeten erfassen, die sich um eine übergroße Sonne drehten. Diese stieß jede Minute starke Eruptionen ins All.

»Da haben sie die von uns vermutete Sonne«, erklärte Commander Rankins. »Ihre stetigen Eruptionen schleudern hochaktives Sonnenplasma in das Sternensystem. Seltsamerweise wird dieses Energiematerial sofort von der Blase angezogen. Die 16 Planeten werden nicht beeinträchtigt.«

Die Aufzeichnungen stoppten.
»Passen sie jetzt genau auf«, sagte der Commander. »Die Sensoren unserer Sonden richten sich jetzt auf die Planeten.«

Der Commander ließ die Aufzeichnung weiterlaufen.

»Die ersten drei Planeten, die nahe der Sonne stehen, weisen eine heiße, teilweise glutflüssige Oberfläche auf«, erklärte er.

Die Offiziere sahen, wie die drei Planeten heran gezoomt wurden. Die Oberflächen brodelten. Flüssiges Magma bewegte sich wellenartig hin und her. Zahlreiche Vulkane waren aktiv und schleuderten flüssiges Gestein an die Oberfläche. Andere verpufften dunkle Rauchsäulen in die Atmosphäre. Zwischendurch schossen glühende Fontänen in den Himmel und regnete als glühendes Gestein nieder.

»Die nachfolgenden vier Planeten liegen in der habitablen Zone«, fuhr der Commander fort. »Einer von ihnen ist eine Wasserwelt, ein anderer eine Wüstenwelt. Der nächste konnte als ein zerklüfteter Felsenplanet registriert werden. Der vierte Planet ist eine junge Dschungelwelt.«

Die Bilder bestätigten die Aussage des Commanders. Nirgendwo war ein Hinweis auf eine Station, oder auf technische Bauten natradischen Ursprungs zu finden.

»Alle restlichen Planeten sind von einer dicken Eiskruste bedeckt«, sagte der Commander. »Die Temperaturen liegen weit über 75 Grad Minus. Unsere Drohnen konnten keine Lebensformen, keine Energieemissionen und oder Hinweise auf natradische Objekte finden. Der Planet Schirrack ist ohne weitere Informationen von den Sonden nicht zu identifizieren.«

»Verflucht«, sagte General Poison. »Dann verläuft die Spur von Barenseigs im Nichts. «

»Warten sie es bitte ab«, antwortete der Gildor. »Die Aufzeichnung ist noch nicht zu Ende. «

Commander Rankins nickte.
»Schauen sie genau hin«, bemerkte er.
Die Bilder gaben die Oberfläche der Planeten wieder. Nichts Ungewöhnliches fiel den Zuschauern auf. Plötzlich verzerrten die Bilder und fielen komplett aus.

»Das war es«, antwortete der Commander. »Während die Sensoren unserer Drohnen auf die Planeten gerichtet waren, wurden sie hinterrücks angegriffen und zerstört. Einer der Planeten muss demnach über Abwehrsysteme verfügen, die ungebetene Gäste fernhalten sollen. «

Die Aufnahme endete. Commander Rankins blickte die Zuhörer an.

»Wir haben darauf verzichtet, mit unseren Forschungsschiffen in die Energieanomalie zu fliegen«, sagte er. »Unser Befehl lautete, kein Risiko für Schiffe und Besatzungen einzugehen. Hieran haben wir uns gehalten.«

»Das war richtig«, antwortete General Poison. »Wir alle haben die Aufzeichnungen gesehen. Vermutlich wollte Kaiser Quoltrin-Saar-Arel das Sternensystem vor fremden Blicken verbergen. Die Zerstörung der Drohnen zielt auf eine Defensivmaßnahme hin. «

»Waren die Drohnen mit dem lantranischen Superschutzschirm ausgestattet? «, erkundigte sich Major Travis.

Commander Rankins schüttelte seinen Kopf.
»Leider nicht«, antwortete er. »Diese Schirme stammten noch aus modifizierten natradischen Entwicklungen. «

»Der letzte Kaiser ging davon aus, dass die Schutzschirme seiner Flotte das Eindringen in die Energieblase nicht überstehen würden«, sagte Major Travis. »Er konnte nicht ahnen, dass wir heute über weitaus stärkere Schirme verfügen. «

General Poison erhob sich und zog seine Uniform gerade. Er blickte den Major an.

»Ich erkläre andauernd allen Behördenvertretern der Erde, dass sie mein bester Mann sind«, lächelte er. »Die Staatsoberhäupter wissen, dass nur sie als berechtigter Oberbefehlshaber der vereinigten Natrid & Tarid Streitkräfte über das erforderliche Natridgen verfügen. Mir bleibt nichts anderes übrig, als sie auf diese Mission zu bitten. Klären sie die Situation vor Ort. Finden sie die geheime Forschungsstation des natradischen Kaisers und lüften sie ihr Geheimnis. Warum existiert dort ein versteckter unscheinbarer Planet, der als Forschungsbasis ausgebaut wurde. Recherchieren sie, warum selbst Sirin und Admiral Tarin nichts hiervon wissen. Sichern sie mögliche technische Entwicklungen für das Imperium.«

»Das war Grund genug, um uns den Urlaub zu versauen?«, fragte Major Travis.» Die Untersuchung der Energieblase hätte sicherlich noch einige Tage Zeit gehabt? «

»Nein«, antwortete der General. »Ich halte die Angelegenheit für sehr dringend. Zumal in einigen entfernten Sektoren Aktivitäten der Piraten registriert wurden. Sie scheinen dort in einem Asteroidenfeld Rohstoffe abzubauen. Ich will nicht, dass unser Freund

Reco Kuriato Informationen über dieses geheime System erhält. Barenseigs hat viel Arbeit investiert, um an die Koordinaten zu gelangen.«

»Es haben sich bereits mehrere Commander angeboten den Auftrag zu übernehmen«, bemerkte Commodore von Häussen. »Ursprünglich sollten sie ihren Urlaub in Ruhe beenden. Doch der General gibt lieber ihnen den Vorzug. Er stoppte meine Suche nach einem anderen Befehlshaber für diesen Einsatz. Vermutlich, weil sie bereits einige dieser sich selbst wartenden Hypertronic-KIs wieder dem neuen Imperium angegliedert haben.«

»Ich verstehe«, antwortete Major Travis. »Einverstanden, ich übernehme den Auftrag. Erhalten wir eine Begleitflotte?«

»Admiral Tarin hat sich angeboten, sie mit 500 Schiffen seiner Flotte zu begleiten«, erwiderte der General. »Falls die Schiffe der Piraten Probleme bereiten sollten, sind sie auf der sicheren Seite. Ferner wird sich ihnen die Muslan anschließen. Das ist ein Forschungsschiff der Kaiser-Klasse, welches für Forschungseinsätze umgebaut wurde. Das Schiff ist mit Wissenschaftlern, Ingenieuren und Technikern gefüllt, welche die Station des Kaisers nach der Aktivierung der Hypertronic-KI übernehmen werden. Ihnen zur Seite wird eine Flotte von 50 Schiffen der

Königsklasse gestellt, die später den Planeten sichern werden. Noch irgendwelche Fragen?«

»Bin ich jetzt als Forscher tätig? «, fragte der Major.

Der General blickte ihn ernst an.
»Sie sollen nicht forschen, sondern die Flotte leiten«, antwortete er. »Sorgen sie dafür, dass unsere Leute sicher in der Station arbeiten können. «

»Wie viel Zeit haben wir bis zu dem Start unserer Flotte?«, fragte Sirin.

General Poison grinste sie und den Major an.
»Ausreichend Zeit«, bestätigte er. »Die Mission beginnt morgen früh um 8:00 Uhr. Die Termar 1 erwartet sie auf dem Raumhafen vor unserer Verwaltung. «

»Ihr Neolrith wird von mir aktualisiert«, bemerkte Noel. »Die Daten sollten ausreichen, um die Hypertronic-KI der Station gefügig zu machen. Falls es Probleme geben sollte, informieren sie mich bitte. Ich werde nach einer Lösung suchen. «

»Es wäre mir recht, wenn wir vor unserem Abflug Kaiser Quoltrin-Saar-Arel noch einmal befragen dürften? «, sagte Major Travis. »Vielleicht erweist er sich hilfreich und gibt uns weitere Informationen?«

»Er scheint sich in seiner komfortablen Zelle wohlzufühlen«, erwiderte Noel. »Ich habe eine längere Zeit keine Zwischenfälle mehr gemeldet bekommen. Wenn der General nichts dagegen hat, begleiten sie mich nach Tattarr. Heinze befindet sich auf der Termar 1, die von uns gewartet wurde. Ich glaube, er begleitet Commander Brenzby bei der Inspektion des Schiffes.«

»Wunderbar«, entgegnete der Major. »Ich hätte ihn gerne bei dem Gespräch dabei. Vielleicht kann er etwas aus den Gedanken des Kaisers herausfiltern. Vermutlich wird sich Quoltrin-Saar-Arel nicht sehr kooperativ zeigen.«

»Ich möchte sie auch begleiten«, sagte Barenseigs. »Vielleicht kann ich den Kaiser mit einigen Fragen kompromittieren?«

»Einverstanden«, antwortete der Major und stand auf.

»Dann sind wir uns einig«, lächelte der General. »Start unserer Flotte ist morgen früh um 8:00 Uhr.«

Der General nickte den Offizieren zu.

»Viel Erfolg für sie«, sagte er. »Sorgen sie für einen erfolgreichen Verlauf des Einsatzes. «

Noel hatte Major Travis, Sirin, Barenseigs in die Verwaltung des Neuen-Imperiums geführt. Tart 1 und Tart 2 wichen nicht von der Seite ihres Schutzbefohlenen. Tief in der Erde von Natrid lag die ehemalige Fluchtstadt der evakuierten Rasse, die dem Bombardement der Rigo-Sauroiden standgehalten hatte. Die letzten Überlebenden der Natrader fanden hier einen sicheren Unterschlupf.

Heinze erwartete seinen Vorgesetzten und dessen Begleiter in der Etage der Transmitter-Anlagen. Geduldig hatte er ausgeharrt, bis Major Travis und Sirin eintrafen.

»Heinze«, begrüßte der Major seinen kleinen Freund. »Wir wurden mit einem neuen Auftrag betraut. Morgen früh, um 8:00 starten wir zu einem Forschungsauftrag. «

»Ich wurde bereits von General Poison informiert«, lächelte der Ro. »Du möchtest den Kaiser besuchen? Der General hat mich gebeten seine Gedanken zu lesen. «

»Es geht um eine geheime Forschungsstation, die von dem Kaiser in Auftrag gegeben wurde«, antwortete der Major. » Sie befand sich auf einem Planeten, der Schirrack genannt wurde. Die Mutter von Noel besitzt leider keine

Informationen über das Projekt. Aus irgendeinem Grunde hat Kaiser Quoltrin-Saar-Arel hier wieder sein eigenes Süppchen gekocht. Dank Gildor Barenseigs haben wir die Koordinaten dieser geheimen Anlage gefunden.«

»Rechnest du mit einer Infiltration durch fremde Mächte?«, erkundigte sich der Ro.

»Eigentlich nicht«, antwortete Major Travis. »Es wäre für uns jedoch einfacher, wenn wir etwas über die Aufgaben der Anlage erfahren könnten. Diese Fragen kann uns jedoch nur der ehemalige Kaiser beantworten.«

Heinze nickte.
»Ich werde seine Gedanken kontrollieren«, antwortete er. »Sorgt ihr dafür, dass er über diese Anlage möglichst intensiv nachdenkt. Dann werde ich an die Informationen gelangen.«

»Danke«, antwortete der Major »Du bist uns eine große Hilfe.«

Noel hatte den Turbolift angefordert. Die Türen öffneten sich.

»Wir müssen in das unterste Stockwerk«, sagte er. »Dort befindet sich die Zelle des Kaisers.«

Als alle Personen in dem geräumigen Lift standen, schlossen sich die Türen.

»Unterstes Stockwerk«, sagte Noel.
Die Sprachsteuerung des Liftes reagierte sofort. Kaum merkbar setzte er sich in Bewegung. Die Ziffern auf der Kontrollanzeige rasten über das Display. Bereits nach wenigen Sekunden bremste der Lift ab und kam zum Stillstand. Die Türen öffneten sich.

»Wir sind da«, bemerkte Noel und machte eine ausladende Bewegung mit seinem Arm. Major Travis und seine Begleiter gingen in den breiten Verbindungskorridor, der vor einer gepanzerten Türe endete. Zwei Marines sicherten sie. Als sie Noel und Major Travis erkannten, salutierten sie vorschriftsmäßig.

Der Major, Sirin und Gildor Barenseigs erwiderte den Gruß. Die Marines öffneten der Gruppe bereitwillig die beiden Flügeltüren.

In dem Sicherheitsbereich saß ein Offizier an einem Kontrolltisch. Er erhob sich und salutierte ebenfalls, als die Führung des Neuen-Imperiums eintrat.

Das Namensschild auf seiner linken Brusttasche wies ihn als Sergeant Black aus.

»Sergeant Black«, sagte Major Travis. »Wir möchten Kaiser Quoltrin-Saar-Arel einige Fragen stellen. Bereitet er noch Probleme?«

»Nein«, antwortete der Angesprochene. »Er randaliert seit geraumer Zeit nicht mehr. Vermutlich hat er sich mit seiner Komfortzelle angefreundet. Er wird jeden Tag von uns mehrfach visuell kontrolliert. Er beschäftigt sich mit den aktuellen Zeitschriften und mit dem zensierten TV-Programm, das wir hier unten in die Zellen einspeisen. Auch die Nahrung verweigert er nicht mehr.«

»Das ist ein Fortschritt«, sagte Major Travis. »Hat er neue Informationen preisgegeben?«

»Das nicht«, antwortete Sergeant Black. »Doch auf den Befehl von Noel hin, haben wir bisher noch nicht das natradische Wahrheitsserum injiziert. Wir wollten ihn zu einer freiwilligen Kooperation bewegen.«

»Das scheint nicht zu funktionieren«, bemerkte der Major.

Er blickte Noel an.

»Gibt es einen Grund hierfür, dass ihm das natradische Wahrheitsserum noch injiziert wurde?«, fragte er.

Noel schüttelte seinen Kopf.
»Nein«, antwortete der Kunstklon. »Ich wollte hiermit warten, bis sie die richtigen Fragen stellen. Wie sie wissen, kann sich nach der langen Zeit der Lagerung, die Wirkung unseres Serums verändern. Die natradische Hypertronic-KI wollte kein Risiko eingehen.«

»In Ordnung«, antwortet der Major »Wir werden die Bestände des Serums von unseren Chemikern untersuchen lassen.« »Ist es möglich, dass sie ihnen die Zusammensetzung übermitteln?«

»Ich werde danach suchen lassen«, antwortete Noel. »Die Substanz wurde zum Ende des großen Krieges speziell auf die Rigo-Sauroiden zugeschnitten. Ich hoffe sehr, dass sie bei Humanoiden keine Schäden verursacht.«

»Das werden unsere Wissenschaftler feststellen«, beruhigte ihn der Major.

Er blickte wieder Sergeant Black an.
»Bringen sie uns zu der Zelle des Kaisers«, befahl Major Travis.

»Folgen sie mir«, erwiderte der Sergeant.

Er befahl zwei Marines und zwei Kampfroboter ihm zu folgen. Gemächlich schritt die Gruppe durch den Hochsicherheitstrakt. Vor jeder Zellentüre standen weitere Einheiten Marines und hielten Wache. Sie konnten durch digitale Bildschirme die Gefangenen überwachen. Vor der siebten Türe blieb der Sergeant stehen.

»Die Zelle von Kaiser Quoltrin-Saar-Arel«, sagte er.

»Öffnen sie bitte«, befahl Noel.

»Türe öffnen und den Raum sichern«, wies der Sergeant die Wachen an.

Einer von ihnen gab einen Öffnungscode in die Tastatur neben der Türe ein. Mit einem lauten Klicken öffnete sie sich einen Spalt. Die Marines wiesen die beiden Kampfroboter an, in die Zelle zu gehen und diese zu sichern. Mit aktivierten Waffenarmen befolgten sie den Befehl. Ihren Augen entging nicht die geringste Kleinigkeit.

Der Kaiser saß an einem Tisch und blätterte in Zeitschriften. Er hob nicht einmal seinen Kopf, um die Besucher anzuschauen.

»Zelle gesichert«, meldete ein Kampfroboter per Flottenfunk.

Das war das Zeichen für die Marines mit gehobenen Waffen in den Raum einzudringen. Sie positionierten sich rechts und links, neben dem Stuhl des sitzenden Kaisers.

Ihnen folgten Tart 1 und Tart 2. Als diese keine Auffälligkeiten meldeten, traten Noel, Major Travis und seine Begleitung an. Endlich hob der Kaiser seinen Kopf und blickte irritiert die Personen an.

»Was gibt es so Wichtiges, dass sie hier mit einem ganzen Aufgebot auftauchen? «, erkundigte er sich.

Sein Blick richtete sich auf Noel und Sirin.
»Auch meine verräterische Cousine besucht mich einmal«, sagte er verächtlich. »Ich hätte dich besser hinrichten lassen, als ich noch die Möglichkeit hierzu hatte. «

Diese Chance hattest du nie«, antwortete Sirin gelassen. » Falls du dich nicht mehr erinnerst, kann ich dir auf die

Sprünge helfen. Du hast mich mit einer Flotte an den äußeren Rand unseres Imperiums befohlen. Vermutlich mit dem Hintergedanken, dass meine Flotte als erstes Geschwader von den Rigo-Sauroiden vernichtet wird. Leider konnte ich dir diesen Gefallen nicht erweisen. «

»Es ist ein Irrtum der Evolution, dass du immer noch am Leben bist«, fluchte der Kaiser in natradischer Sprache.

Der Gildor trat vor.
»Mein Name ist Barenseigs«, stellte er sich vor. »Ich bin als Gildor der santaranischen Admiralität in die Dienste des Neuen-Imperiums getreten. Teilen sie mir als direkter natradischer Nachkomme bitte etwas über ihre geheimen Archive mit. «

»Geheime Archive gibt es nicht«, leugnete der Kaiser. »Was meinen sie hiermit? «

»Ich spreche von dem Delta-Sektor«, antwortete der Gildor. »Dort gibt es ein Sternensystem, das sie öfter angeflogen haben. Was ist so Besonderes hieran. Gibt es dort eine geheime natradische Forschungsstation? «

»Sie wollen ein natradischer Nachkomme sein? «, antwortete der Kaiser herablassend. » Vermutlich sind sie ein Nachfahre der letzten Flüchtlinge von Natrid. Die

Flotte von Admiral Tarin konnte ihre Vorfahren in Sicherheit bringen. Ich betrachte sie nicht mehr als Natrader. Sie sind eine unbedeutende Mutation.«

Die Gesichtszüge von Barenseigs entgleisten.
»Beruhigen sie sich«, forderte Noel den Kaiser auf. »Sie werden von uns als Staatsgast behandelt. Es gibt auch noch die von ihnen eingerichteten Zellen in Tattarr. Sie können gerne eine hiervon beziehen. Seit ihrer vorzeitigen Flucht nach Redartan stehen sie nämlich leer.«

»Du Abbild einer größenwahnsinnigen Hypertronic-KI«, schimpfte der Kaiser. »Das hat man nun davon, wenn man einer imperialen Hypertronic-KI zu viele Freiheiten einräumt. Das wird mir nicht mehr passieren.«

»Wie sollte das auch möglich«, sagte Major Travis. »Noch sind sie unser Gast. Falls wir ihnen die Freiheit schenken sollten, dann werden unsere Freunde dafür sorgen, dass sie an einem weit entfernten Ort angesiedelt werden, wo sie keinen Schaden mehr anrichten können.«

»Verlasst diesen Raum«, schimpfte der Kaiser. »Euer Gestank ist nicht länger zu ertragen.«

»Vorerst haben wir noch einige Fragen an sie«, sagte Major Travis unbeeindruckt. »Falls sie kooperieren, kann sich das positiv für sie auswirken. Wir verlassen sie dann auch schnell wieder. «

»Ich ertrage euch nur noch schwer«, antwortete der Kaiser. »Wie lauten die Fragen? «

»Welche Aufgabe hat die geheime Forschungsstation auf Schirrack? «, erkundigte sich der Major. » Was wurde dort in ihrem Namen entwickelt? «

Die Gesichtszüge des Kaisers entgleisten. Er schien es nicht glauben zu wollen.

»Das geht euch gar nichts an«, tobte er. »Die Anlage ist ein geheimes Projekt von mir und der göttlichen Macht. Das Sternensystem wird durch eine Energie-Anomalie gesichert. Ich empfehle keinem Raumschiff die Blase zu durchqueren. Alle Schiffe, die es trotzdem versucht haben, wurden von der Energieanomalie vernichtet. «

»Es sind mehr als 100.000 Jahre vergangen«, antwortete Major Travis. »Unsere Schutzschirme wurden in Zusammenarbeit mit unseren Freunden optimiert und die Schutzwirkungen um ein Vielfaches verstärkt. Die Energieblase ist kein Hindernis mehr. «

Dem Kaiser verschlug es die Sprache.

»Du Abkömmling eines Barbaren von Tarid«, beleidigte er. »Wie kannst du es wagen, so mit mir zu sprechen.«

»Das ist Major Travis, der Oberbefehlshaber des Neuen-Imperiums von Natrid & Tarid«, bemerkte Sirin lachend. »Er ist ein Erhobener im Gefüge der Kaiserkaste mit Rang 1. Bestätigt und eingesetzt von Noel von Natrid im Rahmen der Nachfolge-Programmierung von Admiral Tarin. Wie du erkennst, ist der Major dir gleichgestellt. Anders wurde vor vielen Jahrtausenden dem Geschlecht der Arel auch nicht der Kaisertitel übertragen.«

Quoltrin-Saar-Arel spuckte angewidert aus.
»Welche Freunde werden sich schon mit den Barbaren von Tarid einlassen?«, fragte der Kaiser herablassend.

»Die Lantraner, aber auch die Aller-Ersten unterstützen uns«, antwortete der Major. »Diese Namen werden ihnen sicherlich etwas sagen.«

»Das sind alles unfähige Zivilisationen, die sich selbst als älteste Rassen des Universums bezeichnen«, erwiderte der Kaiser. »Ihre Aussagen konnten in keiner Weise bestätigt werden. Warum haben die Species nie ein eigenes Imperium aufgebaut. Weil sie außer

Diskussionen, nie etwas Positives leisten konnten. Ich habe seinerzeit den Kontakt zu diesen Rassen abgebrochen.«

»Das wissen wir«, lächelte der Major. »Vermutlich war das ihr größter Fehler. Diese beiden Rassen sind technisch sehr weit entwickelt. Dank ihnen besitzen wir heute den Wurmlochantrieb und ausgezeichnete Schutzschirme. Alle unsere Schiffe und Zerstörer wurden mittlerweile mit diesen technischen Neuerungen ausgestattet. Unsere Zerstörer durchfliegen die Energieanomalie, ohne einen Schaden zu nehmen.«

Der Kaiser blickte den Major an.
»Das ist ausgeschlossen«, antwortete er mit belegter Stimme. »Die Technik meiner Herren ist unüberwindbar. An diese Entwicklung kommt keine humanoide Rasse heran. Die göttliche Bestimmung wird das Universum von allen mutierten Rassen reinigen. Auch das Portal in die Milchstraße, wie sie diese Galaxie nennen, werden sie zu gegebener Zeit öffnen und von allen Krankheiten säubern.«

»Sie sprechen hoffentlich nicht über die sich selbst überschätzende Rasse der Arthropoden?«, fragte Noel. »Dieser insektoiden Species sind wir bereits begegnet. Wir werden dafür sorgen, dass sie in der Milchstraße keinen Fuß mehr auf den Boden bekommen.«

Kaiser Quoltrin-Saar-Arel lachte laut auf.
»Glauben sie daran, sie zweitklassiger Kunstklon und Sklave der natradischen Hypertronic-KI«, spottete er. »Meine Herren werden wie ein Unwetter über die Völker der Milchstraße herfallen und nichts mehr von ihnen übriglassen. Wissen sie auch warum?«

»Nein«, sagte Sirin. »Das wissen wir tatsächlich noch nicht.«

»Weil sie es sind, die von der göttlichen Macht hierzu berufen wurden«, ergänzte der Kaiser. »Ihnen ist es gegeben, die Ausgeburten der Hölle im Feuer der Verdammnis zu richten.«

Der Kaiser zeigte auf den Ro.
»So etwas wie du, steht als erste Species auf ihrer Liste«, lachte er. »Bereite dich vor. Viel Zeit bleibt dir nicht mehr. Dein Fell wird wunderbar brennen.«

Heinze verdrehte seine Augen.
»Es ist gut, dass du Scheusal nicht mehr an der Macht bist«, antwortete Heinze. »Die Redartaner können sich wirklich glücklich schätzen, dich losgeworden zu sein.«

Heinze streckte seinen Arm aus. Nur mit seinen geistigen Kräften hob er den Kaiser fünfzig Zentimeter von dem Boden hoch und drückte ihn gegen die rückwärtige Wand der Zelle. Die Begleiter sahen, wie der Kaiser nach Luft rang. Heinze hatte ihn in einem festen Würgegriff.

»Was ist Schirrack? «, fragte Heinze. » Gib uns endlich deine Informationen. «

Das Gesicht des Kaisers verfärbte sich bläulich. Er bekam kaum noch Luft.

»Was ist Schirrack? «, fragte Heinze erneut in einem durchdringenden Ton.

Major Travis ließ ihn gewähren.
»Bring ihn nicht um«, flüsterte er Heinze zu. »Wir brauchen ihn noch. «

»Spreche endlich«, ergänzte Heinze. »Deine Zeit läuft langsam ab. Du spürst es, wie dich deine Kraft verlässt. Das Kind der Arthropoden, das du in dir trägst, wird mit dir sterben. Willst du das? «

Der Kaiser keuchte nach Luft schnappend.

Plötzlich verfärbten sich seine Augen tiefschwarz. Das Gesicht verzog sich zu einer Grimasse.

»Schirrack ist nicht nur ein Planet«, antwortete eine tiefe fremde Stimme. »Es ist ein Sphären-Portal zu der göttlichen Bestimmung meiner Herren, die über die Brutplaneten der Arthropoden wachen. Ferner wurde die Station als ein Entwicklungszentrum für moderne Vernichtungswaffen eingerichtet. Ebenso verwaltet die Station alle Beutegüter fremder Species. Diese Technik gehört der göttlichen Macht.«

Heinze lockerte seinen Griff.
Der Kaiser fiel auf den Boden. Aus seinen Augen war die schwarze Farbe verschwunden.

»Scheinbar will das Wesen in dir weiterleben?«, bemerkte Sirin verächtlich.» Es hat noch einiges vor mit dir.«

»Geht mir aus den Augen«, tobte der Kaiser. »Ich werde meine Herren informieren, dass ihr an unbefugte Informationen gelangt seid. Sie werden über euch herfallen und euch auslöschen. Spätestens dann wird euch das Lachen vergehen.«

»Wir verlassen sie jetzt«, sagte Major Travis. »Verzeihen sie meinem kleinen Freund, dass er sie etwas fester angefasst hat. Bei unserem nächsten Besuch verwenden wir ihr Wahrheitsserum, das sie speziell für die Rigo-Sauroiden entwickeln ließen. Wir wissen nicht, wie sich das Serum nach der langen Zeit der Lagerung auf ihren Metabolismus auswirkt. Falls sie kooperieren möchten, verzichten wir auf eine Injektion. Denken sie während unserer Abwesenheit einmal hierüber nach. «

»Gehen sie«, tobte der Kaiser. »Ich ertrage euren Geruch nicht mehr. «

Major Travis nickte den Wachen zu.
»Öffnen sie die Türe«, befahl er. »Wir verlassen den unfreundlichen Ort. «

Der Soldat zog die Türe auf und ließ die Besucher austreten.

Tart 1 und Tart 2 beobachteten mit tiefroten Augen den Kaiser. Erst als alle anderen Personen den Raum verlassen hatten, drehten sie sich um und schritten durch die Türe. Hinter ihnen flog die Türe in das Schloss und wurde durch die wachhabenden Soldaten verriegelt. Dann aktivierten die Soldaten ein zusätzliches Energiefeld, welches die

Zellentüre hermetisch einschloss. Major Travis blickte Noel und seine Begleiter an.

»Falls die Aussagen dieser Kreatur in dem Körper von Kaiser Quoltrin-Saar-Arel stimmen, dann wird unsere Mission hierdurch nicht einfacher«, bemerkte er. »Das Sphären-Portal scheint ein Verbindungstunnel in, oder aus anderen Galaxien zu sein. Nach meiner Meinung darf es nicht ohne eine Kontrolle betrieben werden.«

»Besser wäre es, wenn wir den Durchgang zerstören würden«, bemerkte Sirin. »Ich halte meinen Onkel mittlerweile für nicht mehr zurechnungsfähig. Hoffentlich erwecken wir durch unsere Mission nicht etwas Unkontrollierbares.«

»Mir wäre es wohler, wenn Heran uns begleiten könnte«, bemerkte Major Travis. »Er ist ein lantranischer Wurmlochspezialist und würde uns direkt sagen können, mit was wir es zu tun haben.«

»Kannst du ihn nicht erreichen?«, fragte Sirin. »Vielleicht empfängt er deinen Azoth.«

»Ich habe ihn auf der Termar 1 verstaut«, antwortete der Major. »Möglicherweise hast du Recht. Ich aktiviere ihn morgen auf dem Schiff.«

»Gehen sie vorsichtig an die Sache heran«, sagte Noel.

»Wir haben jetzt zwar neue Informationen erhalten, doch wir wissen immer noch nicht, warum dieses Portal eingerichtet wurde. Falls diese Anomalie künstlichen Ursprunges ist, müssen wir mit einem technisch hoch entwickelten Gegner rechnen. «

»Noel hat Recht«, bestätigte Sirin. »Wir sollten nicht in einem Insektenhaufen stochern. Falls dieses Portal tatsächlich in das Zentrum des Arthropoden-Hoheitsgebietes führt, werden wir die Rasse auf uns aufmerksam machen. Wir brauchen derzeit keine neuen Verwicklungen. «

Major Travis blickte Heinze an.
»Konntest du etwas aus dem Gehirn des Kaisers herausfiltern? «, fragte er.

»Die Gedanken des Kaisers waren verworren«, antwortete der Ro. »Es war ein tiefer Hass gegen uns zu spüren. Er hat sich immer noch nicht damit abgefunden, dass wir ihn in eine Zelle gesteckt haben. Sein Wunsch ist es, mit seinen Herren Kontakt aufzunehmen. Er hat tiefen Respekt vor ihnen und sieht sie als eine göttliche Instanz an. Doch er hat zwischenzeitlich auch erkannt, dass er in seiner tief im Erdboden liegenden Zelle keinen Kontakt zu ihnen aufnehmen kann. Er überlegt verzweifelt, wie er ausbrechen und an die Oberfläche gelangen kann.«

Der Major blickte Noel an.
»Verstärken sie zur Sicherheit die Wachen«, empfahl er. »Der Kaiser darf unter keinen Umständen aus seiner Zelle entfliehen.«

»Das ist nicht möglich«, antwortete Noel. »Die Sicherheitsvorkehrungen sind nicht zu überwinden.«

»Seien sie sich nicht so sicher«, antwortete Major Travis. »Ich kenne kein Gefängnis, aus dem es nicht einmal einen Ausbruchsversuch gegeben hat.«

»Es ist mir nicht klar, ob der Kaiser mit seinen Herren tatsächlich die Arthropoden meint«, ergänzte Heinze. Wir wissen, dass er einen Parasiten dieser Rasse in sich trägt. Doch seine tiefen Gedanken drehten sich um eine noch mächtigere Macht, die er als göttliche Bestimmung bezeichnet. Diese Species kontrolliert die Aktivitäten der Arthropoden. Ich konnte versteckte Erinnerungen des Kaisers offenlegen, die sich um eine göttliche unsichtbare Macht drehten, die das Universum nach ihren Vorstellungen zu erneuern versucht.«

»Ist das wieder eine neue aggressive Rasse?«, fluchte Sirin. »Hört das denn nie auf. Gibt es keine gutmütige Species mehr in den Sterneninseln?«

Major Travis blickte sie an.
»Es gibt scheinbar für alles einen Gegenpol«, erwiderte er. »Das Gute und das Böse treffen überall aufeinander. Es scheint einen Machtkampf zu geben, der über unsere Vorstellungen hinaus geht. Wir dringen immer tiefer in das Universum ein. Kann eine Rasse überhaupt wissen, wo alles seinen Anfang genommen hat?«

Major Travis blickte seine Begleiter an.
»Ich glaube es nicht«, fuhr er fort. »Das alles ist ein Entwicklungsprozess. Es ist eine Gratwanderung, ob sich eine Species aggressiv, oder humanitär entwickelt. Das sollten wir nicht vergessen. Wir werden unsere Aktivitäten auf die Milchstraße beschränken. Sorgen wir dafür, dass unsere Sterneninsel vor Gefahren beschützt wird und das sich die in ihr lebenden Rassen positiv entwickeln können.«

»Ich muss zurück in die Leitstelle«, sagte Noel. »Ihr Einsatz ist besprochen. Finden sie die geheime Forschungsstation des Kaisers und sichern sie natradische Entwicklungen für unser Imperium.«

Mit diesen Worten drehte sich Noel ab und schritt in die Richtung des Turboliftes. Barenseigs und sein Team begleiteten ihn. Der Gildor wollte letzte Vorbereitungen treffen, ehe er am nächsten Tag in die Termar 1 eincheckte.

Major Travis, Sirin, Heinze und die beiden Tart-Roboter, flogen mit einem wartenden Gleiter der Flug-Bereitschaft nach Douglas zurück. Der Major wollte noch einige Akten studieren und sich auf den bevorstehenden Einsatz vorbereiten. Heinze freute sich auf frische Möhren. Die Stunden vergingen wie im Fluge.

Am nächsten Tag war die Einsatzflotte unter dem Kommando von Major Travis pünktlich gestartet. Admiral Tarin hatte bewusst die Gelegenheit genutzt, um seine neuen Schiffe der Imperator-Klasse zu testen. Die 500 fabrikneuen Schiffe der 3.000 Meter-Klasse standen in einer Keilformation hinter der Termar 1 und waren bereit in ein Wurmloch zu wechseln. Hinter den schweren Zerstörern des Admirals lagen 50 Schiffe der Königsklasse in einer Warteposition.

Das Kommando über diese Schiffe, die später den Forschungsplaneten des ehemaligen natradischen Kaiser schützen sollten, wurde Captain Groover übertragen. Er war ein fähiger Stratege der ersten Stunde und bereits an vielen Kampfeinsätzen beteiligt gewesen. General Poison hatte seine Fähigkeiten erkannt und ihm ein eigenes Kommando übergeben. Captain Groover war sich der Beförderung bewusst. Er hatte sich vorgenommen, sachlich und analytisch an seine neue Aufgabe heranzugehen.

Das letzte Schiff des Flottenverbandes war die Muslan. Ein umgebautes Schiff der 1.500 Meter messenden Königsklasse, das für Forschungsaufträge eingesetzt werden konnte. Entgegen den früheren Forschungsschiffen des natradischen Imperiums verfügte die Muslan über ihr vollständiges Waffenarsenal. Die Führung der EWK hatte zwischenzeitlich umgedacht. Obwohl viele Missionen lediglich einen Forschungsauftrag besaßen, konnte bei einem Kontakt zu fremden Rassen nicht immer von einem friedfertigen Verlauf der Konsultationen ausgegangen werden. Aus diesem Grunde sollten den Forschungsschiffen die Möglichkeit gegeben werden, sich ausreichend verteidigen zu können, um sich eine Fluchtmöglichkeit offenzuhalten. Alle Schiffe wurden mit dem neuen Super-Schutzschirm und verstärkten Waffensystemen von den Produktionswerften ausgeliefert.

Major Travis hatte seinen Azoth aus seiner Kabine mitgebracht. Er legte das Armband um sein rechtes

Handgelenk und hielt es fest. In dem Band aus einem unbekannten Material war ein grüner funkelnder Stein eingebettet. Er wirkte wie ein übergroßer Smaragd. Doch der Major wusste, dass er mehr war als ein Edelstein.

»Ein schönes Armband«, lächelte Sirin. »Der Stein funkelt im Licht der Brücke.«

»Das ist der lantranische Azoth der Impulsgarde«, erklärte der Major. »Scheinbar wird er heutzutage nicht mehr oft von den Lantranern benutzt. Doch vor ihrem Rückzug aus der Milchstraße war er ein häufig benutztes Kommunikationsmittel. Er ist ein Überbleibsel aus besseren Tagen.«

Sirin nickte.
»Das ist eine weit entwickelte Technologie, die unsere Wissenschaftler bisher nicht entschlüsseln konnten«, erklärte sie. »Wir konnten nur eines dieser Armbänder in unseren Laboren untersuchen. An weitere gelangten wir nicht. Als unsere Wissenschaftler ihn näher analysieren wollten, hat er sich aus einem unerfindlichen Grund selbst zerstört. Das scheint eine Sicherheitsmaßnahme der Lantraner zu sein, um ihn vor fremden Rassen zu schützen.«

Major Travis lachte.

»Das ist ein Impulsgeber«, erklärte mir Heran. »Er sendet nicht erfassbare Signale aus, die Heran an jedem Ort der Galaxie erreichen. Unser Freund hat den Azoth entsprechend programmiert, dass nur er diese Impulse empfangen kann. Wie er mir mitteilte, geschieht das auf der Basis der lantranischen Wurmlochtechnologie. Der Stein öffnet scheinbar einen Stecknadel großen Durchgang, der von unseren Sensoren und Ortungstastern nicht erfasst werden kann. Er wurde von Heran personifiziert. Das bedeutet, er verschmilzt mit seinem Träger und wird unsichtbar. Man sollte sich merken, wo er sich am Körper befindet. «

Major Travis schloss das Armband des Azoths. Sirin sah, wie das Armband Sekunden später unsichtbar wurde und nicht mehr zu erkennen war.

»Nur wenn ich es anfasse, wird es wieder sichtbar«, erklärte der Major.

Er demonstrierte Sirin die Funktion. Er berührte das Armband mit seiner Hand. Sofort wurde es wieder sichtbar.

Der Major drückte auf den grünen Stein, in der Mitte es Armbandes. Das Band vibrierte fünf Sekunden lang und verharrte danach in der Grundstellung.

In dem Stein erschien ein Text.
»Der Ruf wurde gesendet«, war zu lesen.

»Das ist alles«, sagte er. »Jetzt wird Heran, wo immer er sich auch aufhält, diesen Ruf erhalten. «

»Wenn wir jetzt unseren Standort ändern, findet uns dann Heran auch? «, erkundigte sich Sirin.

Major Travis nickte bestätigend.
»Scheinbar gleicht der Stein immer den aktuellen Aufenthaltsort des Trägers mit der KI von Heran's Schiff ab«, erklärte er. »Er wird uns schon finden. «

Major Travis suchte Commander Brenzby, der sich mit Sergeant Dantow unterhielt.

»Commander«, sagte der Major. »Bereiten sie unsere Flotte auf den Start vor. Informieren sie alle Schiffe in geordneter Formation in das Wurmloch zu fliegen, dass wir gleich öffnen werden. Teilen sie ihnen mit, dass wir die letzte Etappe per Hyperraumsprung überwinden werden. «

»Befehl verstanden«, bestätigte der Commander. »Ich instruiere die Flotte. «

»Sergeant Hausmann«, befahl der Major. »Programmieren sie ein Wurmloch in den Delta-Sektor. Öffnen sie den Ausgang zwei Lichtminuten vor unserem eigentlichen Ziel.«

»Verstanden«, antwortete der Navigator des Schiffes. »Die Koordinaten werden abgerufen.«

Commander Brenzby kam an den Leitstand von Major Travis getreten.

»Die Flotte ist bereit«, teilte er mit. »Die Antriebe wurden gestartet.«

»Sehr gut«, antwortete der Major. »Das Wurmloch öffnen.«

Commander Brenzby gab Sergeant Hausmann ein Zeichen.

Auf dem zentralen Bildschirm des Schiffes bildete sich ein großes Wurmloch. Der künstliche Horizont stabilisierte sich.

»Schutzschirme aktivieren«, befahl der Commander. »Das Schiff beschleunigen und in das Wurmloch eintauchen.«

Major Travis sah, wie die Termar 1 auf das Wurmloch zuraste und eindrang. Der Bildschirm wurde kurz schwarz, baute sich nach dem Austritt auf der gegenüberliegenden Seite aber sofort neu auf.

»Erhalten wir Ortungen?«, fragte der Major.

»Nichts«, antwortete Sergeant Dantow. »Es werden keine fremden Raumschiffe angezeigt. Alles ist ruhig. Jedoch registriere ich vor uns ein langes Band von interstellarer Materie. Es scheint ein Staubband zu sein, dass jede Menge Wasserstoff, ionisiertes Gas aus Protonen und Elektronen enthält. Wir sollten das Band umfliegen. Diese Arten von aufgeladenen Staubwolken können unsere Schutzschirme zusammenbrechen lassen.«

»Sind alle Schiffe vollständig durch das Wurmloch gekommen?«, erkundigte sich der Major.

Der Ortungsoffizier ließ eine Zählung der Schiffs-KI durchführen. Sekunden später bestätigte er die Frage.

»Wir haben keine Verluste«, antwortete er. »Unsere Flotte ist vollständig.«

»Können wir bereits eine Fernortung durchführen?«, erkundige sich der Major. »Lassen sie das Sternensystem des Planeten Schirrack im Sektor 597/D-956 suchen.«

»Unsere KI richtet ihre Fernaufklärungs-Sensoren neu aus«, antwortete Sergeant Dantow. »Die Daten werden auf den zentralen Schirm übertragen.«

Die Hypertronic-KI der Termar 1 zoomte den besagten Sektor des knapp 2 Lichtminuten entfernt liegenden Sternensystems heran. Sonnen, Doppelgestirne, kleine Planetensysteme, Meteore und Asteroiden verschwanden aus dem Sichtfeld und machten einem langen Staubband Platz, dass sich vor der gelben Anomalie durch den Weltraum zog. Die Crew wusste bereits von Commander Rankins, dass die dahinter liegende Energieblase die Ortungsstrahlen reflektierte.

»Haben wir neue Daten?«, erkundigte sich Major Travis.

Sergeant Dantow, der Ortungsoffizier des Schiffes schüttelte seinen Kopf.

»Nein«, antwortete er. »Ich empfange nichts. Die Blase schirmt alle Daten ab. Sie blockiert die Wellen innerhalb ihrer Ausdehnung.«

Major Travis blickte Heinze an, der zwischenzeitlich mit Sirin die Brücke betreten hatte. Auch Gildor Barenseigs war eingetroffen.

»Ist das unser Zielpunkt?«, erkundigte er sich.

Major Travis blickte ihn an.
»Die von ihnen ermittelte Flugroute endet vor dieser großflächigen Anomalie«, antwortete er. »Laut den Drohnen von Commander Rankins Forschungsflotte, befinden sich in dem inneren Bereich der Energieblase 16 Planeten, die sich um eine übergroße Sonne drehen. Diese stößt jede Minute starke Plasma-Eruptionen ins All.«

»Auf einem der Planeten muss sich die geheime Forschungsstation von Kaiser Quoltrin-Saar-Arel befinden«, erklärte der Gildor. »Unsere Hinweise aus den geheimen Archiven des Kaisers sind eindeutig.«

»Wir werden ihre Spur verfolgen«, erwiderte der Major. »Überstürzen werden wir nichts. Wir wissen nicht, ob die Energieanomalie noch eine andere Überraschung für uns bereithält. Die Drohnen der Forschungsflotte waren nicht bewaffnet. Bei unserer Flotte verhält sich das anders. Der Kaiser hat bei unserer Befragung bewusst zu diesem Thema geschwiegen. Er war sich sicher, dass seine Sicherheitsmaßnahmen ausreichen würden, um die Station, sofern sie noch existiert, vor fremden Blicken zu schützen. Wir werden erst nach einer intensiven Sondierung in die Blase vordringen.«

Commander Brenzby kam zu Major Travis getreten.
»Wir sollten eine Kurztransition programmieren«, sagte er. »Auf diesem Wege brauchen wir keine Kurskorrektur durchzuführen, um das Staubband zu umfliegen.«

Der Major dachte nach.
»Das scheint mir ebenfalls die beste Lösung zu sein«, antwortete er. »Lasse bitte einen Kurs von unserer Schiffs-KI berechnen, der uns in einem ausreichenden Abstand zu der Energieblase in den Normalraum eintauchen lässt.«

»Verstanden«, antwortete der Commander.

Dann drehte er sich um und ging zu Sergeant Hausmann, dem Navigator des Schiffes.

Major Travis blickte auf den zentralen Bildschirm des Schiffes. Er bemerkte, wie die Energieblase pulsierte. Scheinbar zog sie die Plasmawolken der in ihr befindlichen übergroßen Sonne magisch an.

Commander Brenzby kehrte zurück.
»Der Hyperraumsprung wurde berechnet«, teilte er mit.
»Ich habe die Daten bereits an unsere Begleitschiffe weitergeleitet.«

»Danke, Commander Brenzby«, antwortete der Major.

Er wusste, dass er sich auf seinen Stellvertreter verlassen konnte.

»Wir nähern uns dem Rand des Staubbandes«, meldete Sergeant Dantow.«

»Den Hyperraumsprung durchführen«, befahl der Major. Die Schiffs-KI der Termar 1 synchronisierte den Befehl überlichtschnell mit den Schiffen der Begleitflotte. Fast gleichzeitig beschleunigten die natradischen Schiffe und wechselten in den überliegenden Raum. Bereits Sekunden später fielen sie hinter dem weitläufigen Staubband wieder in den Normalraum. Während die Schiffe ihre Geschwindigkeit reduzierten, prallten die Ausläufer umherfliegender Staubpartikel auf die aktivierten Schirme. Ein funkelndes Feuerwerk entstand vor dem Bug der Flotte.

»Haben wir neue Daten?«, erkundigte sich der Major.

Der Ortungsoffizier verneinte die Frage.
»Die Blase blockiert alle Impulse«, teilte Sergeant Dantow mit. »Ich vermute, dass ihre energetischen Prozesse als ein massiver Störfaktor zu werten sind.«

Major Travis blickte Commander Brenzby an.
»Wir schleusen Drohnen mit Bewaffnung aus«, befahl er. »Ihre Schutzschirme werden auf minimale Leistung eingestellt. So können wir prüfen, ob die lantranischen Schirme auf der untersten Stufe eine optimale Sicherheit bieten.«

»Ich leite deinen Befehl weiter«, bestätigte Commander Brenzby.

Während der Commander zu Sergeant Madson eilte, der als leitender Ingenieur der Technik- und Waffenleitstelle fungierte, blickte der Major Barenseigs, Sirin und Heinze an.

»Hier scheinen wir etwas ganz Besonderes von Kaiser Quoltrin-Saar-Arel gefunden zu haben«, sagte er. »Wir tappen weiterhin im Dunkeln. Es lässt sich nicht sagen, mit was wir es hier zu tun haben.«

»Ich kann die Energieanomalie nicht durchdringen«, bemerkte Heinze verlegen. »Die energetischen Turbulenzen der Anomalität verhindern ein Eindringen meiner Gedanken.«

»Wir werden sie auf dem klassischen Wege untersuchen«, antwortete der Major.» Solange wir nicht wissen, was die Blase für eine Wirkung auf unsere Schiffe hat, können wir nicht in sie einfliegen.«

»Die Drohnen der Forschungsflotte sind doch auch wieder zurückgekehrt«, bemerkte Gildor Barenseigs. »Ich halte den Einflug für ungefährlich.«

Major Travis blickte ihn an.
»Nach meiner Meinung handelt es sich um keine natürliche Anomalie«, antwortete er.» Wissen sie, ob die Rückkehr der Drohnen nicht bewusst gesteuert wurde? Was sagt ihnen denn, dass hier nicht eine Hypertronic-KI des ehemaligen Kaisers die Energie der Blase steuert. Möglicherweise komprimiert sie den Energiefluss. Die Blase könnte nach unserem Eindringen zu einer undurchdringlichen Wand werden. Eine Rückkehr wäre für uns nicht mehr möglich.«

Gildor Barenseigs blickte den Major irritiert an.

»Warum sollte sie das?«, fragte er.

Major Travis lachte.
»Die Frage sollte lauten, warum lässt der ehemalige natradische Kaiser hier in dem Delta-Sektor eine geheime Basis bauen, die eine Energieblase errichten kann. Welche Absicht verfolgte er?«

»Nach meiner Meinung dient das Gebilde lediglich zur Abschirmung der inneren Planeten«, antwortete der Gildor. »Ich habe keinerlei Hinweise auf eine besondere Funktion der Energieblase in den Archiven des Kaisers gefunden.«

»Das macht mich stutzig«, antwortete der Major. »Ich verstehe natürlich ihre Ungeduld. Ihre Recherchen haben uns erst an diesen Ort gebracht. Sie möchten jetzt mögliche Artefakte des Kaisers erkunden. Das ist die Aufgabe ihrer Abteilung. Doch wir werden nicht leichtsinnig handeln. Ist das klar?«

Gildor Barenseigs nickte.

»Ich habe verstanden«, erwiderte er. »Sie haben das Kommando.«

»Ganz recht«, antwortete Major Travis. »Gedulden sie sich etwas. Heran ist informiert. Vielleicht kann er uns weitere Informationen mitteilen.«

Der Major blickte auf den zentralen Bildschirm. Die vor den Schiffen liegende Energieblase pulsierte. Der energetische Fluss schien zwischendurch von kleinen Entladungen unterbrochen zu werden.

»Commander Brenzby«, sagte der Major. »Lassen sie 10 bewaffnete Langstrecken-Erkundungsdrohnen vorbereiten. Die lantranischen Schirme bitte auf die unterste Leistungsstufe einstellen. Wir werden einen weiteren Test durchführen. Falls die Drohnen unbeschadet zurückkehren, dann wissen wir, dass ein Durchflug unserer Schiffe gefahrlos möglich ist.«

»Zu Befehl«, antwortete der Commander.
Er drehte sich um und schritt zu dem Chefingenieur, der seine Anweisungen entgegennahm.

Major Travis blickte Gildor Barenseigs an.
»Befragen sie bitte Jahol-Sin, ob er Informationen über diesen Sektor besitzt«, instruierte ihn der Major. »Er war

der persönliche Protokoll-Roboter des Kaisers. Es ist möglich, dass er ohne einen direkten Befehl Notizen gespeichert hat. Vielleicht um später einen Bericht für den Kaiser zu erstellen.«

»Ich halte das für zwecklos«, antwortete der Gildor. »Falls es Aufzeichnungen gegeben hat, sind diese schon lange gelöscht worden. Jahol-Sin ist bekannt, dass wir auf diese Spur gestoßen sind. Er hätte uns einen Hinweis gegeben.«

»Täuschen sie sich nicht«, lächelte der Major. »Sie wissen genauso wenig wie wir, mit welchen Sicherheitszertifikaten der Kaiser den Roboter belegt hat.«

Der Gildor dachte nach.
»Einverstanden«, antwortete er. »Mein Team und ich werden uns den Protokoll-Roboter vornehmen. Sie hören von mir.«

Der Gildor drehte sich ab und entschwand durch das Schott der Brücke.

Major Travis blickte Sirin und Heinze an.
»Er ist zwar ein lieber Kerl«, sagte er. »Doch vermutlich steckt noch zu viel von der santaranischen Mentalität in

ihm. Das selbstständige Denken müssen wir bei ihm noch fördern.«

Sirin verdrehte ihre Augen.
»Ich habe immer gesagt, dass die Santaraner nichts mehr mit den ehemaligen Natradern gemein haben«, erklärte sie. »Durch ihre Zurückgezogenheit haben sie sich zu einer zufriedenen Rasse entwickelt. Der ehemalige natradische Forscherdrang ist verloren gegangen. Jetzt wo wir den Weg zu ihnen gefunden haben, müssen sie sich erst einmal mit den neuen Gegebenheiten vertraut machen. Ich frage mich aufrichtig, wie lange das noch dauern wird?«

Major Travis lächelte.
»Wir haben ihnen eine aufrichtige Zusammenarbeit angeboten«, erinnerte er. »Neben politischen Konsultationen wären auch intensive Handelsbeziehungen möglich. Das würde auch für die santaranische Wirtschaft einen Aufschwung bringen. Leider haben wir lange nichts mehr von ihnen gehört. Du hast leider Recht. Sie haben sich anders entwickelt als die Redartaner unter der Führung von Kanzler Tarn-Lim. Er entsendet jede vier Wochen eine parlamentarische Abordnung, die sich mit unserer Führung abstimmt.«

»Die Redartaner haben erkannt, dass sie uns besser zu Freunden, als zu Feinden haben sollten«, lächelte Sirin. »Sie haben die richtige Entscheidung getroffen.«

Commander Brenzby kam zu dem Leitstand von Major Travis zurückgeschritten.

»Die Langstrecken-Drohnen sind bereit«, teilte er mit. »Das Energiefeld der Schutzschirme wurde auf Minimalleistung geschaltet. Sie sind bereit zum Ausschleusen.«

»Danke«, antwortete der Major.

Er blickte Sergeant Madson an.
»Lassen sie die Drohnen frei«, sagte er. »Wir brauchen eine lückenlose Aufklärung des inneren Bereiches der Blase.«

Der Chefingenieur nickte.
»Drohnen werden ausgeschleust«, bestätigte er.

Major Travis und die Offiziere der Brücke sahen auf dem zentralen Schirm, wie die 10 Drohnen aus dem Hangar der Termar 1 katapultiert wurden. Außerhalb setzten ihre Antriebe ein. Die Drohnen beschleunigten und flogen dem gelben Energiegebilde entgegen. Die KI des Schiffes zeigte den Flug der Erkundungsdrohnen auf dem Bildschirm an.

»Noch 10.000 Kilometer bis zu dem Kontakt mit der Energieblase«, teilte Sergeant Dantow mit.

Gespannt blickten die Offiziere auf den Bildschirm. Die Entfernung nahm schnell ab.

»Der Kontakt erfolgt in 1 Minute«, meldete der Ortungsoffizier. »Die Entfernung beträgt derzeit 8.000 Kilometer, weiter abnehmend.«

»Gleich wissen wir mehr«, sagte Major Travis mit einem ernstem Gesicht.

»Abstand 6.000 Kilometer«, meldete Sergeant Dantow.

Auf der Brücke war es still geworden. Alle Offiziere blickten auf ihre Monitore.

»Der Abstand ist auf 4.000 Kilometern geschrumpft«, teilte der Sergeant mit. »Die Drohnen fliegen mit maximaler Höchstgeschwindigkeit.«

Erneut vergingen einige Sekunden, bis der Ortungsoffizier erneut meldete.

»Der Abstand beträgt nur noch 2.000 Kilometer«, sagte er. »Die kritische Phase wird erreicht. «

Major Travis konnte seinen Blick nicht von dem Bildschirm abwenden. Geduldig wartete er auf die nächste Meldung von Sergeant Dantow.

»Annäherung der Drohnen an die Energieblase«, teilte der Ortungsoffizier mit. »Der Abstand beträgt 400 Kilometer, 300 Kilometer, 200 Kilometer, 100 Kilometer. Jetzt erfolgt das Eindringen der Drohnen in die Energieanomalie. Es werden keine Explosionen registriert. Die Drohen haben die Blase passiert. «

Jubel brach auf der Brücke der Termar 1 aus. Die Offiziere applaudierten.

»In Ordnung«, lächelte der Major. »Die Drohnen haben den Einflug überstanden. Jetzt wissen wir, dass unsere Schutzschirme ausreichen werden. Warten wir die Rückkehr der Drohnen ab. Ich hoffe, dass sie uns neue Informationen mitbringen. Dann werden wir eine letzte Auswertung vornehmen. «

Centros - Regierungswelt der Lantraner

Heran stand in dem großen Büro des obersten Lenkers des lantranischen Volkes. Aritron hatte ihn um seinen Bericht gebeten.

»Du bist gesund zurückgekehrt«, lächelte er seinen Untergebenen an. »Dann gehe ich davon aus, dass eure Mission ein Erfolg war? «

Heran nickte.
»Das kann man sagen«, antwortete er.

Er suchte sich einen Stuhl und zog diesen vor den Schreibtisch von Aritron.

»Bevor du mit deinem Bericht beginnst, warten wir noch auf Thoran, Tyran und Brontan«, sagte der Weiser des lantranischen Volkes. »Ich habe sie rufen lassen. Sie möchten ebenfalls über den Verlauf eurer Zeitmission informiert werden. «

Aritron kramte Infofolien aus einem Stapel Dokumente hervor und reichte sie Heran.

»Das sind Fehlermeldungen von getarnten Wurmlochstationen«, erklärte er. »Durch deinen kontinuierlichen Aufenthalt in dem Neuen-Imperium vernachlässigst du deine eigentlichen Aufgaben. Es wird langsam Zeit, dass du dich hierum kümmerst.«

»Moment mal«, protestierte Heran. »Ich wurde von dir mit einer Sonderfunktion ausgestattet. Sollte ich nicht einen intensiven Kontakt zu dem Neuen-Imperium halten und speziell zu Major Travis? Das waren doch deine Worte?«

»Trotzdem muss deine normale Tätigkeit mit eingebunden werden«, erklärte Aritron. » Wir haben niemanden anderen, der so viel Erfahrung in der Wartung der geheimen Wurmlochstationen besitzt, wie du.«

»Vielleicht sollten wir dann endlich einmal jemanden ausbilden«, knurrte Heran. »Das kann doch nicht alles auf meinen Schultern hängen bleiben. Das grenzt schon fast an Ausbeutung.«

»Du scheinst zu lange auf Tarid gewesen zu sein«, lächelte sein Vorgesetzter. »Willst du jetzt einen Aufstand proben? Es werden schon lange keine Personen mehr auf Centros ausgebeutet. Das solltest du eigentlich wissen.«

»Was ist mit unseren anderen Technikern«, erkundigte sich Heran. »Ist da einer dabei, den ich einweisen kann?«

»Unser ganzes Personal arbeitet an unterschiedlichen Projekten«, antwortete Aritron. » Es gibt nicht nur die Wurmlochstationen. Eigentlich ist die Wartung ein unnötiger Luxus, den wir uns leisten. Durch unsere neuen Wurmlochantriebe ist es nicht mehr nötig, diese geheimen Stationen zu warten. Wie du weißt, generieren die neuen Triebwerke einen stabilen Tunnel und müssen nicht auf externe Einflugs- und Ausflugsstationen zurückgreifen. «

»Das ist bekannt«, antwortete Heran ärgerlich. »Früher waren wir froh, als wir die unbekannten Stationen einer fremden Rasse gefunden hatten. Sie verhalfen uns dazu, schnell an viele Krisenherde der Galaxie zu gelangen. Damals hatten wir beschlossen, die getarnten Stationen der geheimen Wurmlochverbindungen zu pflegen und zu warten. Soll jetzt die damalige Entscheidung unserer hohen Empore unterwandert werden? «

»Keineswegs«, antwortete Aritron. »Ich überlege seit geraumer Zeit, ob ich einen Antrag vor der Empore stellen sollte, um die Wartung und Instandhaltung dieser getarnten Wurmlochstationen einstellen zu können. «

»Ich halte das für einen großen Fehler«, erwiderte Heran. »Diese geheimen Wurmlochverbindungen sind kaum einer nachwachsenden Rasse bekannt. Ich warte zwar die

Stationen, jedoch wurden viele der weit entfernt liegenden Raum-Quadranten bisher noch nicht untersucht und katalogisiert. Wir wissen eigentlich nichts hierüber.«

»Warum sollten wir auch?«, fragte Aritron. »Uns fehlt der entsprechende Nachwuchs. Die jungen Lantraner haben kein Interesse mehr an unserer Raumflotte. Noch weniger möchten sie Forscher und Entdecker sein. Der größte Teil unserer Bevölkerung widmet sich lieber ihren eigenen virtuellen Welten.«

»Das ist eine schleichende Verdummung unserer Gesellschaft«, entgegnete Heran. »Ich würde die Server dieser dummen Spiele verbieten und abschalten. Den Vorschlag solltest du der hohen Empore unterbreiten. Das ganze Wissen unserer langen Entwicklung geht verloren. Soll unsere Rasse zu einer degenerierten Species verkommen? So werden wir nie den Übergang in eine höhere Dimension finden.«

»Diese Hoffnung habe ich schon lange aufgegeben«, erwiderte Aritron. »Auf allen unseren Welten tauchen selbsternannte Propheten auf, die unserer jungen Generation falsche Ideen in den Kopf setzen. Sie predigen, dass wir uns nur von innen heraus erneuern können.«

»Dagegen müsst ihr vorgehen«, fluchte Heran. »Das kann man doch nicht so hinnehmen?«

»Wir sind lediglich die Exekutive«, antwortete Aritron. »Die Gesetze werden von der hohen Empore beschlossen. Leider sind die Ideen dieser Propheten bereits bis dort vorgedrungen. Einen Vorstoß von mir wurde mit dem Hinweis abgeschmettert, dass auf unseren Welten eine selbstständige Meinungsbildung gefördert wird. Mir sind die Hände gebunden.«

»Das ist eine gefährliche Entwicklung«, bemerkte Heran. »Du solltest die Propheten überwachen lassen. Vielleicht übertreten sie heimlich die Gesetze?«

»Wie kann ich das verstehen?«, fragte Aritron. » Hast du irgendwelche Beweise?«

»Noch nicht«, antwortete Heran. »Doch die Verkünder sind mir suspekt. In den meisten Fällen führen diese Gruppen etwas im Schilde. Ich hoffe nicht, dass sie auf einen langfristigen Umsturz unserer Gesellschaft hinarbeiten.«

Aritron schüttelte seinen Kopf.
»Du lebst zu lange unter den Terranern«, antwortete er. » Noch nie hat es solche Gedanken in unserer Gesellschaft

gegeben. Gerade in der heutigen Zeit, wo sich die junge Generation fast ausschließlich mit ihren virtuellen Welten beschäftigt, halte ich das für ausgeschlossen.«

»Wer ist denn für den Inhalt dieser Hypertronic-Welten verantwortlich?«, fragte der Wurmlochspezialist. » Ist das bereits einmal kontrolliert worden? «

»Unsere Medienlandschaft ist autark«, antwortete Aritron. »Die privaten Gesellschaften sind für den Inhalt verantwortlich. Sofern keine Klagen kommen, dürfen wir nicht einschreiten. «

Heran nickte.
»Das meine ich«, erwiderte er. »Zuerst wird unseren jungen Leuten eine neue Welt vorgegaukelt, in der sie sich alle ihre Wünsche erfüllen können. Später, zu einem noch nicht bekannten Zeitpunkt, erfolgt ein Befehl zum Aufstand. Die virtuellen Programmierer der Spiele fordern die Benutzer auf, ihre künstliche Welt in der Realität umzusetzen. Was würdest du hiergegen unternehmen? «

Aritron lehnte sich zurück. Sein Blick versteinerte sich.
»Wäre das möglich? «, fragte er. » Sollte unsere junge Generation nicht mehr zwischen der virtuellen und der realen Welten unterscheiden können? «

»Ich bin mir sicher, dass die Propheten auch Drogen anbieten, welche die Sinne unseres Nachwuchses auf die Spiele erweitert«, sagte Heran. »Behalte alle Gruppen im Auge. Diese Entwicklung gibt mir sehr zu denken. «

»Kommen wir auf die Wartung der geheimen Wurmloch-Stationen zurück«, sagte Aritron. » Ich weiß nicht, wie lange wir noch die Instandhaltung aufrechterhalten können? «

»Solange ich da bin, kümmere ich mich darum, « antwortete Heran. »Trotzdem wäre mir ein Techniker sehr hilfreich, den ich entsprechend schulen könnte. «

»Wir finden keinen«, antwortete Aritron. »Niemand möchte in den Außenbereich der Galaxie reisen. Ganz zu schweigen von den benötigten Teilen, die für die Instandhaltung erforderlich sind. Sie werden nur auf deine Anforderung hin gefertigt. Leider fallen uns nach und nach die Produktionsleiter aus, die sich hiermit auskennen. «

»Das gibt es nicht«, sagte Heran. »Warum wurde die Fertigung nicht längst automatisiert? Unsere Roboter könnten das durchführen. «

»Leider sind auch ⅓ unserer Arbeitsroboter ausgefallen«, teilte Aritron mit. »Sie haben sich einen Virus eingefangen, der sie in einer seltsamen Lethargie verharren lässt. Sie nehmen keine Fertigungsaufträge mehr an. Unsere Techniker suchen nach dem Problem, jedoch bisher ohne Erfolg. Es scheint ein schwerwiegenderes Problem zu sein.«

»Wo kommt der Virus her?«, erkundigte sich Heran. »Konnte sein Ursprung lokalisiert werden?«

»Noch nicht«, antwortete Aritron. »Die Herkunft des Virus ist nicht bekannt. Unsere Wissenschaftler haben ermittelt, dass er sich von einem Arbeitsroboter zu anderen überträgt. Eine zentrale Einspeisung konnte nicht festgestellt werden. Aus diesem Grunde haben wir die betroffenen Einheiten isoliert.«

»Das gibt mir zu denken«, sagte Heran. »Möglicherweise ist das bereits ein Angriff der Propheten auf unsere gesellschaftliche Ordnung. Die Roboter wurden manipuliert. Sind weitere Einheiten betroffen?«

»Bisher noch nicht«, teilte Aritron mit. »Unsere Kampf-Roboter, Sicherheits-, Verwaltungs- und Serviceeinheiten funktionieren reibungslos. Lediglich ein wichtiger Bereich unserer Produktionswerften ist noch betroffen. Ich spreche von dem Raumschiffsbau. Derzeit können keine neuen Schiffe fertiggestellt werden.«

»Das klingt fast wie ein Angriff von außen«, überlegte Heran.

»Wer könnte ein Interesse daran haben, die Produktion unserer Raumschiffe und die Arbeitsroboter zu sabotieren?«, erkundigte sich sein Vorgesetzter.

Heran schüttelte seinen Kopf.
»Den Angriff einer fremden Species halte ich für ausgeschlossen«, fuhr Aritron fort. »Centros wurde schon lange nicht mehr von fremden Rassen angeflogen.«

»Das ist auch nicht nötig«, erwiderte Heran. »Ein getarntes Schiff in der Nähe des schwarzen Loches würde ausreichen«, erklärte Heran. »Ein leistungsstarker Transmitter, oder ein mobiler Wurmloch-Generator könnten ein Signal senden, um auf unserem Planeten einen Durchgang entstehen zu lassen.«

Aritron blickte Heran mit großen Augen an. Er wollte etwas antworten. Doch der Wurmlochspezialist hob seine rechte Hand.

»Bitte lasse mich aussprechen«, sagte er. »Würdet ihr es mitbekommen, wenn in der Nähe eines Hochleistungs-Generators sich ein kleines Wurmloch öffnet, das lediglich für ein Beiboot, oder einen Jet programmiert wurde. Falls sich dann noch ein Worgass in dem Schiff befindet, der nach einem Kontakt die Körperform eines Lantraners annehmen würde, wäre das nicht einer stillen Invasion gleichzusetzen?«

»Die Fantasie geht mit dir durch«, schellte ihn Aritron. »Unsere Bevölkerung wird jede sechs Monate gescannt. Das würde uns auffallen.«

Heran überlegte. Sein scharfer Verstand wog jede Einzelheit ab.

»Die Anzahl der Bevölkerung ist bekannt«, nickte er. »Alle Personen werden gescannt und überprüft. Was ist aber, wenn eine Person doppelt vorhanden ist? Ich meine, wenn der Worgass den Körper eines Technikers angenommen hat, der nicht in der Hauptstadt lebt, sondern in einer der kleineren Städte unseres Planeten. Würde auch die doppelte Person erfasst werden?«

Aritrons Miene hat sich versteinert.

»Das würde sie nicht«, antwortete er. »Du hast doch immer wieder das Talent mich zu verunsichern. Ich werde eine Überprüfung veranlassen.«

»Das ist gut«, lächelte Heran. »Mehr wollte ich auch nicht. Bezüglich der geheimen Wurmloch-Stationen möchte ich ebenfalls einen Vorschlag unterbreiten.«

Aritron blickte ihn an.
»Falls wir personell nicht mehr hierzu in der Lage sind, bitte ich die Wartung und Pflege des Wurmloch-Verbindungsnetzes den Terranern zu übertragen«, sagte Heran. »Wie wir wissen, ziehen sich diese Verbindungen durch das ganze Universum. Wer diese Steuerstationen einmal installiert hat, das entzieht sich unseren Kenntnissen. Es wäre doch schade, wenn diese jetzt nicht mehr gepflegt würden. Du wolltest doch sowieso dem Neuen-Imperium die Aufgaben zum Schutz der Milchstraße übertragen?«

Aritron blickte ihn nachdenklich an.

Der Türsummer riss Aritron aus seinen Überlegungen. Er bestätigte den Öffner.

Thoran, Tyran und Brontan traten ein. Sie lächelten erfreut, als sie Heran vor dem Schreibtisch von Aritron sitzen sahen.

»Unser Terraner ist wieder zu Besuch«, spottete Tyran. »Ich hoffe, du erkennst uns noch?«

»Deine Kommentare haben mir tatsächlich gefehlt«, entgegnete Heran. »Seltsamerweise scheint ihr noch nicht von dem Virus beeinträchtigt zu sein.«

»Was willst du hiermit andeuten?«, fragte Brontan. »Er beeinträchtigt im Moment nur Arbeitsmaschinen.«

»Eben deshalb«, antwortete Heran.
»Lassen wir diese neckischen Wortspielereien«, sagte Aritron. »Wir haben dringende Probleme zu besprechen. Sucht euch einen Stuhl.«

Thoran grinste Heran an. Er kannte den Wurmlochspezialisten zwischenzeitlich etwas besser.

»Ist alles in Ordnung auf der Atlantis-Station?«, erkundigte er sich.

Heran nickte.

»Du wirst bald einmal wieder erwartet«, antwortete er. »Ich soll dir Grüße ausrichten.«

»Danke«, erwiderte Thoran. »Das höre ich gerne.«

Aritron verzog sein Gesicht.
»Kommen wir endlich zum Thema«, knurrte er seine Untergebenen an. »Private Angelegenheiten haben hier nichts zu suchen.«

Thoran blickte ihn an.
»Es wird Zeit, dass ich wieder einmal Urlaub beantrage«, sagte er. »Zurzeit ist nicht viel los. Meine Flotte kommt gut alleine zu Recht.«

»Es ist sehr viel los«, polterte Aritron ihn an. »Unsere ganze Aufmerksamkeit wird benötigt. Habe ich mich klar ausgedrückt?«

»Hoppla«, antwortete Thoran. »Hat Heran dich schon wieder geärgert?«

»Nein«, konterte Aritron. »Es scheint mir, dass Heran der Einzige von uns ist, der noch klar denken kann. Ich frage mich eigentlich, warum ich solche Hinweise nicht von meinen engsten Mitarbeiterstab mitgeteilt bekomme?«

»Was hat dir Heran wieder für Ideen in den Kopf gesetzt?«, erkundigte sich Brontan. » Immer wenn er zu Besuch hier eintrifft, bringt er überzogene Forderungen mit. «

Aritron schlug mit seiner flachen Hand auf den Tisch. Ein lauter Knall wurde hörbar. Die Mitarbeiter vor seinem Schreibtisch zuckten kurz zusammen. Ihre Augen formten sich zu kleinen Schlitzen. Sie wussten jetzt, dass Aritron nicht nach Späßen zu Mute war.

»Wir haben eine Notsituation«, erklärte er. »Thoran, du aktivierst unsere komplette Raumflotte. Starte unverzüglich alle Schiffe und blockiere das große schwarze Loch mit deiner Flotte. Kein fremdes Schiff darf sich in der Nähe der Raumanomalie aufhalten. «

Thoran blickte ihn irritiert an.
»Was ist passiert? «, erkundigte er sich. »Ich kann unsere komplette Flotte nicht aktivieren. Derzeit sind nur 10 Prozent unserer Raumflotte einsetzbar. «

»Das solltest du mir sofort erklären«, sagte Aritron verärgert. »Warum weiß ich hiervon nichts? «

»Der größte Teil unserer Piloten sich krankgemeldet hat«, erklärte Thoran. »Viele Piloten unseres jüngeren Personals haben gekündigt. Sie wollen sich anderen

Aufgaben widmen. Zusätzlich stehen weitere 25 Prozent unserer Schiffe in den Werften, zwecks eines erteilten Wartungsauftrages. Leider ist in den Werften das Personal sehr ausgedünnt worden. Derzeit benötigt das technische Personal zwei Wochen für den Check eines Schiffes, für eine anstehende Reparatur noch länger.«

Sein Vorgesetzter schüttelte seinen Kopf.
»Wie viele Schiffe kannst du im Moment abrufen?«, erkundigte sich Aritron.

»Meine letzte Statistik erfasst 5.000 einsatzbereite Evolutionsraumer«, antwortete Thoran. »Mehr ist nicht drin.«

»Sind diese Schiffe wenigstens komplett ausgestattet?«, fragte Aritron.

Thoran nickte.
»Sie sind auf dem aktuellen Stand«, erwiderte er. »Willst du uns nicht endlich mitteilen, was vor sich geht?«

»Je mehr Informationen ich erhalte, um so mehr bestätigt sich Heran's Vermutung, dass wir es mit einer Infiltration von außerhalb zu tun haben«, antwortete der Lenker des lantranischen Volkes. »Dieser Zustand ist nicht normal. Das wurde bewusst herbeigeführt.«

»Wir haben keine Auffälligkeiten registriert«, teilte Brontan mit. »Kein einziges Sicherheitssystem hat angeschlagen.«

Aritron überlegte kurz.
»Welchen Rassen sind wir vor kurzer Zeit auf die Füße getreten und haben sie in die Schranken verwiesen?«, erkundigte er sich. » Wer kann ein Interesse daran haben uns anzugreifen?«

»Die Raguner kann ich ausschließen«, teilte Heran mit. »Wir konnten Halswan, dem Abtrünnigen der Aller-Ersten, eine Falle stellen. Die Hypertronic-KI der Varid-Station hat ihn und seine Gefolgsleute eliminiert. Der Planet Ragun wurde von den Arthropoden vernichtet. Alles ist, wie es sein sollte. Der überlebende Clan von Ranus, das Personal von Systemrat Camaals Flotte und einige weitere ragunische Offiziere werden im Moment auf einen Planeten angesiedelt und unter die Verwaltung des Neuen-Imperiums gestellt. Die Flotte des ISD leitet die Mission. Systemrat Muuda wird der Präsident der Kolonie. Ich habe ihn kennengelernt. Er ist weise und weltoffen. Von dieser Seite haben wir nichts zu befürchten.«

»Die Raguner sind technisch nicht in der Lage uns gefährlich zu werden«, antwortete Tyran. »Es muss eine andere Rasse sein.«

»Kommen wir wieder auf die Worgass zu sprechen«, sagte Thoran. »Sie sind Formwandler und können sich in jedes Lebewesen verwandeln, dass Kontakt zu ihnen hatte. Wissen wir denn genau, welche Rassen sich dieser Wesen bedienen?«

»Durch die vielen Jahrtausende unserer Zurückgezogenheit konnten wir nicht mehr alle Details beobachten«, antwortete Aritron. »Es ist gut möglich, dass wir etwas übersehen haben.«

Aritron stand auf und ging auf einen Wandschrank zu. Er öffnete ihn und entnahm ihm zwei unterschiedliche Körperscanner. Schmunzelnd schritt er an seinen Schreibtisch zurück.

»Was willst du damit?«, lächelte Heran.

»Das zeige ich dir gleich«, antwortete Aritron unbeeindruckt.

Er drückte einen Knopf auf seinem Schreibtisch. Vier schwer bewaffnete Sicherheitssoldaten betraten den

Raum. Sie wurden von zwei Kampf-Robotern begleitet, die ihre Waffen auf die Mitarbeiter von Aritron gerichtet hatten.

Das Lächeln gefror Heran, Thoran, Tyran und Brontan in ihren Gesichtern ein.

»Es tut mir leid«, bemerkte Aritron. »Wir müssen an der Spitze anfangen und prüfen, wer möglicherweise von einem Formwandler befallen ist. Ich rate euch, keine unachtsamen Bewegungen zu machen.«

Er blickte die Soldaten an.
»Scannen sie alle Personen nach Worgass-, oder Arthropoden DNA«, befahl er. »Mich bitte eingeschlossen. Heran ist die Person, die am häufigsten mit seinem Schiff unterwegs ist. Können wir ausschließen, dass er sich infiziert hat?«

Die Soldaten führten den Befehl aus.
»Heran war als erste Person an der Reihe. Er ließ den Körperscan über sich ergehen. Als beide Scans abgeschlossen waren, blickte der Soldat Aritron an.

»Es wurden keine Auffälligkeiten festgestellt«, teilte er mit. »Die DNA ist eindeutig lantranischen Ursprungs.«

»Thoran, du bist an der Reihe«, sagte Aritron. »Bitte stehe auf und lasse dich von den Soldaten überprüfen.«

Ohne Widerworte ließ auch Oberbefehlshaber der lantranischen Kampfflotten-Verbände die Prozedur über sich ergehen.

»Keine Auffälligkeiten«, meldete der Soldat erneut.

Aritron nickte.
»Du bist an der Reihe Tyran«, lächelte Aritron. »Ich muss sicher gehen, dass ich euch weiterhin vertrauen kann.«

Der Oberbefehlshaber der lantranischen Bodentruppen nickte beiläufig.

»Das verstehe ich«, antwortete er.
Er schritt auf die Soldaten zu und hob seine Arme halbhoch. Erneut wurden intensive Körperscans durchgeführt. Auch dieses Mal schüttelte der Soldat seinen Kopf.

»Keine Auffälligkeiten, die DNA ist Lantranisch«, teilte er mit.

»Gut«, antwortete der Vorgesetzte der Exekutive. »Brontan, du bist die letzte Person.«

Brontan stand auf und schritt zu den Soldaten. Auch bei ihm wurde kein Befall registriert.

»Perfekt«, bemerkte Aritron. »Nun zu mir. Ich muss sicher sein, dass wir nicht befallen sind.«

Aritron stand auf und schritt auf den Soldaten zu.
»Nehmen sie auch bei mir eine Überprüfung vor«, sagte er. »Ich stehe nicht über dem Gesetz.«

Der Soldat nickte und setzte seine Scanner ein. Nach kurzer Zeit bestätigte er, dass auch Aritron nicht infiziert war.

»Haben sie weitere Befehle?«, erkundigte sich der Offizier.

»Ja«, antwortete der Lenker des lantranischen Volkes. »Wir müssen alle Personen unseres Volkes überprüfen. Aktivieren sie unseren kompletten Sicherheitsdienst. Fangen sie mit ihren Soldaten an. Erst nachdem keine Auffälligkeiten zu finden sind, nehmen sie sich das Personal unserer Verwaltung vor. Ich werde nicht den Notstand ausrufen, das wird zu viel Aufsehen erregen. Nach diesem Gespräch werde ich unsere Hohe-Empore und Freyjan einweihen. Er wird sie mit seinen

Polizeikräften unterstützen. Weitere Details folgen später.«

»Ich habe verstanden«, antwortete der Soldat des Sicherheitsdienstes. »Ich veranlasse alle weiteren Schritte.«

»Danke«, antwortete Aritron. »Falls sie Probleme bekommen sollten, melden sie sich bitte direkt bei mir.«

»Das mache ich«, erwiderte der Truppenführer.
Dann führte er seine Soldaten und die Kampfroboter aus dem Büro von Aritron.

»Thoran«, sagte Aritron. »Du klärst bitte, welche Schiffsverbände in letzter Zeit Außen-Missionen durchgeführt haben. Alle Einsätze des letzten halben Jahres müssen überprüft werden. Insbesondere Schiffe, die sich nach dem Austritt aus einem Wurmloch noch eine gewisse Zeit vor der großen Anomalie aufgehalten haben. Das kann ein Hinweis dafür sein, dass jemand ein kleines Wurmloch für den Personentransport, oder eine Transmitterverbindung nach Centros aufgebaut hat. Die Programmierung erfordert für Unbekannte ein großes Feingefühl und eine präzise Abstimmung.«

Thoran bestätigte.

»Ich kümmere mich darum«, antwortete er.

Aritron blickte Tyran an.
»Du lässt sofort deine kommandierenden Offiziere und die Bodentruppen überprüfen«, befahl Aritron. »Alle Auffälligkeiten werden mir gemeldet. Alle Personen unseres Personals müssen registriert werden. Doppelte Namen sind verdächtig. Heran hat die These aufgestellt, dass ein Worgass den Körper eines Lantraners nachbildet, der möglicherweise nicht in der Hauptstadt arbeitet. Da von uns alle Personen unseres Volkes in gewissen Abständen überprüft werden, würde eine doppelte Person unsere Scans unterlaufen.

Alle wichtigen Organe, Behörden und Einrichtungen, müssen zuerst überprüft werden. Ich meine hiermit das Personal der Energie-Generatoren, welche unseren Planeten in dem schwarzen Loch stabilisieren. Falls nur drei der Generatoren ausfallen, ist unser Planet nicht mehr zu retten. Er wird förmlich von den Kräften der Anomalie zerrissen. Ganz zu schweigen von seinen Bewohnern. Teile überprüfte Gruppen ein, die sich die Industriefirmen vornehmen, welche die virtuellen Spiele in das öffentliche Netz einspeisen. Ferner auch die Auguren, die als Propheten unsere Bevölkerung beeinflussen. Wir werden jetzt für klare Verhältnisse sorgen.«

Heran grinste.

»Warum nicht gleich so«, bemerkte er. »Es kann doch nicht sein, dass wir von selbsternannten Auguren in unserer Entwicklung zurückgeworfen werden.«

»Ich brauche einen Anlass«, antwortete Aritron. »Den hast du mir jetzt geliefert. Dafür wirst du später belohnt werden, wenn wir die Infiltranten erwischt haben.«

Aritron blickte seine Führungsoffiziere an.
»Je länger ich nachdenke, umso mehr Sicherheitslücken stelle ich fest«, erklärte er. » Thoran, lasse sofort das Personal unserer Flottenverbände überprüfen. Sofern es sauber ist, erteile den Befehl zum Start. Alle 5.000 Schiffe sollen das schwarze Loch absichern. Es ist gut möglich, dass sich getarnte fremde Schiffe außerhalb der schwarzen Anomalie befinden und die Aktionen der Infiltranten steuern. Möglicherweise beabsichtigen sie weiteres Personal auf unseren Planeten zu schicken.«

»Wir könnten den globalen Schutzschirm aktivieren?«, bemerkte Brontan.

»Auf keinen Fall«, sagte Heran. »Damit würden wir die Verantwortlichen warnen. Sie könnten sich in ein sicheres Versteck zurückziehen, das wir nicht so schnell finden. Die

Überprüfung unserer Bevölkerung muss unangekündigt erfolgen. Niemand darf vorher etwas hiervon mitbekommen.«

»Ich werde das Personal meiner Schiffe sofort überprüfen lassen«, bestätigte Thoran. »Falls sich ein Worgass unter meinen Leuten versteckt, dann werde ich ihn finden.«

»Seid vorsichtig«, sagte Aritron. »Falls sich die infizierte Person entdeckt fühlt, wird sie keine Hemmungen mehr haben, sich mit Waffengewalt den Weg freizuschießen.«

Aritron blickte Brontan an.
»Drehe dein allwissendes Energie-Rad des Akteur-Systems«, befahl Aritron. »Gehe mindestens sechs Monate in der Zeit zurück und stelle es auf das äußere Koordinatensystem ein, das für einen Hyperraumsprung in das schwarze Loch nach Centros notwendig ist. Dieses Manöver ist eigentlich nur Piloten der lantranischen Raumflotte bekannt. Suche nach verdächtigen Schiffen und anderen Dingen, die sich dort länger aufgehalten haben.«

»Alles klar«, sagte Brontan. »Ich versuche etwas zu finden.«

»Noch etwas«, bemerkte Aritron mit einem ernsten Gesicht.

»Versuchen reicht nicht«, ergänzte er. »Ich will Ergebnisse geliefert bekommen. Kläre bitte, warum das Akteur-System kein Alarmsignal gesendet hat? Das will mir nicht in den Kopf. Es können doch nicht alle sensiblen Geräte unseres Planeten mit einem Virus infiziert sein? «

Aritron wollte sich weiter ereifern. Sein leises Summen ließ ihn verstummen.

»Was ist das wieder? «, erkundigte er sich.

Er schaute in die Gesichter seiner Untergebenen.
Heran blickte bewusst zum Fenster des Büros und ließ sich nichts anmerken. Ein zweites Mal summte der Azoth in seiner Tasche. Der Ton wurde lauter.

Aritron verzog sein Gesicht.
»Heran«, sagte er. »In deiner Uniformtasche summt es. »Schalte das störende Geräusch bitte ab. «

Heran drehte seinen Kopf und blickte Aritron an.
»Tatsächlich«, bemerkte er. »Eine eingehende Nachricht.«

Er zog den Azoth aus seiner Tasche und aktivierte ihn. Der summende Ton schaltete sich ab.

»Eine Nachricht von Major Travis«, bemerkte er. »Er bittet dringend um meine Unterstützung. Der Ruf kommt aus dem Delta-Sektor der Milchstraße.«

»Wieso benutzt du noch das Notruf-Armband der Impulsgarde?«, fragte Aritron. »Das System ist seit vielen Jahrtausenden ausgemustert?«

»Weil es ein sicheres Kommunikationsmittel ist«, antwortete Heran. »Der Impuls des Azoth erreicht mich aus jedem Winkel der Milchstraße. Ich habe hiermit gute Erfahrungen gemacht.«

»Es stammt nicht aus unserer eigenen Herstellung«, erklärte Aritron. »Die Hohe-Empore hat den Gebrauch strikt untersagt.«

»Was heißt untersagt?«, fragte Heran. »Sie spricht sich gegen eine Verwendung aus, heißt es in dem Kommuniqué. Die Benutzung wurde nicht direkt verboten. Ansonsten hätte ich es niemals gewagt, die Armbänder an Freunde zu verteilen.«

»Ich verstehe«, erwiderte Aritron. »Es zieht dich wieder hinaus ins Weltall. Doch verhalte dich vorsichtig. Wir wissen noch nicht, wer einen unsichtbaren Angriff auf uns führt. Es kann sein, dass man auch dich im Visier hat. «

»Darüber habe ich noch nicht nachgedacht«, antwortete Heran. »Bei meinen Freunden fühle ich mich sicher. Macht euch keine unnötigen Sorgen. Vielleicht bringe ich bei meiner Rückkehr Heinze mit. Er kann nach unsichtbaren Personen scannen. «

»Halten sich jetzt auch noch Unsichtbare auf unserer Welt auf? «, erkundigte sich Tyran. » Das wird ja immer verrückter.

Heran blickte den Befehlshaber der lantranischen Bodentruppen an.

»Du bist ein hervorragender Stratege«, antwortete er. »Leider verstehst du nichts von Technik. Stellt euch eine Rasse vor, die über einen Tarnschirm verfügt, der von unseren Geräten nicht erfasst werden kann. Was wäre dann? «

»Raus mit dir«, forderte Aritron ihn auf. »Du bringst mehr Unruhe in dieses Büro als alle anderen Personen zusammen. Fliege in den Delta-Sektor und unterstütze Major Travis.«

»Das mache ich gerne«, lächelte Heran.

Er nickte kurz allen Anwesenden zu. Dann eilte er aus dem Büro dem Ausgang entgegen.«

»Wir werden ihn nicht mehr ändern können«, bemerkte Aritron zu seinen Gesprächspartnern. »Das ist mir aber auch ganz Recht. Er scheint ein Freund von Major Travis geworden zu sein. Auf diesem Wege haben wir einen ausreichenden Einfluss auf das Neue-Imperium von Natrid & Tarid.«

»Was ist, wenn Heran Recht haben sollte?«, erkundigte sich Thoran.

»Ich halte das für ausgeschlossen«, antwortete Aritron. »Wer sollte den Stand unserer Technik eingeholt, wenn nicht noch verbessert haben?«

»Mir fällt spontan nur der Name der Technovalgoren ein«, bemerkte Thoran. »Admiral Tarin hat mir von einem Kontakt mit ihnen erzählt. Er ließ dir Grüße von Astranaat ausrichten.«

»Ich erinnere mich«, antwortete Aritron. »Der richtige Name der Species lautet Sorganis. Sie waren schon immer auf der Suche nach hochentwickelter Technik. Wie ich mich erinnere, konnte ihr Geist förmlich in Anlagen und Geräte eindringen, um ihre Wirkungsweise zu analysieren. Es gelang ihnen innerhalb kürzester Zeit, die Technik fremder Rassen komplett nachzubauen und zu verbessern. Eine besondere Rasse. Leider haben sie sich immer zu anderen Völkern abgeschottet.«

Aritron überlegte erneut.
»Ich rufe die Erinnerungen mit dem Kontakt zu den Sorganis in mein Gedächtnis«, sagte er. »Lediglich Astranaat verhielt sich etwas offener unseren lantranischen Fragen gegenüber. Er erklärte damals den lantranischen Forschern, ich gehörte damals auch dazu, wie alles in seinem Volk organisiert war. Astranaat versicherte uns, dass sie ihre hoch entwickelte Technik nie zum Schaden anderer Völker einsetzen würden.«

»Können wir sicher sein, dass sie immer noch ihr Wort halten?«, fragte Brontan. » Stehen sie auch dazu, wenn sie in eine Zwangslage geraten sollten?«

»Das kann ich nicht beantworten«, erwiderte Aritron.

Er blickte seine Untergebenen an.

»Wir brauchen mehr Informationen«, erklärte er. »Lasst uns alles überprüfen. Es müssen sich Hinweise finden lassen. Möglicherweise hat Heran Recht, dass die Auguren hinter den Problemen stecken. Durchsucht ihre Büros und ermittelt nach globalen Vernetzungen. Deckt ihre Machenschaften auf und beschlagnahmt alles Ungewöhnliche.«

Thoran, Tyran und Brontan standen auf.
»Wir haben verstanden«, sagte Thoran. »Die Verantwortlichen werden gefunden.«

»Das hoffe ich«, erwiderte Aritron. »Sorgt dafür, dass sie nicht noch mehr Schaden anrichten können.«

Die drei Führungsoffiziere verließen das Büro ihres Vorgesetzten.

Nachdenklich blickte Aritron noch eine kurze Zeit mit starren Augen aus dem Fenster. Dann zog er einen Communicator aus seiner Tasche. Er bat seine Sekretärin zu sich. Die hohe-Empore und andere Gremien von Centros mussten über seine Aktivitäten informiert werden. Noch wollte er nicht die militärischen Notstandsgesetze in Kraft treten lassen.

Im Delta-Sektor

Schirrack war eine trostlose Welt. Ein zerklüfteter Felsplanet, mit hohen Gesteinsaufwürfen und tiefen Tälern. Da er sich in unmittelbare Nähe zu seinem großen Nachbarn befand und er sich nur auf einer geringfügig abweichenden Umlaufbahn bewegte, erreichte ihn nur ein geringer Teil der wärmenden Sonnenstrahlen des Muttergestirns. Obwohl sich Schirrack in einer habitablen Zone befand, stieg seine Temperatur an den meisten Tagen nicht über 0 Grad Celsius an. Die Höhen seiner kantigen und spitzen Gebirge waren mit Eis bedeckt. In den ausgespülten Tälern hatte sich seit Jahrtausenden Kondenswasser gesammelt und unterschiedlich große Seen gebildet. Aufgrund der felsigen Struktur des Planeten konnte das Wasser nicht versickern. Ein Teil seiner Gebirge erreichte eine Gipfelhöhe von 19 Kilometern.

Wie ein großer blauer Ball hing der große Nachbarplanet im Firmament des Himmels. Seine bläuliche Oberfläche deutete auf eine intakte Wasserwelt hin. Nur wenige Landflächen konnten in Form von Inseln und Atollen ausgemacht werden. Vermutlich stammten diese noch aus der Entstehungszeit dieses Sternensystems.

Doch Schirrack war mehr als nur ein felsiger Planet in einem kleinen unscheinbaren Sternensystem im Delta-Sektor. Er barg ein Geheimnis in sich. In einem langgezogenen Canyon lag eine vor mehr als 100.000 Jahren angelegte Industriezone. Bei einem Überflug hatte man sie als verlassene Stadt bezeichnet. Es war kein Leben mehr in ihr festzustellen. Lediglich die verlassenen Gebäude, Hochhäuser und Produktionshallen wiesen auf die ehemalige Hochkultur einer intelligenten Lebensform hin. Im Zentrum der Stadt wuchs ein hoher, nach oben spitz zulaufender Turm in den Himmel, vergleichbar mit einem gigantischen Abwehrgeschütz. Vor der Stadt lag eine künstlich angelegte Fläche, die mit Wasser gefüllt war. Vermutlich diente sie früher als Raumhafen für landende Schiffe. Auf dem Rücken der umliegenden Bergformationen waren Bauten zu erkennen. Diese fungierten als Frühwarn- und Beobachtungsposten. Vermutlich leiteten sie aufgefangene Hyperkomm-Funksprüche in das Tal weiter.

Tief unter der unbewohnten Stadt aktivierten sich erstmals nach einer sehr langen Zeit unzählige Energiemeiler. Die vorgelagerten Frühwarnstationen hatten Alarm ausgelöst. Zehn kleine bewaffnete Flugmaschinen wurden erfasst, die unbeschadet in die Energieblase eingedrungen waren. Ihre Flugroute deutete auf eine Durchquerung des Sternensystems hin. Eigentlich hätte das nicht passieren dürfen, da die Energieblase ein natürliches Abwehrschild bildete. Bisher wurden Raumschiffe unbekannter Rassen an einem

Eindringen gehindert. Die Energieanomalie ließ die Schiffe bei einer Berührung mit ihrer Energie förmlich zerplatzen. Doch dieses Mal war etwas anders. Die intakte Technik, tief unter der verlassenen Stadt registrierte den Impuls zahlreicher Scanner und Ortungstaster. Die Hypertronic-KI der geheimen Station war zwar noch nicht vollständig aktiviert, doch bereits jetzt erkannte sie das Dilemma. Die vollständige Abschottung ihrer Existenz konnte nicht mehr gewährleistet werden. Nur langsam spürte sie, wie ein neuer Energiefluss ihre lange abgeschalteten Bereiche zu neuem Leben erweckte.

Sie konnte die kleinen Flugobjekte nicht identifizieren. Sie erkannte nur eines. Die Objekte sandten nicht den erforderlichen Code. Die Hypertronic-KI war auf Selbsterhaltung geschaltet. Sie wertete die Flugbahnen der kleinen Objekte aus und erkannte, dass sie auf der gleichen Route zurückkehren würden. Sie registrierte diese letzte Chance, um die unbekannten Objekte mit ihren Aufzeichnungen zerstören zu können.

Sie aktivierte ihre Geschütztürme. Auf dem Bildschirm erkannte sie, wie alle 30 Lasertürme auf den umliegenden Gebirgen aus ihren Schächten fuhren. Die schweren Geschützrohre richteten sich zum Himmel auf. Sie übergab die errechneten Abfangdaten an ihre Geschütze. Jeweils drei der Lasertürme konnten sich auf eines der unbekannten Flugobjekte richten. Sie errechnete sich eine optimale Chance, alle Flugobjekte mit einem Schlag zerstören zu können. Die Sensoren der Hypertronic-KI verfolgten die Flugbahnen der Drohnen. An dem äußersten Planeten ihres Sternensystems flogen die Eindringlinge eine Kurve, um kurz danach wieder auf die gleiche Flugroute einzuschwenken, die sie bei ihrem Einflug gewählt hatten.

Alle 30 Abwehrtürme hatten ihre Bereitschaft gemeldet. Emotionslos wartete die KI ab. Ihre Befehle waren eindeutig. Der Schutz der Stadt und der unterirdischen Station ihrer Erbauer hatte Vorrang.

Die Hypertronic-KI wusste, dass sie eine experimentelle Station war. Nur sie verfügte über einen einzigartigen Sphärenwandler, der Durchgänge in weit entfernte Gebiete der Galaxie öffnen konnte. Diese Dienste durfte sie nur Abgesandten offerieren, die in Begleitung von adeligen Personen des natradischen Kaisergeschlechtes vorstellig wurden. Das reichte jedoch noch nicht aus. Die Besucher mussten zusätzlich über den kaiserlichen Zugangscode verfügen, den Quoltrin-Saar-Arel ihr persönlich eingespeichert hatte.

Geduldig wartete sie darauf, dass die fremden Flugobjekte in eine sichere Reichweite ihrer Waffensysteme gelangen würden.

»Nur noch wenige Augenblicke«, registrierte sie. »Die Flugbahnen der Aufklärungsobjekte weichen nur unwesentlich voneinander ab.«

Die Ortungstaster summten auf. Das war das Zeichen, dass die Drohnen in den Bereich ihrer Waffensysteme gekommen waren. Die Hypertronic-KI gab den Feuerbefehl an alle 30 Geschütztürme. Sie erkannte, wie die schweren Rohre ihre dicken Lasersalven ins All schossen. Sekundenschnell zogen sie die Geschützrohre zurück und feuerten erneut auf die errechnete Position.

Ein Warnsignal irritierte sie. Eines der Geschütztürme meldete eine Fehlfunktion. Sie zoomte die betreffende Geschützstellung heran und erkannte, dass ein Erdrutsch den Schacht des Lasergeschützes verschüttet hatte. Steine und Geröll verhinderten das vollständige Ausfahren des Geschützes.

Reaktionsschnell übergab sie die übermittelten Flugabwehrdaten an ein anderes Geschütz weiter. Auf dem Bildschirm ihrer Leitstelle erkannte sie die Treffer ihrer Laserbatterien.

»Neun fremde Objekte wurden erfolgreich eliminiert«, registrierte sie. »Das letzte Objekt beschleunigt seine Geschwindigkeit.«

Die Hypertronic-KI befahl ein erneutes Laserfeuer, doch das letzte fremde Flugobjekt schlug plötzlich Haken und wich auf einen unsymmetrischen Kurs aus. Die KI überlegte kurz, ob ihre Scans fehlerhaft waren. In den fremden Objekten konnten keine Lebewesen ausgemacht werden. Sie wusste, dass solche Manöver nur von Raumschiffen mit intelligenter Besatzung durchgeführt werden konnten. Die Salven ihrer Geschütztürme gingen ins Leere. Die KI registrierte, wie sich das Objekt zwischenzeitlich aus der Reichweite ihrer Waffen entfernt hatte.

»Das kann schwerwiegende Konsequenzen haben«, errechnete sie. »In diesem Fall bin ich verpflichtet, meinen Verwalter zu erwecken. Das sollte gemäß meiner Programmierung vermieden werden.«

Sie wusste, dass der Verwalter nur zu wichtigen Anlässen geweckt werden durfte, zumal er nur über eine begrenzte Lebensdauer verfügte.

»Ich muss mich an die Vorschriften halten«, dachte sie. »Meine Befehle sind eindeutig.«

Sie leitete Energie in die abgeschottete Halle mit den Ruhekammern. Von den zahlreichen Stasis-Kammern war nur eine belegt. Sie wusste, dass ursprünglich alle Kammern für einen Schläfer vorgesehen waren. Doch leider kamen ab einem gewissen Zeitpunkt keine Versorgungsschiffe mehr in ihr abgelegenes Sternensystem. Der Kaiser und seine Wissenschaftler teilten ihr mit, dass ein anderer Krisenherd im Imperium alle verfügbaren Schiffe beanspruchte. Quoltrin-Saar-Arel wies sie vor seinem Abflug an, ihre Station zu tarnen und sich an das Sicherheitsprotokoll zu halten. Er versprach ihr, zu gegebener Zeit zurückzukehren und die Forschungen weiterzuführen.

Sie errechnete, dass seit dem Abzug ihres natradischen Personals über 100.000 Jahre vergangen waren.

Die Hypertronic-KI aktivierte die Aufweckfunktion der Stasis-Kammer und wartete ab. Die Medi-Roboter standen bereit, um den Verwalter zu versorgen.

»Das wird jetzt drei Stunden dauern, bis Admiral Garxon in meiner Leitstelle eintreffen wird«, errechnete sie. »Ich werde mich um die Bereitschaft der Kampfroboter und die Aktivierung der Einheiten für die bereitstehenden Raumschiffe kümmern.«

Die Halle mit den Ruhekammern wurde mit voller Energie geflutet. An der vordersten Kammer leuchteten zahlreiche Kontrollsignale auf. Die oberste Reihe bestand aus 12 flackernden Lichtern, die sich nach und nach stabilisierten. Die erste Kontroll-Leuchte schaltete von Rot auf Blau um. Ein Hinweis dafür, dass die Aufweckfunktion aktiviert worden war. Die Temperatur der Kammer erhöhte sich. Abgestandene Luft wurde abgesaugt und Frischluft eingepumpt. Der transparente Deckel der Kammer öffnet sich einen Spalt. Der kalte Hauch von Atemluft entwich und vermischte sich mit frischer Luft.

Das zweite Kontrollsignal schaltete auf blaues Licht um. Der Deckel der Kammer öffnete sich vollständig. Medi-Roboter rollten heran. Einer von ihnen drückte eine Injektion in den Hals der liegenden Person. Nur sein Kopf war Natradisch. Alle restlichen Teile der Person waren künstlich, oder aus hartem Natridstahl hergestellt. Seine Finger, zwei Hände und zahlreiche Gelenke, ähnelten Teilen von Kampfrobotern. Die Person in der Kammer war ein metallisches Monstrum. Ein überlebendes natradisches Gehirn, in ein Roboterkorsett verpflanzt.

Allmählich setzten die Gehirnströme von Admiral Garxon ein. Gedanken machten sich in seinem Kopf breit. Er erinnerte sich an seine Treue zu Kaiser Quoltrin-Saar-Arel.

»Viele Raumschlachten habe ich für ihn und das natradische Kaiser-Imperium geschlagen«, dachte er. »Zum Dank ernannte er mich zu einem seiner engsten Vertrauten. Zu dieser Zeit war ich stolz auf das Erreichte. Doch später veränderte sich der Kaiser. Während seiner unvorhersehbaren Wutausbrüche färbten sich seine Augen immer öfter schwarz. Er war nicht mehr Herr seiner Sinne. Er verlangte von uns, seine unsinnigen Befehle auszuführen. «

Ein stechender Schmerz zog sich durch sein Gehirn. Ein Medi-Roboter hatte eine weitere Injektion in seinen Hals gedrückt.

»Seid vorsichtig«, röchelte er den Medi-Robotern zu. Noch konnte er die Worte nicht wie gewohnt formulieren. Seine Stimme versagte ihren Dienst.

»Ich lebe noch«, versuchte er es erneut. »Das soll auch erst einmal so bleiben. «

Alte Erinnerungen liefen blitzschnell durch sein Gedächtnis.

»Ich erinnere mich, wie die imperiale Mobilmachung befohlen wurde«, dachte er. »Sämtliche Industriezweige von Natrid wurden gezwungen, Kriegsgüter zu produzieren. Vorrangig sollten alle erforderlichen Antriebe, Geräte und Einrichtungsgegenstände für Raumschiffe in dem materialvernichtenden Krieg gegen die Rigo-Sauroiden hergestellt werden. Der Kaiser wollte nichts dem Zufall überlassen.«

Erneut zog sich ein Schmerz durch seine Nervenbahnen. Weitere Erinnerungen von Admiral Garxon kehrten zurück.

»Admiral Tarin wurde beauftragt, einen Präventivschlag gegen die Heimatwelt der Rigo-Sauroiden zu führen, um den Krieg zu beenden«, dachte er. »Die Rasse der mordlüsternen Echsen sollte ausgelöscht werden. Leider wurden mir keine Informationen über den Ablauf bekannt, da unsere Versorgungsschiffe nicht zurückkehrten.«

Langsam bewegte er seinen Kopf. Er fühlte sich wie erschlagen. Die Schmerzen waren kaum zu ertragen.

Er öffnete seine Augen und registrierte das gedämpfte Licht in dem Raum. Er blickte auf die digitale Anzeige seines lebenserhaltenden Systems. Bereits 9 der 12

Kontroll-Leuchten hatten auf blaues Licht umgeschaltet. Die Medi-Roboter beugten sich über seinen Metallkörper und füllten Schmierflüssigkeiten ein. Ein Roboter bewegte grob sein rechtes Bein. Ein weiterer stechender Schmerz erfasste seine Nervenbahnen.

Er blickte den Roboter an. Der drehte sich ab und eilte davon.

Ein anderer hatte eine Fernbedienung in seinen Händen. Er drückte auf einen Knopf. Langsam richtete sich die Stasis-Kammer auf.

Vorsichtig bewegte er seine Lippen. Er wollte sprechen. Doch nur ein weiteres Röcheln entrann seinem Mund. Ein Roboter setzte eine Flüssigkeit an seinen Mund an.

Admiral Garxon schluckte die breiige Masse herunter. Er fühlte, wie sich neue Kräfte in ihm ausbreiteten. Die Schmerzen verflogen langsam. Er öffnete seinen Mund, um Worte zu formulieren. Dieses Mal gelang es ihm, sich deutlich zu artikulieren.

»Wie lange habe ich geschlafen?«, erkundigte er sich.

»Mehr als 100.000 Jahre«, antwortete einer der Roboter blechern. »Diese Station war sehr lange deaktiviert.«

Admiral Garxon glaubte, seinen Ohren nicht zu trauen.

»Das muss ein Irrtum sein«, erwiderte er. »Diese Station sollte nur eine kurze Zeit in den Ruhemodus geschaltet werden? Überprüfe bitte die Daten noch einmal.«

»Die Daten wurden von der Hypertronic-KI soeben bestätigt«, antwortete der Medi-Roboter. »Ein Irrtum ist ausgeschlossen.«

Unzählige Gedanken machten sich in seinem Kopf des Admirals breit. Schrecken und Unglauben wechselten sich ab.

»Wurde die natradische Kolonie weiterhin versorgt?«, fragte er den Medi-Robot. »Haben wir den Krieg gewonnen?«

»Von einem Krieg ist uns nichts bekannt«, erwiderte der Roboter. »Unsere Station wurde deaktiviert. Die Sphäre kann in einem Ruhemodus nicht aktiviert werden, um ein Portal zu der Kolonie aufzubauen.«

»Sie haben keine Versorgungsgüter mehr erhalten?«, knurrte der Admiral ärgerlich.«

»Das Portal konnte nicht geöffnet werden«, antwortete der Medi-Roboter erneut. »Die Versorgung wurde eingestellt.«

»Wer hat den Befehl hierzu erteilt?«, fragte der Admiral. » Ich erwarte eine sofortige Aufklärung.«

»Das wurde uns nicht mitgeteilt«, entgegnete der Roboter blechern. »Unsere KI wird sie entsprechend aufklären. Sie erwartet sie.«

Erneut stieß der Medi-Roboter eine Injektion in den Hals des Admirals. Er fühlte den Schmerz und blickte den Roboter ärgerlich an.

»Die Aufweckfunktionen wurden erfolgreich abgeschlossen«, stellte der Medi-Roboter fest. »Ihre Energiekristalle wurden erneuert. Alle notwendigen Flüssigkeiten für ihre organischen Körperteile wurden ausgetauscht. Alle Funktionen ihres mechanischen Körpers stehen vollständig zur Verfügung. Aktivieren sie das Lern- und Unterstützungsprogramm. Können sie aufstehen?«

Die Stasis-Kammer richtete sich komplett auf.
Admiral Garxon hob seinen Arm und drückte auf einen Knopf an seinem Kampfgürtel. Er bemerkte, wie eine

starke Energie seine Gelenke unterstützte. Vorsichtig hob er sein rechtes Bein an. Er drückte sich mit seinen Händen an dem Rand der Kammer ab und kletterte aus ihr heraus.

Die Bewegungen taten ihm gut. Er registrierte, wie seine Nervenbahnen wieder eine Einheit mit dem starken Metallkörper wurden. Alle seine Funktionen waren aktiviert. Der Admiral bewegte sich einige Schritte. Seine Bewegungen wirkten sicher. Nichts deutete mehr auf die lange Zeit in der Schlafkammer hin.

»Ihr habt eine gute Arbeit geleistet«, sagte er zu den Medi-Robotern. »Ich übernehme jetzt das Kommando. Bringt mir meine Waffen. «

Ein Roboter schritt zu einem Schrank und öffnete ihn. Er nahm zwei schwere Laserpistolen heraus und reichte sie dem Admiral.

Admiral Garxon drückte auf einen Knopf an den Waffen. Ein blaues Licht signalisierte die volle Ladekapazität der beiden Laserpistolen.

»Haltet euch für die Wartungen bereit«, sagte er. »Wo ist meine Garde? «

»Die Tart-Roboter warten außen vor dem Schott auf sie«, antwortete ein Roboter. »Auch sie wurden mit neuen Energiekristallen bestückt und sind einsatzbereit.«

»Danke«, antwortete der Admiral.» Ich begebe mich in die Leitstelle. Informiert die KI über meine Erweckung.«

»Sie weiß bereits Bescheid«, antwortete der Roboter, der scheinbar die Befehlsgewalt übertragen bekommen hatte.

Admiral Garxon schritt auf das Schott zu. Mit jedem seiner Schritte kam die Erinnerung an die Benutzung seines fast unzerstörbaren Körpers zurück. Mit einer blitzschnellen Bewegung stieß er die beiden Laserpistolen in die Halter seines Kampfgürtels. Dann drückte er auf den Öffnungsknopf, seitlich an dem Schott. Der Ausgang öffnete sich. Die beiden schweren Metalltüren verschwanden in der Seitenverkleidung.

Außerhalb salutierten die zwei wartenden Tarts mit dem natradischen Gruß.

Der Admiral erwiderte die Begrüßung.

»Wir freuen uns, sie nach der langen Ruheperiode wiederzusehen«, sagte einer von ihnen.» Tart 560 und

Tart 565 stehen ihnen mit allen Funktionen zu ihrem persönlichen Schutz zur Verfügung.«

Der Admiral nickte.
»Wir begeben uns in die Leitstelle unserer Station«, erklärte er. »Ich habe viele Fragen an unsere Hypertronic-KI. Lasst uns keine Zeit verlieren.«

Die kleine Gruppe bewegte sich vorwärts. Nicht weit von ihnen entfernt lag einer der vielen Antigravitationslifte der Station. Die Gruppe eilte hierauf zu. Als der Admiral mit seinen Begleitern den Lift erreicht hatte, blickte er irritiert in einen dunklen quadratischen Schacht.

»Der Antigrav-Lift ist nicht aktiviert«, sagte er. »Unsere KI hat die Station noch nicht vollständig mit Energie versorgt.«

»Um alle Bereiche mit Energie zu versorgen, benötigt die Hypertonic-KI mindestens drei Stunden«, antwortete Tart 560.

»So lange können wir nicht warten«, grollte der Admiral. »Weist die KI an, diesen Lift zu aktivieren.«

»Der angesprochene Tart-Roboter stellte eine Verbindung zu der Hypertronic-KI der Station her. Er informierte sie, vorrangig den Antigravitationslift 53 mit Energie zu versorgen.

Die Hypertronic-KI bat um Geduld. Sie versprach entsprechende Energien umzuleiten.

»Der Lift wird schnellstens aktiviert«, teilte Tart 560 seinem Schutzbefohlenen mit. »Die KI leitet Energie um.«

»Warum dauert das so lange? «, fragte der Admiral ungeduldig.

Er wollte persönlich die KI anrufen, doch in diesem Moment schalteten sich die Lampen des Lifts und die Antischwerkraft ein. Ein grünes Licht an der Außentastatur signalisierte die Bereitschaft.

Ohne weitere Worte schritt der Admiral in den Lift. Die Tart-Roboter folgten ihm.

Die Hände ausgebreitet, schwebte die Gruppe aufwärts. Nach wenigen Minuten waren die 27 Stockwerke überwunden. Admiral Garxon zog sich an der Haltestange aus dem Lift. Mit strammen Schritten eilte er auf ein breites Schott zu.

»Das Schott öffnen«, sagte er in ein Sprachmodul.

»Stimmenidentifizierung abgeschlossen«, meldete die KI. »Willkommen Admiral Garxon, treten sie ein. «

Das Schott öffnete sich beidseitig. Die schweren Türen verschwanden in der Wandverkleidung.

Admiral Garxon trat mit seinen Begleitern in die große Leitstelle.

»Status? «, sagte er. » Was ist hier los? «

»Eine unplanmäßige Erweckung wurde eingeleitet«, antwortete die Hypertronic-KI. »Der Deaktivierungsbefehl wurde noch nicht aufgehoben. Meine Sicherheits-Sensoren haben unbekannte Eindringlinge registriert, die unbeschadet in die Energieanomalie einfliegen konnten. Es handelte sich um zehn bewaffnete Flugobjekte. Meine eingeleiteten Gegenmaßnahmen waren nur zum Teil erfolgreich. Es gelang mir nur neun, der zehn Objekte zu eliminieren. Leider zeigte ein Abwehrgeschütz nach meinem erteilten Feuerbefehl eine Störung an. Ein fremdes Flugobjekt konnte unbeschadet die Energieblase verlassen. «

»Fremde Flugobjekte? «, stutzte der Admiral. » Die Anomalie sollte ein Eindringen unmöglich machen. «

»Das ist mir bewusst«, erklärte die Hypertronic-KI. »Doch diese Objekte verfügten über hoch entwickelte Schutzschirme. Die Hitze der Energieanomalie konnte ihnen nichts anhaben.«

»Was haben sie gewollt?«, erkundigte sich der Admiral.

»Ich konnte Ortungsstrahlen und Impulse von Tiefenraumsensoren aufzeichnen. Unser Sternensystem ist von ihnen ausgespäht worden.«

»Wurden Aufzeichnungen von dir gemacht?«, fragte der Admiral.

»Ich spiele die Daten ab«, bestätigte die KI.
Der große Bildschirm der Leitstelle erhellte sich. Die Aufnahmen zeigten, wie zehn unbekannte Flugobjekte in die Energieblase eindrangen. Sie hatten eine elliptische Flugroute gewählt, die sie in einem gewissen Abstand an den Planeten des Sternensystems vorbeiführten.

»Aufklärungsobjekte«, sagte der Admiral. »Vermutlich sind sie unbemannt. Die Objekte sind nicht sehr groß. Ich bezweifele sehr stark, ob sie von einem Piloten gelenkt wurden.«

»Meine Auswertung ist nicht stichhaltig«, sagte die Hypertronic-KI. »Warten sie bitte das Ende der Aufzeichnungen ab.«

Admiral Garxon konzentrierte sich auf die schnellen Objekte. Sie schienen über hervorragende Antriebe zu verfügen. Die Entfernungen zwischen den einzelnen Planeten konnte sie innerhalb kürzester Zeit überwinden.

»Während des Vorbeifluges der Objekte an Schirrack konnte ich Ortungstaster und Sensorstrahlen erfassen«, teilte die Hypertronic-KI mit. »Die unbekannten Flugobjekte haben unbestritten zahlreiche Aufnahmen erstellt.«

Der Admiral Garxon sah, wie die Flugobjekte eine Schleife flogen und die gleiche Flugroute für ihren Rückweg wählten. Erneut flogen sie in einer optimalen Sensorreichweite an den Planeten des Systems vorbei.

»Wurde nach Waffen gescannt?«, fragte er.

Die Hypertronic-KI gab bereitwillig Antwort.
»Jedes der Flugobjekte verfügte über zwei komprimierte Langstrecken-Lasergeschütze«, erwiderte sie. »Jeweils eines unter jeder Tragfläche.«

»Ich verstehe«, erwiderte der Admiral. »Diese hätten unserer Station aber nicht gefährlich werden können. Warum diese ganze Aufregung?«

»Weil ich ein massives Flottenaufkommen außerhalb der Energieblase geortet habe«, fuhr die KI fort. »Bisher sicherte sie unser Sternensystem vor Eindringlingen«, teilte die KI mit. » Wenn der Einflug dieser kleinen Objekte bereits möglich war, dann werden die außerhalb wartenden Zerstörer ebenfalls keine Probleme bekommen. Diese Schiffe werden sicherlich noch stärkere Schutzschirme besitzen. Aufgrund dieser Daten musste ich mit einem Angriff rechnen.«

»Bist du dir sicher?«, fragte Admiral Garxon nach. » Das ist bisher noch niemals passiert. Alle fremden Species, welche in die Energieblase einfliegen wollten, sind gescheitert. Ihre Schiffe sind durch den gigantischen Energiefluss der Anomalie vernichtet worden.«

»Dieses Mal ist es anders«, antwortete die Hypertronic-KI. »Gemäß meinen Scans waren die Flugobjekte mit einem fluktuierenden Dreifach-Schutzschirm ausgestattet. Die Hitze der Blase konnte ihnen nichts anhaben.«

»Dann haben wir ein Problem«, entgegnete der Admiral. »Wurde das Robot-Personal für unsere Kampfschiffe bereits alarmiert? Wie viele Schiffe sind einsatzbereit? «

»Leider gibt es mehrere Probleme«, teilte die Hypertronic-KI mit. »Der Deaktivierungsbefehl von Natrid hat meine kompletten Funktionen abgeschaltet. Nach den langen 100.000 Jahren ist die Flotte noch nicht einsatzbereit. Es ist ein Reparaturstau entstanden, den ich kurzfristig nicht abbauen kann. Ihnen stehen lediglich 30 bodengebundene Abwehrgeschütze zur Verfügung. Eines hat bereits Störungen gemeldet. Mein Reparaturteam ist vor Ort, um den Fehler zu beheben. «

»Ich verstehe«, sagte Admiral Garxon. »Können wir einen Notruf an den Kaiser übermitteln? Er wird uns sicherlich eine Unterstützungsflotte senden. «

»Das bezweifle ich ebenfalls«, bemerkte die Hypertronic-KI. »Nach unserer langen Deaktivierungsphase ist davon auszugehen, dass uns das natradische Imperium vergessen hat. Der damalige Kaiser wird nicht mehr leben. Seine persönliche Lebenserwartung betrug keine 100.000 Jahre. Da wir den Status als geheime Forschungsstation erhielten, muss davon ausgegangen werden, dass unsere Station der zentralen Hypertronic-KI von Natrid nicht bekannt war. «

»Du vermutest, dass Kaiser Quoltrin-Saar-Arel ums Leben gekommen ist und Informationen über unsere Station nicht an seinen Nachfolger weitergeben konnte«, folgerte er.

»Das ist richtig«, antwortete die KI. »Ich vermute ein Attentat oder die Vernichtung seines Flaggschiffes in einer schweren Raumschlacht gegen Feinde des Imperiums. Ebenso kann ein Unfall mit Todesfolge in Betracht gezogen werden, oder ein Umsturz des natradischen Volkes. Alles ist möglich, solange wir keine neuen Informationen erhalten.«

»Sobald unsere Kampf-Schiffe einsatzbereit sind, werde ich einen Kurier entsenden, der nach dem Rechten sehen wird«, antwortete der Admiral. »Diese Ungewissheit ist nicht länger hinnehmbar.«

»Wir hätten die Dauer der Deaktivierung nicht erfahren, wenn mein Notfallprogramm nicht eine Gefahr für unser System und unsere Station erkannt hätte«, teilte die KI mit. »Dieses Sicherheitsprogramm war für unsere Erweckung verantwortlich.«

»Haben wir aktuelle Informationen von der natradischen Kolonie erhalten?«, erkundigte sich der Admiral. »Durch den Deaktivierungsbefehl konnte vermutlich die Versorgung nicht mehr aufrechterhalten werden.«

»Das entspricht den Tatsachen«, antwortete die Hypertronic-KI monoton. »Der Kontakt zu der Kolonie kann erst nach Öffnung des Portals aufgenommen werden. Es ist möglich, dass sie nicht mehr existiert.«

»Die Zwillingswelt von Natrid war ideal zum Überleben«, teilte der Admiral mit. »Es wurde ein reiches Tierleben registriert. In seinen Meeren tummelten sich unzählige Fische. Die großen Kontinente waren fruchtbar und für Ackerbau geradezu geeignet. Die Temperatur glich der unserer Heimatwelt. Der Kaiser wählte den Planeten bewusst für die Gründung einer natradischen Kolonie aus. Er befürchtete, dass unser Ursprungsplanet durch einen Angriff fremder Mächte vernichtet werden könnte.«

»Mir liegen die Pläne des Kaisers vor«, antwortete die KI. »Unsere lange Deaktivierungsphase von mehr als 100.000 Jahren kann vieles verändert haben. Du solltest nicht zu euphorisch sein. Nachdem wir das Problem mit den Eindringlingen gelöst haben, werden wir das Sphären-Portal initiieren und ein Spähschiff hindurch senden. Dann werden wir erfahren, was aus der Kolonie geworden ist. Möglicherweise hat sie sich prächtig entwickelt und wartet auf einen Kontakt mit uns.«

»Sie kann sich aber auch in die entgegengesetzte Richtung entwickelt haben«, betonte der Admiral. »Die abrupte Aussetzung der Versorgung kann den Eindruck vermittelt haben, dass wir sie abgeschrieben und sich selbst überlassen haben. Die Kolonisten werden nichts von dem Deaktivierungsbefehl von Natrid gewusst haben.«

»Diese Möglichkeit besteht ebenfalls«, bestätigte die Hypertronic-KI. »Auch die Zerstörung der Kolonie durch eine feindliche Macht kann nicht ausgeschlossen werden.«

Der Admiral horchte auf.
»Die Kolonie liegt nach Informationen des Kaisers in einem weit entferntesten Sektor des Universums«, sagte er. »Fast an dem Rand des Leeraumes. Warum sollten sich dorthin aggressive Rassen verirren? «

»Weil an diesem Standort eine humanoide Kolonie zu finden ist«, bemerkte die KI. »Überall dort wo Leben existiert, ist auch etwas zu holen. Zumindest denken das unterentwickelte Rassen. Ich gebe zu bedenken, dass wir vor der Abschaltung des Portals noch keine größeren Abwehrgeschütze und Kriegsschiffe auf dem Planeten stationieren konnten. So gesehen war die Kolonie schutzlos. Die wenigen Sicherheitssoldaten besaßen nur Laserpistolen und ihre Lasergewehre. Diese wären bei einem Angriff von Raumschiffen auf die Kolonie nutzlos.«

Der Admiral blickte erneut auf den Bildschirm und erkannte, wie die Geschütztürme seiner Station ihre Lasersalven ins All schossen. Jeweils drei Türme hatten ihr Abwehrfeuer auf ein einzelnes unbekanntes Objekt synchronisiert. Der Bildschirm zeigte 9 Treffer an. Kleine Explosionen breiteten sich aus und gaben die Zerstörung der unbekannten Flugobjekte wieder.

»Wie du sehen kannst, versagte eines unserer Geschütze«, teilte die KI mit. »Trotz meiner sofortigen Umleitung des Feuerbefehles an einen anderen Laserturm, konnte das letzte Objekt nicht mehr getroffen werden. Schaue bitte genau auf seine Flugbahn.«

Admiral Garxon blickte auf den Bildschirm. Noch während des Abschusses weiterer Lasersalven leitete das Flugobjekt mehrere Ausweichmanöver ein. Es schlug Haken und flog einen Zickzackkurs, der von der Hypertronic-KI der Station nicht berechenbar war. Die abgefeuerten Lasersalven verpufften erfolglos im dunklen All. Schnell hatte sich das Flugobjekt aus der Schussreichweite der Station katapultiert.

»Man könnte fast meinen, das Objekt wurde von einem erfahrenen Piloten gesteuert«, bemerkte der Admiral. »Falls das nicht der Fall sein sollte, haben wir es hier mit einer exzellent programmierten Steuereinheit zu tun.«

Der Admiral beobachte, wie das Flugobjekt auf die systemumspannende die Energiewand der Anomalie zusteuerte und sie durchquerte.

»Es hat unbeschadet die die Außenwand der Blase passiert«, sagte er. »Die Hitzestrahlung hat ihm nichts ausgemacht.«

»Es wird genügend Aufzeichnungen von unseren Abwehrgeschützen gemacht haben«, antwortete die Hypertronic-KI. »Die Fremden werden jetzt wissen, auf welchem Planeten sich unsere Station befindet.«

»Wie viele Kampf-Zerstörer stehen in unseren Hallen?«, erkundigte er sich.

»Der flugfähige Teil unserer Schiffsflotte wurde von dem Kaiser vor 100.000 Jahren nach Natrid zurückbeordert«, antwortete die KI. »Es stehen uns lediglich noch 200 nicht einsatzbereite Schiffe der vergrößerten Kaiser-Klasse zur Verfügung. An allen müssen Schäden behoben oder die Antriebseinheiten getauscht werden.«

»Wie schnell lässt sich das bewerkstelligen?«, ergänzte der Admiral seine Frage.

»Ich benötige noch drei Stunden, um alle Bereiche meiner Station zu aktivieren«, teilte die Hypertronic-KI mit. »Nach dieser Zeitdauer können die Robot-Besatzungen in die Schiffe einchecken. Die Reparaturen und Wartungen an den Schiffen haben bereits begonnen. Leider kann ich erst nach einer Analyse der Schäden die genaue Reparaturzeit bestimmen. Wenn es sich nur um den Austausch von bestimmten Modulen handelt, dann wären diese Arbeiten nach einem Tag abgeschlossen.«

»In Ordnung«, erwiderte der Admiral. »Dann hoffen wir einmal, dass uns die Fremden noch etwas Zeit gewähren, bis sie mit ihren Schiffen in die Energieblase einfliegen. In der Zwischenzeit startest du alle verfügbaren Minen in die Umlaufbahn unseres Planeten. Sorge für einen engen Minenteppich auf der Umlaufbahn unserer Welt. Wir werden den Fremden die Annäherung so schwer wie möglich machen. Bereite die Aktivierung des Schutzschirmes unserer Station vor. Die Alarmbereitschaft für alle Abwehrgeschütze bleibt aufrechterhalten.«

»Dein Befehl wird ausgeführt«, bestätigte die Hypertronic-KI der geheimen Station.

Der Admiral schritt zu dem Kommandosessel der Leitstelle und ließ sich hineinfallen. Immer mehr Erinnerungen kehrten in sein Gedächtnis zurück.

»Ich bin der Verwalter«, dachte er. »Quoltrin-Saar-Arel hat mich ausdrücklich der installierten Hypertronic-KI übergeordnet. Sie muss meine Befehle ausführen. Ich diene dieser Station und dem Portal. Die Errichtung der Kolonie war eine notwendige Maßnahme zur Erforschung der Zwillingswelt von Natrid. Nach dieser langen Zeit sollte die Kolonie den Planeten vollständig besiedelt haben. Das setzt aber voraus, dass sie noch existiert.«

Er erinnerte sich wieder an die geheimen Gespräche mit dem natradischen Kaiser.

»Quoltrin-Saar-Arel informierte mich, dass er während eines persönlichen Besuches auf dieser Welt einen Kontakt zu einem fast unsichtbaren Wesen herstellen konnte«, erinnerte sich der Admiral. »Diese Lebensform bestand aus reiner Energie. Das Wesen teilte ihm mit, dass seine Species sehr alt wäre und die Entstehung des Universums beobachtet hätte. Während des Gespräches erklärte der Kaiser, dass er nach neuen bewohnbaren

Planeten suchte. Das Wesen zeigte sich sehr erfreut. Es teilte unserem Kaiser mit, dass es einen solchen kennen würde. Er lag weit entfernt in einer fremden Galaxie. Kaiser Quoltrin-Saar-Arel wurde neugierig. Das Wesen öffnete ein Portal zu einer intakten Welt. Es forderte den Kaiser auf, es zu begleiten. Dieser stimme nach kurzer Rücksprache mit seinen Beratern zu. Das Wesen durfte als Gast auf dem Flaggschiff von Quoltrin-Saar-Arel mitfliegen. Die Flotte des Kaisers durchquerte das Portal zu der Heimatwelt der Quanaris, die Natrid sehr ähnelte.«

Admiral Garxon lachte.
»Zuerst wollte ich dem Kaiser seine Geschichte nicht abnehmen«, überlegte er. » Doch Quoltrin-Saar-Arel wich nicht von seinen Erlebnissen ab. Er teilte mir mit, dass dieses Energiewesen behauptete, dass seine Art vor vielen Jahrtausenden diesen Planeten bevölkert hatte. Zu dieser Zeit war ihre Art noch in den Körpern ihrer humanoiden Existenz gefangen. Niemals hatten sie den Wunsch verspürt, sich auf andere Welten auszudehnen. Damals forschten sie, wie sie sich ohne Raumschiffe, nur durch die Entfaltung ihrer Geisteskräfte, fortbewegen konnten.

Sie suchten nach den höheren Dingen der Schöpfung. Das Wesen teilte Quoltrin-Saar-Arel mit, dass sie die Konstrukteure des Sphären-Portals wären. Immer wieder öffneten sie ein Portal in unsere Galaxie und hofften, dass irgendwann Jemand zu ihnen kommen würde, um eine Kolonie auf ihrer Welt zu gründen. Quoltrin-Saar-Arel war begeistert von der Zwillingswelt. Schnell fasste er einen Entschluss. Der Kaiser informierte das Wesen, dass er über eine Kolonie nachdenken würde. Das Energiewesen erklärte ihm, dass seine Species keine Einwände hätte und dankbar für dieses Vorhaben wäre. Dann informierte das Wesen ihn darüber, dass ihre Welt vor vielen Dekaden von einer spinnenartigen Species angegriffen wurde, die sich selbst als einzige hochstehende Schöpfung einer göttlichen Bestimmung verstand.

Diese war dafür verantwortlich, dass durch einen unerwarteten Angriff viele seiner Artgenossen getötet wurden. Nur wenige Angehörige der Rasse konnten sich retten. Zu der Zeit waren sie noch in ihrem humanoiden Körper gefangen. Es verging eine weitere lange Zeitspanne, bis ihre Forschungen den gewünschten Erfolg brachten. Endlich gelang ihnen, sich ihres unliebsamen Körpers zu entledigen und sich in reine Energiewesen weiterzuentwickeln. Auf diesem Weg konnte sie sich endlich dem Zugriff der fremden Aggressoren entziehen.«

Der Verwalter der Station grübelte und durchforstete seine Gedanken.

»Der Kaiser hatte mir den Namen der Rasse genannt«, erinnerte er sich. »Wie lautete dieser noch? «

Er dachte angestrengt nach. Dann fiel es ihm ein.
»Quanaris war der Name«, fiel es ihm ein. »Der Kaiser sprach von einer gutmütigen Species, die immer nur ihrer höheren Bestimmung folgte. Das Energiewesen bat den Kaiser, ihre ehemalige Welt dem Zugriff der Aggressoren zu entziehen. Angeblich waren sie selbst nicht mehr in der Lage dazu. Im Gegenzug versprach es dem Kaiser, alle wichtigen technischen Errungenschaften ihrer Rasse in seine Hände zu übergeben. Diese hatten sie in ihrer langen Zeit als Forscher und Wissenschaftler entwickelt. So auch dieses Sphärenportal, das einen Tunnel in unsere Galaxie öffnete.

Das Wesen übergab Quoltrin-Saar-Arel die Konstruktionsdaten für den Aufbau einer Portal-Steuerung. In den nachfolgenden Monaten wurde diese Station aus dem Boden gestampft. Gemäß den natradischen Eigenschaften ließ er eine Hypertonic-KI installieren, die über die Anlage und ihre Defensivsysteme wachen sollte. Der Abgesandte der Quanaris unterstützte den Bau der Station und half den natradischen Wissenschaftlern bei der Umsetzung der Steuereinheit. Als die moderne Anlage betriebsbereit und erfolgreich getestet werden konnte, bedankte sich der Angehörige der Quanaris. Er teilte dem Kaiser mit, dass der Wunsch seines Volkes nun erfüllt sei.

Das Sphärenportal konnte von Schirrack gesteuert werden. Einmal geöffnet, durfte es von beiden Seiten durchflogen werden. Der Weg zu der Zwillingswelt von Natrid stand offen. Das Energiewesen teilte dem Kaiser mit, dass dieses Sphären-Portal auch sinnvoll wäre, um die Bevölkerung des Planeten in Notfällen in Sicherheit zu bringen.«

Der Admiral überlegte.
Das seltsame Energiewesen aus den Erzählungen unseres Kaisers, schien Vertrauen in unsere Rasse gewonnen zu haben. Kurz vor seiner Abreise durch das Portal, erzählte es dem Kaiser weitere Einzelheiten über seine Rasse. Es teilte mit, dass sein Volk es trotz ihres hohen technischen Verständnisses leider versäumt hätte, eine eigene Raumschiffsflotte entwickeln. Sie konnten nicht für die eigene Verteidigung zu sorgen.«

Der Admiral schüttelte seinen Kopf.
»Das war sehr leichtsinnig«, erkannte er. »Jede Rasse muss für ihren eigenen Schutz sorgen. Trotz der vielen derzeit noch unergründlichen, aber technisch hochstehenden Entwicklungen dieser Species, konnten sie den Angriff der übermächtigen insektoiden Wesen

nicht vorhersehen. Er kam unerwartet und überraschend für die Rasse der Quanaris.«

Admiral Garxons Gedächtnis legte neue Erinnerungen frei.

»Quoltrin-Saar-Arel informierte mich ausführlich über alle Details, die ihm das Energiewesen mitgeteilt hatte«, erinnerte er sich. »Es erzählte ihm von einem verheerenden Angriff von unbekannten Wesen, welche angeblich einer göttlichen Bestimmung dienten. Das Energiewesen wusste jedoch nicht, was die wenigen Gefangenen dieser Rasse, die sie festsetzen konnten, mit der Bezeichnung ausdrücken wollten. Es teilte dem Kaiser mit, dass die gigantischen Raumschiffe dieser Aggressoren den Himmel über den Städten ihrer Welt verdunkelten. Die großen 5.000 Meter messenden Kriegsschiffe der Fremden hatten zahlreiche Beine ausgefahren, aus denen eine braune übelriechende Flüssigkeit ausgesondert wurde. Diese tropfte unaufhaltsam auf den Boden der Heimatwelt der Quanaris.

Der Kaiser erfuhr, dass die Flüssigkeit der fremden Species sehr aggressiv war. Sie vergiftete die Bevölkerung des Planeten und ließ den größten Teil der Quanaris qualvoll sterben. Nur wenige konnte sich in das

Hochgebirge retten und sich in tiefen Höhlen verstecken.«

Die Erinnerungen des Admirals stockten. Die Gedanken an die Ausrottung der Zivilisation einer ganzen Welt schockierten ihn. Er schluckte kurz.

»Das ist lange her«, erinnerte er sich. »Die Geschichte wurde Kaiser Quoltrin-Saar-Arel von dem einzigen Energiewesen erzählt, auf das er gestoßen war. Möglicherweise hat sich sie so gar nicht zugetragen?«

Weitere Erzählungen des Kaisers fluteten sein Gedächtnis.

»Als die Wesen der göttlichen Bestimmung erkannten, dass ihr abgesondertes Gift die Bevölkerung der Quanaris dahinraffte, befahlen sie die Landung ihrer schweren Raumschiffe auf dem Planeten«, erinnerte sich der Admiral. »Schwarz und unüberwindbar senkten sich ihre Schiffe auf den Boden. Tief bohrten sich ihre Landestelzen in den weichen Untergrund des Planeten. Aus Städten waren laute Angst- und Schmerzensschreie zu hören. Sie stammten von den sich in Todeskrämpfen wälzenden Angehörigen der Quanaris.

Noch hofften sie auf ein Erbarmen der Fremden. Doch diese sandten keine Hilfe. Sie sahen dem Sterben der Bevölkerung mitleidlos zu. Nach geraumer Zeit fuhren die spinnenartigen Raumschiffe ihre Waffentürme aus und feuerten auf alle Hochhäuser, Gebäude und Industriekomplexe der Welt, bis diese alle dem Erdboden gleichgemacht waren. Unzählige herabstürzende Trümmer der Gebäude begruben die sterbenden Bewohner unter sich und beendeten schlagartig ihre Schreie.

Die feuerspeienden Raumschiffe blieben sieben Tage am Boden, bis ihre Arbeit vollendet war und kein Leben mehr auf dem Planeten zu registrieren war. Das dachten zumindest die Befehlshaber der spinnenartigen Schiffe, als sie den Planeten verließen. Angstvoll harrten wenige Überlebende der Quanaris in den tiefen Höhlen der Hochgebirge aus. Erst als die spinnenartigen Raumschiffe bereits einige Tage abgezogen waren, trauten sie sich wieder an das Tageslicht. «

Der Admiral ließ eine kurze Pause vergehen.
»Der Bericht des Kaisers endete hier«, überlegte er. »Er versprach dem Energiewesen, über seine Welt zu wachen und sie vor der Rückkehr der spinnenartigen Raumschiffe zu schützen. «

Das Wesen dankte und versicherte ihm, dass es das letzte Wesen seiner Rasse auf diesem Planeten wäre. Man müsste es nicht fürchten. Es bliebe, um die Aktivitäten der natradischen Kolonie zu beobachten und dem Kaiser Zugriff auf die technischen Errungenschaften seiner Rasse zu gewähren. Quoltrin-Saar-Arel hatte nichts dagegen einzuwenden und zeigte sich einverstanden. Der Aufbau der Kolonie wurde schnell in Angriff genommen.

Unzählige Raumschiffe mit ausgewählten Wissenschaftlern, Technikern und Arbeitsrobotern durchflogen die Sphäre und landeten auf dem Planeten. Vorgefertigte Module als Unterkünfte für das Personal, Versorgungseinrichtungen, Anlagen zur Energie- und Wasserversorgung, wurden aufgebaut und sicherten den Kolonisten ein bescheidenes Leben. Der Sorganis zeigte den Wissenschaftlern die technischen Hinterlassenschaften seines Volkes. Die Kolonisten lernten und verstanden schnell. Immer wieder erinnerte das Energiewesen den Kaiser an sein Versprechen, für den Schutz des Planeten zu sorgen. «

Admiral Garxon ließ eine kleine Pause vergehen.
»Leider kam es dann doch anders als es abgesprochen war«, erinnerte er sich. »Kaiser Quoltrin-Saar-Arel konnte seine Zusage nicht einlösen, da sich scheinbar ein anderes

Problem für das natradische Kaiser-Imperium entwickelte, das all seine Kraft beanspruchte.«

Admiral Garxon dachte nochmals intensiv nach.
»Das Energiewesen warnte den Kaiser noch vor etwas?«, überlegte er.» Was war das noch? «

Jetzt fiel es ihm wieder ein.
»Das Wesen teilte mit, dass die fremden Aggressoren jeden Planeten mit humanoiden Lebensformen nur einmal säubern würden«, erinnerte er sich. »In der Regel kehrten sie nach einem erfolgreichen Angriff nicht mehr zurück. Doch es gab einen Haken hierbei. Auf jedem der gesäuberten Planeten ließen sie ihre gezüchteten Parasiten abregnen. Diese verharrten in einer Art Winterschlaf, bis sie humanoide DNA witterten. Erst dann wurden sie aktiv. Heimlich schlichen sie sich an besagte Lebewesen heran und infizierten sie. Für die betroffenen Personen sah es aus, wie ein unbedeutender Insektenstich.

Doch erst einmal in dem Körper eines Lebewesens eingedrungen, suchte sich dieser Parasit einen Weg zu dem Gehirnstamm der Lebensform. Dort nistete er sich ein und wuchs überdimensional. Wenn er das entsprechende Alter erreicht hatte, übernahm er die Steuerung des Körpers. Das infizierte Wesen konnte nichts hiergegen tun. Es war dem Kind der Aggressoren hilflos ausgeliefert. Die Energiegestalt warnte den Kaiser vor diesen Parasiten. Es könnte nicht ausschließen, dass trotz einer globalen Säuberung immer noch einige von ihnen existierten, die in einem Winterschlaf auf ihre Opfer warteten.«

Der Admiral dachte nach.
»Quoltrin-Saar-Arel winkte ab und teilte mir mit, dass er keine Angst vor Insekten hätte«, erinnerte er sich. »Immer wieder betrat er ungeschützt den Zwillingsplaneten von Natrid, auf dem sein Personal begeistert mit dem Aufbau der Kolonie beschäftigt war. Doch als er Wochen später überhastet aufbrach und seine Flotte zurück nach Natrid beorderte, fragte ich nach den Gründen. Obwohl ich selbst ein Experiment des Kaisers war, antwortete er nicht auf meine Frage. Vielmehr registrierte ich plötzlich eine schwarze Farbe in seinen Augen und einen immensen Hass, den er mir als Befehlshaber der Station entgegenbrachte. Ich erinnerte ihn an sein Versprechen, dass er dem Energiewesen gegebenen hat. Doch er wollte nichts mehr hiervon wissen. Das war das letzte Mal, dass ich den Kaiser gesehen habe.«

Außerhalb der gelben Energieanomalie

Major Travis saß in dem Kommandosessel der Termar 1 und wartete auf die Rückkehr der Spähdrohnen. Commander Brenzby, Sirin und Heinze standen neben ihm.

»Wie lange müssen wir noch warten?«, fragte der Major. » Wir brauchen dringend weitere Informationen.«

»Die Drohnen waren darauf programmiert, Aufnahmen von allen Planeten des inneren Systems zu machen«, antwortete der Commander. »Die Flugzeit wird sich entsprechend erhöhen. Die Aufklärer der Forschungsflotte waren nur kurz in das System eingedrungen und sofort wieder zurückgekehrt.«

Der Major verzog sein Gesicht. Die Unruhe war ihm anzusehen. Seine Augen suchten Sergeant Dantow.

»Erhalten wir Ortungsdaten?«, erkundigte er sich.
Der Ortungsoffizier blickte auf seine Instrumente und nahm mehre Feineinstellungen vor.

»Meine Instrumente geben nur Verzerrungen wieder«, antwortete er. »Ich kann machen, was ich will. Die Energieblase blockiert alle Datenimpulse aus dem Inneren. Leider kann ich ihnen nichts Neues mitteilen.«

»Eingehender Hyperkomm-Funkspruch von dem Flaggschiff von Admiral Tarin«, meldete Sergeant Farmer.

»Stellen sie auf die Lautsprecher«, erwiderte der Major.

Er griff nach dem Mikrofon, das vor ihm in seiner Konsole hing.

»Hier ist Major Travis, sprach er hinein.

»Admiral Tarin spricht«, tönte es aus den Lautsprechern. »Wir erhalten keine Ortungsdaten aus dem Inneren der Blase. »Haben sie Hinweise von den Drohnen erhalten? «

»Noch nicht«, antwortete der Major. » Sie befinden sich auf dem Rückflug. Ich rechne jeden Moment mit ihrem Erscheinen. «

»So etwas habe ich auch noch nicht gesehen«, sagte Admiral Tarin. »Falls Kaiser Quoltrin-Saar-Arel hierfür verantwortlich ist, dann muss er sich einer fremden Technik bedient haben. Natradische Wissenschaftler hätten diese Energieanomalie nicht erzeugen können. «

»Möglicherweise handelt es sich um ein seltenes, aber natürliches Phänomen«, konterte der Major. »Ich habe mich mit unseren Wissenschaftlern unterhalten. Es ist möglich, dass in der inneren Energieblase starke Magnetstürme existieren, welche die Plasmaeruptionen der großen Sonne an den Rand des Sternensystems werfen. Scheinbar bündelt sich dort die Energie zu einem gigantischen Kraftfeld. Es ist nur eine These, doch ausschließen können wir es nicht.«

»Was es nicht alles gibt«, antwortete Admiral Tarin. »Ich bin kein Wissenschaftler. Eines weiß ich jedoch genau. Hier hat jemand die Weichen für diese Blase gestellt. Ich kann mir nicht vorstellen, dass alles einen natürlichen Ursprung haben soll.«

»Warten wir die Rückkehr der Drohnen ab«, antwortete Major Travis. »Dann werden wir hoffentlich neue Informationen erhalten.«

»Halten sie uns bitte auf dem Laufenden«, verabschiedete sich der Admiral. »Wir bleiben in Bereitschaft.«

»Danke«, antwortete der Major.
Er beendete die Verbindung.

»Ich registriere die Öffnung eines Wurmloches«, teilte Sergeant Dantow mit. »Der Abstand zu unserer Flotte beträgt 5.000 Kilometer.«

»Auf den Schirm legen«, befahl der Major.

Die KI des Schiffes reagierte sofort. Die Sensoren änderten ihre Blickrichtung und erfassten den Aufbau des Wurmloches. Der künstliche Horizont stabilisierte sich. Sekunden später trat das Evolutionsschiff von Heran aus dem Portal aus.

»Das Schiff konnte identifiziert werden«, meldete die KI. »Es handelt sich um ein lantranisches Evolutionsschiff. «

»Wir werden gerufen«, bemerkte Sergeant Farmer. »Heran meldet sich. «

»Verbinden sie mit mir«, befahl der Major.

Er setzte sich das Headset auf und wartete, bis sich die Verbindung aufbaute.

»Hier spricht Heran«, hörte der Major Travis die Stimme seines Freundes. »Was gibt es wieder Dringendes? «

»Hier ist Major Travis«, antwortete er. »Schön, dass du so schnell kommen konntest. Wir brauchen deine Hilfe. Lege bitte mit seinem Schiff an der Termar 1 an und komme direkt auf die Brücke. «

»Verstanden«, antwortete Heran. »Ich bereite das Andocken vor. Wir sehen uns gleich.«

»Danke«, antwortete der Major.

Der blickte Sergeant Madson an.
»Informieren sie den Hangar, dass wir Besuch bekommen«, befahl er. »Die Crew soll den Druckausgleich kontrollieren.«

»Zu Befehl«, erwiderte der Chefingenieur.

Als das Evolutionsschiff aus dem Wurmloch austrat, ertönten schrille Warnsignale.

»Achtung, ich registriere eine Energie-Anomalie in 10.000 Kilometern Abstand«, teilte die Hypertronic-KI mit.

»Bildschirm aktivieren«, sagte Heran. »Nehme bitte eine Analyse der Anomalie vor.«

»Das habe ich bereits, Gebieter«, erwiderte die KI. »Es handelt sich um eine weitflächige Energieblase, die kontinuierlich mit schwerem Sonnenplasma gespeist wird. Vermutlich existieren in dem inneren der Blase starke Magnetstürme, die das Plasma von großen instabilen Sonnen transportieren.«

»Kann die Anomalie künstlichen Ursprungs sein?«, fragte er.

»Das kann nicht ausgeschlossen werden«, bestätigte die KI. »Doch für diesen Prozess sind umfassende Kenntnisse erforderlich, die das Verständnis junger Species überfordern.«

»Kannst du einen Scan des inneren Bereiches der Blase vornehmen?«, fragte Heran.

»Ich messe starke Störfrequenzen und Verzerrungen«, teilte die KI mit. »Ein Scan ist von diesem Standort nicht möglich. Ich empfehle näher an die Anomalie heranzufliegen.«

»Das machen wir später«, befahl Heran. »Öffne mir eine Hyperkomm-Funkverbindung zu der Termar 1. Ich möchte Major Travis kontaktieren.«

»Die Verbindung öffnet sich, Gebieter«, antwortete die KI.

Heran griff nach dem Communicator.

Das Knistern ebbte ab.

»Hier spricht Heran«, sprach er in das Gerät. »Was gibt es wieder Dringendes? «

»Hier ist Major Travis«, hörte er die Stimme seines terranischen Freundes. »Schön, dass du so schnell kommen konntest. Wir brauchen deine Hilfe. Lege bitte mit deinem Schiff an der Termar 1 an und komme direkt auf die Brücke. «

»Verstanden«, antwortete Heran. »Ich bereite das Andocken vor. Wir sehen uns gleich. «

»KI«, befahl Heran. »Leichter Schub voraus und an die Termar 1 ankoppeln. «

Die lantranische Hypertronic-KI bestätigte den Befehl. Langsam näherte sich Heran's Schiff der natradischen Flotte.

Die hochentwickelte KI des lantranischen Schiffes hatte die Navigation übernommen. Sicher flog sie eine Kurve und legte das Evolutionsschiff präzise an der Termar 1 an. Halteklammern rasteten ein und verbanden die beiden Schiffe. Der Verbindungsrüssel der Termar 1 setzte auf dem Evolutionsschiff auf und verankerte sich.

Heran nickte.
»Gut gemacht«, sagte er. »Stelle bitte den Druckausgleich her.«

»Die Verbindung zu dem natradischen Schiff wurde erfolgreich hergestellt«, antwortete sie. »Der Druck wurde angeglichen.«

Heran stand auf.
»Sicherheitsfunktionen aktivieren«, befahl er. »Ich komme bald zurück.«

»Verstanden, Gebieter«, hauchte die KI ihm zu.

Heran blickte genervt auf die blinkende Hypertronic-Einheit seines Schiffes.

»Ich hatte doch das Sprachzentrum der KI geändert«, wunderte er sich. »Warum spricht sie mich wieder mit Gebieter an?«

Er überlegte einen Augenblick.
»Das klären wir später«, dachte Heran und schritt durch das Schott in den Hangar des Schiffes. Er blickte kurz auf die Anzeige des Personenschotts und sah die Aussage der KI bestätigt. Die Anzeige des Barometers lag in dem

grünen Bereich. Heran öffnete das Schott und ging durch den ausgefahrenen Verbindungstunnel in der Termar 1.

Sergeant Konza, der Chief Master Sergeant des Wartungsdienstes, begrüßte ihn.

»Willkommen«, sprach er Heran an. »Sie werden von Major Travis erwartet. Darf ich sie auf die Brücke begleiten?«

»Nicht nötig«, lächelte Heran. »Ich kenne den Weg. Sie haben sicherlich noch andere Aufgaben zu erledigen.«

»Das stimmt«, antwortete der Sergeant. »Nehmen sie außerhalb des Hangars bitte den ersten Lift. Dieser bringt sie direkt auf die Brücke.«

»Danke«, erwiderte Heran.
Er drehte sich ab und schritt auf den Ausgang des Hangars zu.

Kurze Zeit später betrat der Lantraner die Brücke des Schiffes. Er nickte den Offizieren zu und ging auf Major Travis zu. Nachdem er Sirin, Commander Brenzby, Heinze und den Major begrüßt hatte, wurde sein Gesicht ernst.

»Ich werde auf Centros bereits als Terraner bezeichnet«, schmunzelte er. »Aus dem Grund, weil ich mich so oft bei euch aufhalte.«

»Wird das zu einem Problem?«, erkundigte sich Major Travis.

Heran schüttelte seinen Kopf.
»Das nicht, doch wir haben seit kurzem ein anderes Problem«, erwiderte er. »Es scheinen sich Worgass oder getarnte Infiltranten auf unserer Welt aufzuhalten. Wir haben sie noch nicht ermitteln können. Es ist gut möglich, dass es auch Auguren sind. Sie wollen unsere jungen Leute mit virtuellen Spielen manipulieren. Jedenfalls verlieren wir immer mehr Personal. Unsere Flottenverbände, Werften und Produktionsstätten laufen nur noch auf halber Kapazität. Ich würde dich gerne bitten, uns zu unterstützen. Vielleicht kann Heinze etwas herausbekommen. Er könnte eine große Hilfe für uns sein.«

»Was sind Auguren?«, fragte der Major.

Heran blickte ihn an.
»In meinen Augen nichts anderes als falsche Prediger«, antwortete Heran. »Sie treten als Seher und Propheten auf. Ihre Weissagungen handeln von dem Untergang

unserer Rasse, falls nicht ein Umdenken in unserer Gesellschaft erfolgt. Auf allen Welten unseres Hoheitsgebietes ist das gleiche festzustellen. Als ob sich die Auguren abgesprochen hätten. Leider konzentrieren sich die Prediger auf unsere Regierungswelt Centros. Vor meinem Abflug habe ich mit Aritron, Thoran, Tyran und Brontan gesprochen. Sie waren schwer zu überzeugen und wollten mir meine Vermutungen nicht glauben. Du weißt, dass ich die kleinsten Veränderungen spüren kann. Jetzt werden Sondereinheiten gebildet, die nach den Infiltranten suchen.«

»Das ist doch schon einmal ein Erfolg«, antwortete Major Travis. »Natürlich unterstützen wir dich. Vorausgesetzt wir dürfen auf Centros landen?«

»Den letzten Weg werden wir mit meinem Schiff fliegen müssen«, erklärte Heran. »Ich weiß nicht, ob die Termar 1 den Sprung in das schwarze Loch präzise genug durchführen kann.«

»Das denke ich doch«, lächelte der Major »Die Termar 1 ist ein gutes Schiff.«

»So meinte ich das nicht«, entschuldigte sich Heran. »Meine KI besitzt die optimalen Sprungdaten. Hierbei geht nichts schief.«

»Ich verstehe«, entgegnete der Major. »Es macht keinen Unterschied, ob wir mit deinem Schiff, oder mit meinem fliegen.«

»Warum hast du mich gerufen?«, fragte Heran.

»Du hast es sicherlich auf deinem Ortungsschirm bereits gesehen«, fragte der Major.

»Du meinst die Anomalie vor uns?«, erkundigte sich der Lantraner.

»Ganz genau«, antwortete der Major. »Barenseigs konnte geheime Archive von Kaiser Quoltrin-Saar-Arel finden. Er glich die Daten mit der Hypertonic-KI von Natrid ab und stellte erstaunlicherweise fest, dass sie über keine Daten dieser Anomalie verfügte.«

»Hat der Kaiser wieder eine geheime Station bauen lassen?«, lachte Heran.

»Es sieht fast danach aus«, entgegnete Major Travis ernst. »Der Gildor hat Kostenabrechnungen zahlreicher Flüge zu diesen Koordinaten gefunden, hierzu gehören auch Materialtransporte, der längere Einsatz von Wissenschaftlern und eine größere Aufenthaltsdauer von ausgebildeten Stationspersonal und Kampfsoldaten. Alle Hinweise enden vor dieser Anomalie.«

Heran blickte den Major an.
»Meine Hypertronic-KI hat das Energiegebilde gescannt«, erklärte der Lantraner. »Sie besteht aus schwerem hoch energetischen Sonnenplasma. Es muss eine instabile Sonne in dem inneren der Energieanomalie existieren, die ständig Energiewolken abstößt. Durch starke Magnetstürme wird dieses Plasma weiter transportiert und baut sich auf einer entfernten Linie zu dieser Energieblase auf.

Eine andere Möglichkeit sehe ich nicht. Es sei denn, sie wird künstlich mit Energie versorgt. Leider konnten meine Sensoren die Energieblase noch nicht durchdringen. Dafür müsste mein Schiff dichter an die Anomalie fliegen. Meine KI kann noch nicht erkennen, was sich innerhalb der Blase befindet.«

»Das gleiche haben mir meine Wissenschaftler auch mitgeteilt«, antwortet Major Travis. »Wir haben zehn bewaffnete Aufklärungs-Drohnen ausgeschleust. Sie wurden mit euren lantranischen Schutzschirmen ausgestattet, die Schirmfelder auf die kleinsten Leistungsstufen eingestellt. Sie konnten unbeschadet in die Blase einfliegen.«

»Verstehe«, antwortete Heran. »Das hätte ich nicht gedacht. Die Hitzestrahlungen solcher Anomalien können unberechenbar sein. Scheinbar verliert das Sonnenplasma aufgrund der großen Ausdehnung der Anomalie an Kraft. Je kleiner eine Energieblase ist, je intensiver ist ihre Energieblase. Ohne einen leistungsstarken Schirm ist das Durchfliegen nicht möglich.«

»Eine unserer Drohnen ist zurückgekehrt«, teilte Sergeant Dantow irritiert mit.

»Nur eine von zehn Drohnen?«, fragte Travis nach.

Der Ortungsoffizier blickte nochmals auf seine Instrumente.

»Das ist korrekt«, antwortete er. »Lediglich eine Drohne hat den Rückweg geschafft.«

»Commander Brenzby«, befahl der Major. »Ich brauche den Speicherkristall der Drohne unverzüglich auf der Brücke. Würden sie in den Hangar gehen und diesen für uns holen?«

Der Commander nickte.

»Ich kümmere mich um den Speicher«, erwiderte er. Eiligst verließ er die Brücke.

Der Major blickte Sirin, Heinze und Heran an.
»Das innere System ist doch nicht so harmlos, wie wir angenommen haben«, bemerkte Major Travis. »Irgendetwas hat dafür gesorgt, dass unsere restlichen Drohnen keine Aufzeichnungen übergeben können.«

»Die Drohne ist soeben in den Hangar unseres Schiffes geflogen«, meldete Sergeant Dantow.

Commander Brenzby wartete im Hangar, bis sich das Hangarschott der Termar 1 geschlossen hatte. Dann schritt er mit einem Wartungstechniker auf die Drohne zu. Der Wartungsmonteur öffnete seitlich der Drohne eine Klappe und entnahm den Speicherkristall. Er reichte diesen an den Commander weiter.

»Hierauf sind alle Aufzeichnungen der Drohnen gespeichert«, sagte er. »Ich hoffe, sie können neue Erkenntnisse gewinnen?«

»Danke«, antwortete der Commander. »Ich gehe zurück auf die Brücke. Major Travis wartete auf die Daten.«

Der Commander drehte sich ab und eilte aus dem Hangar dem nächsten Turbolift entgegen.

Major Travis hatte sich in der Zwischenzeit die weiteren Informationen von Heran angehört. Es schien so, dass erstmals nach langer Zeit der Planet der Lantraner wieder in das Blickfeld einer fremden Rasse geraten war. Noch wusste die Führung der alten Rasse nicht, wer dahintersteckte. Doch der Major war sich sicher, dass Aritron und seine Führungsoffiziere das herausbekommen würden.

Das Schott der Brücke öffnete sich. Commander Brenzby trat ein und ging auf den Major zu.

»Ich habe den Speicherkristall«, sagte er. »Ich lege ihn in die Aufnahme der Hypertronic-KI ein.«

»Danke«, antwortete Major Travis.

Er blickte den Funkoffizier des Schiffes an.
»Sergeant Farmer«, sagte er. »Stellen sie bitte eine Flotten-Konferenzschaltung her. Ich möchte Admiral Tarin, Captain Groover und Professor Braunfels gleichzeitig über unsere Aufklärung informieren.«

»Die Konferenzschaltung wird hergestellt«, antwortete der Funkoffizier.

Der Major wartete, bis auf kleinen Monitoren die Gesichter der Gesprächspartner zu sehen waren.

»Admiral Tarin, Captain Groover und Professor Braunfels«, sagte der Major. »Ich begrüße sie. Wir haben jetzt die Aufzeichnungen unserer Drohne ausgewertet. Wie sie auf ihren Ortungsgeräten erkannt haben, ist nur eine von zehn Drohnen unseres Schiffes zurückgekehrt. Ich möchte ihnen die Daten nicht vorenthalten.«

»Da bin ich aber gespannt, mit was wir es zu tun bekommen«, erwiderte der Admiral.

»Ich bin ein Experte für Altertumsforschung und für ausgefallene Artefakte«, bemerkte Professor Braunfels. »Aus diesem Grunde habe ich Professor Sayjan gebeten, an diesem Gespräch teilzunehmen. Er ist ein Experte für jegliche Arten der Energieaufbereitungen, für Antriebe von Raumschiffen und der Waffentechnik. Er wurde für diese Mission meinem Team unterstellt. Er gehört zu der wissenschaftlichen Gruppe von Professor Augenzell.«

»Ich habe nichts dagegen«, bestätigte Major Travis. »Jede Meinung ist wichtig für uns.«

Der Major wendete seinen Blick von den Bildschirmen der Konferenzschaltung ab.

»KI«, befahl er. »Die Aufzeichnungen der Drohne abspielen und auf den zentralen Bildschirm legen.«

»Die Daten werden konvertiert«, antwortete die Hypertronic-KI des Schiffes. »Die Aufzeichnung startet und wird gleichzeitig auf die Schiffe der beteiligten Konferenz überspielt.«

Gespannt blickten die Offiziere der Brücke auf den Schirm. Sie sahen, wie sich die 10 Drohnen der großen Energieanomalie näherten. Die unbemannten Aufklärer reduzierten ihre Geschwindigkeit. Dann stießen sie in die Blase vor.

Die Crew der Termar 1 jubelte, als sie Flugobjekte das gelbliche Energiefeld durchquert hatten. Jetzt beeinträchtigte nichts mehr den Blick auf das Innere der Energieblase.

Die Personen erkannten 16 unterschiedlich große Planeten, die sich um eine übergroße Sonne drehten. Diese stieß in schnellen Abständen starke Plasma-Eruptionen ins All. Major Travis sah, wie diese

Plasmawolken sich auf unterschiedlichen Flugbahnen vereinten und an den Rand des Sternensystems getrieben wurden. Dort kollidierten sie mit der systemumspannenden Energieblase. Blitze und Entladungen waren an der Blase zu registrieren, als die zahlreichen Plasmawolken in ihr aufgingen.

»Da haben wir die Erklärung«, bemerkte Heran. »Hier im Inneren existieren starke Gravitations- und Magnetstürme. Diese leiten die abgesonderten Plasmawolken zu der Anomalie und speisen sie mit neuer Energie. Ich gehe davon aus, dass wir es hier mit einem seltenen, aber natürlichen Phänomen zu tun haben. Ich kann mir nicht vorstellen, dass jemand diesen Aufwand betreibt, nur um künstliche Gravitations- und Magnetstürme zu erzeugen. Für eine technisch weit fortgeschrittene Rasse wäre es möglich.«

»Würdet ihr so etwas hinbekommen?«, fragte Major Travis.

Heran lächelte ihn an.
»Falls unsere Wissenschaftler von unserer Hohen-Empore einen entsprechenden Auftrag erhalten würden, wüssten sie was zu tun wäre«, antwortete Heran. »Hierzu müsste Energie aus dem Zwischenraum gezapft werden.«

»So wie es die Adramelech gemacht haben?«, erkundigte sich der Major.

Heran nickte bestätigend.
»Ungefähr so«, antwortete der Lantraner. »Ich bin mir jedoch nicht sicher, ob diese Species erst am Anfang ihrer Forschungen stand. Sie konnte zwar die blaue Energie aus dem Zwischenraum ernten, komprimieren und aufbereiten, doch mehr vermutlich nicht. Um diese Gravitations- und Magnetstürme zu erzeugen, ist viel mehr Wissen notwendig. Wir sollten auch nicht die Zierrakies unberücksichtigt lassen. Wir haben gesehen, dass ihr Kaiser mit der Energie aus dem Zwischenraum seinen ganzen Planeten in eine andere Dimension versetzen konnte. Gehe ich Recht in der Annahme, dass wir immer noch nicht wissen, wohin er geflüchtet ist?«

»Das entspricht den Tatsachen«, antwortete der Major »Seit seiner Flucht haben wir nichts mehr von ihm gehört. Möglicherweise ist der Planet Zierraky während dieses Manövers vernichtet worden?«

»Davon sollten wir nicht ausgehen«, lächelte Heran. »Der zierrakische Kaiser wird seine Technik sicherlich vorher mehrmals getestet haben.«

Sie blickten wieder auf die Aufzeichnungen der Drohne. Diese flogen an den ersten Planeten vorbei. Die Tiefenaufnahmen zeigten eine brodelnde heiße Oberfläche auf den Planeten an. Der Boden war in Bewegung. Wellen von heißem Magma wurden hin und her geschaukelt.

Die Drohnen beschleunigten ihre Geschwindigkeit. Sie flogen an vier Planeten vorbei, die in der habitablen Zone des Systems lagen. Einer von ihnen war eine Wüstenwelt. Die Aufnahmen zeigten versandete Kontinente, ohne jegliche Vegetation. Der Planet schien sehr heiß zu sein. Tiefe trockene Flussläufe waren zu erkennen. Doch es schien auf dieser Welt kaum Regen zu fallen. Der zweite Planet war eine große blaue Wasserwelt. Er besaß den dreifachen Durchmesser, wie die Erde im Sol-System. Seine Oberfläche bestand zu 95 Prozent aus Wasser. Nur wenige Landflächen in Form von kleinen Inseln und Atollen konnten von den Drohnen aufgezeichnet werden.

Gespannt schauten die Offiziere der Brücke auf die Bilder. Sie waren so gegensätzlich zueinander. Die nächste Welt war ein zerklüfteter Felsenplanet. Die Tiefenaufnahmen der Drohnen zeigten spitze Felsformationen, die teilweise mit Eisschichten bedeckt waren. Die Bilder vermittelten tiefe Täler, in denen Kondenswasser zahlreiche Seen gebildet hatten. Der vierte Planet in der habitablen Zone war ein junger urweltlicher Dschungelplanet. Er zeigt sich in einer grünen Farbe. Erst die Tiefenaufnahmen vermittelten eine Vielzahl von unterschiedlichen Vogelarten, die über die unendlichen Wälder flogen.

Die Drohnen beschleunigten erneut und zogen an den nachfolgenden Planeten vorbei. Diese bewegten sich in einer Umlaufbahn um die mittelgroße Sonne, in der die wärmenden Strahlen keine Wirkung mehr zeigten. Diese Welten waren einheitlich mit einer Eiskruste bedeckt.

»Der Planet Schirrack konnte von den Sonden nicht identifiziert werden«, ärgerte sich Barenseigs. »Es wurden keine Auffälligkeiten registriert.«

»Warten wir den Rückflug der Drohnen ab«, konterte der Major. »Jemand muss unsere Drohnen angegriffen haben. Nur eine ist zurückgekehrt.«

Er blickte den Gildor an.
»Wollten sie nicht den Protokoll-Roboter Jahol-Sin befragen?«, erkundigte er sich.

Barenseigs nickte.
»Meine Mitarbeiter bereiten die Abfrage vor«, antwortete er. »Ich möchte mir kurz die Aufzeichnungen der Drohne ansehen.«

»Einverstanden«, antwortete der Major. »Danach versuchen sie bitte an weitere Informationen des Protokollroboters zu kommen.«

»Keine Sorge«, lächelte Barenseigs. »Jahol-Sin wird uns unterstützen.«

Die Offiziere der Brücke sahen, wie die Drohnen das Ende des Sternensystems erreicht hatten. Sie flogen eine Schleife und wählten die gleiche Flugbahn für ihren Rückflug, den sie bereits bei ihrem Vorbeiflug an den Planeten eingeschlagen hatten. In einer Linienformation zogen die Drohnen an den Planeten vorbei. Die Aufnahmen ähnelten denen des Hinfluges. Als die Drohnen die vier Planeten in der habitablen Zone erreicht hatten, wurden plötzlich rote Alarmsignale in der Aufzeichnung sichtbar. Diese wiesen auf eine Gefahr hin. Die voraus fliegende Drohne aktivierte ihre rückwärtigen Sensoren.

Die Bilder der Aufzeichnungen erfassten die nachfolgenden Aufklärungsdrohnen. Grelle Lasersalven blitzten durch das All. Die Bildsequenzen der voraus fliegenden Drohne verdeutlichten, wie vier der nachfolgenden Aufklärer in grellen Explosionen auseinandergerissen wurden. Schnell änderte die Drohne ihren Blickwinkel und erfasste den dritten Planeten in der habitablen Zone. Mächtige Energiesalven wurden von ihm in den Weltraum abgestrahlt. Die gezielten Laserstrahlen trafen weitere fünf nachfolgende Drohnen. Auch sie explodierten in einer grellen Energieverpuffung.

Die Offiziere auf der Termar 1 erkannten, wie die letzte Drohne blitzschnell reagierte. Noch während des Abschusses weiterer Lasersalven änderte sie ihren Kurs. Die Drohne flog mehrere Ausweichmanöver. Sie schlug Haken und manövrierte einen Zickzackkurs, der als Notfluchtkurs von der Hypertronic der Drohne befohlen wurde. Die Lasersalven des dritten Planeten in der habitablen Zone gingen ins Leere. Alle nachfolgenden Laserstrahlen der Boden-Abwehrgeschütze verpufften erfolglos im dunklen All.

Der Notfallkurs der Drohne zahlte sich aus. Schnell hatte sie sich aus der Reichweite der Laser-Geschütze katapultiert. Trotzdem wählte die Drohne einen neuen Kurs. Der Abstand zu den Planeten war für einen Laserbeschuss zu groß geworden. Die kleine Hypertronic der Drohne wusste, dass sie ihre Aufnahmen sicher an Bord der Termar 1 bringen musste. Sie durchquerte problemlos die Energiewand der Blase und beschleunigte, auf die wartende Flotte des Neuen-Imperiums zu. Die Aufzeichnung endete.

»Interessant«, bemerkte Admiral Tarin. »Es wäre gut, wenn sie Nahaufnahmen aufbereiten könnten?«

»Warten sie einen Augenblick«, erwiderte der Major.

Er blickte Barenseigs an.
»Da haben sie den gesuchten Planeten Schirrack«, bemerkte er. »Das waren eindeutig schwere Abwehrtürme natradischer Herstellung. Wir haben Glück gehabt, dass eine Drohne unbeschadet den Rückflug geschafft hat.«

»Können wir den Planeten nochmals sehen?«, fragte Barenseigs. »Ich habe mich zu sehr auf die Lasersalven konzentriert und nichts von dem Abschussort sehen können?«

Major Travis nickte.
»KI«, befahl er. »Die Aufnahmen des dritten Planeten aufbereiten. Analysiere die Tiefenaufnahmen der Drohne. Wir benötigen Bodenaufnahmen, die den Standort der Abwehrgeschütze zeigen?«

»Die Bildaufzeichnungen werden analysiert und aufbereitet«, erwiderte die Hypertronic-KI des Schiffes monoton.

Gespannt blickten die Offiziere auf vergrößerten Aufnahmen der Drohne. Das Bild des dritten Planeten wurde herangezogen. Die Bildqualität verschlechterte sich bei jeder grellen Lasersalve, die an der Drohne vorbei zischte.

Der Planet wurde größer und klarer. Er vermittelte den Eindruck einer Welt aus zerklüfteten Felsen. Dann sahen die Offiziere auf den Bergspitzen und Bergrücken zahlreiche feuernde Geschütze stehen. Sie waren um einen langgezogenen Canyon angeordnet. Das Bild wurde schärfer. In dem tiefen Tal lag eine mächtige Industriezone. Die Stadt schien verlassen zu sein. Es war kein Leben mehr in ihr festzustellen. Lediglich die verlassenen Gebäude, Hochhäuser und Produktionshallen, wiesen auf die natradische Architektur der kaiserlichen Hochkultur hin. Im Zentrum der Stadt wuchs ein hoher, nach oben spitz zulaufender Turm in den Himmel, vergleichbar mit einem gigantischen Abstrahlturm. Vor der Stadt lag eine künstlich angelegte Fläche, die mit Wasser gefüllt war. Vermutlich diente diese Freifläche früher als Raumhafen für landende Schiffe.

Heran war beeindruckt.

»Das ist ein gewaltiger Komplex, sagte er.«»Warum hat ihr Kaiser in dieses System so viele Credits investiert?«

»Das wollen wir klären«, antwortete Barenseigs. »Der großen Hypertronic-KI von Natrid sind keine Informationen über diese Anlage bekannt. Kaiser Quoltrin-Saar-Arel hat wieder einmal für eine absolute Geheimhaltung gesorgt.«

»Ich verstehe«, erwiderte Heran. »Dann haben wir erneut eine Geheimstation vor uns?«

»Davon können wir ausgehen«, lächelte Sirin. »Mein Onkel war in dieser Richtung ein Eigenbrötler. Warum er diese imperialen Projekte vor seinem Führungsstab verheimlichte, entzieht sich meinen Kenntnissen. Sicherlich hat er sich auf einer dieser geheimen Missionen auch mit dem Parasiten der Arthropoden infiziert.«

»Das bedeutet, dass er irgendwo auf diese insektoide Species getroffen sein muss«, bemerkte Major Travis.

»Das ist nicht gesagt«, konterte Heran. »Es ist gut möglich, dass er eine Welt betreten hat, die in früheren Zeiten einmal von den Arthropoden besucht wurde. Uns ist bekannt, dass sie ihre Kinder, so bezeichneten sie die in ihren Laboren gezüchteten Parasiten, einfach nur zurückgelassen haben. Unsere Wissenschaftler konnten ermitteln, dass diese Wesen in einen Winterschlaf verfallen. So können sie eine lange Zeit überdauern. Sie sterben nicht ab.

Sobald sie irgendeine Lebensform wittern, erwachen sie und greifen an. Bevor sie einen Wirt gefunden haben, sind sie nicht größer als die Zecken auf Tarid. Erst wenn sie in den Körper einer Lebensform eingedrungen sind, wachsen sie und gedeihen. Wenn sie ausgereift sind, greifen ihre Tentakel nach dem Gehirnstamm der durch sie infizierten Körper. Sie verbinden sich mit ihm und übernehmen die Kontrolle über die betreffende Person. Wie wir bereits wissen, lassen sich diese Parasiten nicht chirurgisch entfernen. Alle bisher durchgeführten Versuche endeten mit dem Tode des Patienten.«

Sirin schüttelte sich.
»Das ist eine ekelige Geschichte«, sagte sie. »Ich möchte in keinem Fall von so einem Wesen infiziert werden. Lieber wähle ich den Freitod. «

»So weit wird es nicht kommen«, erwiderte Major Travis.

Er blickte Heran an.
»Gibt es einen Schutz gegen diese Parasiten? «, erkundigte er sich.

Heran überlegte kurz.

»Es gibt kein Abwehrmittel, so wie mir bekannt ist«, antwortete er. »Leider habe ich unsere Wissenschaftler eine lange Zeit nicht mehr zu diesem Thema befragt. Es ist möglich, dass sie in der Zwischenzeit eine Möglichkeit gefunden haben. Alle Planeten, von denen wir wissen, dass sich dort Parasiten der Arthropoden aufhalten könnten, sollten wir nur mit unseren Taja's und einem aktivierten Individualschirm betreten. Einen aktivierten Schutzschirm können sie nicht durchdringen. «

»Das sind hilfreiche Hinweise«, bemerkte Admiral Tarin. »Ich schlage vor, dass sie mit der Termar 1 und mit aktiviertem Schutzschirm in die Blase fliegen. Wir folgen ihnen, jedoch mit aktivierter Tarnung. Möglicherweise können die Sensoren der geheimen Station unser Tarnfeld nicht durchdringen. Die Hypertronic-KI wird bei nur einem eindringenden Schiff nicht ihr ganzes Abwehrpotenzial aktivieren. «

»Einverstanden«, antwortete der Major. »Weitere Vorschläge bitte? «

Professor Braunfels unterhielt sich mit Professor Sayjan. Dieser schüttelte seinen Kopf.

»Dann wandte sich der Professor Braunfels Major Travis zu.

»Wir können erst nach weiteren Analysen mehr über die Energie-Anomalie sagen«, antwortete er. »Falls Heran Recht hat und Energie des Zwischenraumes mit in diese natradische Technik einfließt, dann werden wir nicht sehr hilfreich sein können. Über diese Art der Energiegewinnung sind wir erst am Anfang unserer Forschungen.«

»Ich verstehe«, nickte Major Travis. »Warten wir es ab. Vielleicht gewinnen sie neue Erkenntnisse.«

»Danke für ihre Aufmerksamkeit«, entgegnete der Major. »Wir werden in die Energieblase einfliegen. Eine andere Möglichkeit sehe ich nicht. Starten sie ihre Antriebe.«

»Einen Moment noch«, sagte Admiral Tarin. »Ich denke über ein Täuschungsmanöver nach.«

»Ein Ablenkungsmanöver?«, fragte der Major.

»So etwas in der Art«, erwiderte der Admiral. »Falls die geheime Station über sensible Ortungsgeräte verfügt, kann sie möglicherweise auch Daten außerhalb ihrer Energieblase empfangen. Falls ihr das gelingt, ist sie über unsere Flotte informiert. Warten sie mit dem Einflug einige Minuten. Ich werde mit meinen Schiffen eine Kurztransition durchführen, die uns von der Energie-Anomalie entfernt. Das Forschungsschiff der Wissenschaftler begleitet uns. Kurze Zeit später kommt es per Hyperraumsprung zurück. Sein Tarnfeld wird nicht aktiviert sein. Die Geheimstation des Kaisers sollte es orten können. Sie wird denken, dass nur ein Schiff zurückgekommen ist. Meine Flotte wird das gleiche Hyperraum-Sprungfenster nutzen. Doch die Schiffe meiner Flotte werden ihr Tarnfeld aktiviert haben. So hoffe ich, dass die Station nichts von der Rückkehr unserer Flotte registriert. Wir werden sie dann im Tarnmodus begleiten und ebenfalls in die Blase eindringen und uns dem dritten Planeten nähern.«

Major Travis dachte nach.
»Falls die geheime Station immer noch die natradische Technik aus der Zeit vor 100.000 Jahren nutzt, dann sollte das Manöver funktionieren«, sagte Major Travis. »Unsere Schutzschirme und Tarnfelder wurden mehrfach modifiziert. Versuchen wir es. Bei den kleinsten Problemen für unsere Schiffe und unsere Besatzungen, brechen wir die Mission ab.«

»Wir werden nicht alle Missionen abbrechen können, auf denen wir auf eine uns überlegene Technik stoßen«, bemerkte Barenseigs. » Forschungen bauen in der Regel hierauf auf. «

Major Travis blickte ihn an.
»Das ist mir klar«, antwortete er. »Doch diese Forschungen werden nicht zu Lasten meines Personals und unserer Flotte gehen. Das sollten sie sich einprägen.«

Der Gildor blickte den Major an.
»Ich habe verstanden«, sagte er. »In mir muss noch ein Umdenken erfolgen. Nicht der Erfolg der Mission ist wichtig, sondern die Unversehrtheit des Personals und der Schiffe. «

Major Travis lächelte ihn an.
»Sie haben es erkannt«, bestätigte er. »Nur wo es sich nicht vermeiden lässt, nehmen wir schweren Herzens Verluste unserer Schiffsflotten in Kauf. Das sollte jedoch auf ein Mindestmaß begrenzt bleiben. «

Der blickte den Ortungsoffizier an.
»Hat die Flotte von Admiral Tarin bereits mit dem Manöver begonnen? «, erkundigte er sich.

Sergeant Dantow nickte.
»Ich wollte ihre Ausführungen nicht unterbrechen«, antwortete er. »Die Flotte von dem Admiral hat vor

wenigen Sekunden beschleunigt und ist in den Hyperraum gesprungen.«

»Dann dauert es nicht mehr lange«, entgegnete der Major. »Sie wird aus dem Hyperraum fallen, wenden und getarnt wieder zu uns stoßen. Stellen sie die Ortungssensoren auf die höchste Stufe ein. Dann sollten wir die Umrisse der Schiffe erkennen können. Ich möchte einen Hyperkomm-Funkspruch an seine Flotte vermeiden.«

Der Major blickte Heran.
»Gehe auf sein Schiff zurück«, sagte er. »Wenn die Flotte von Admiral Tarin eintrifft, werden wir langsam auf die Energieblase zufliegen und in sie eindringen. Lege dein Evolutionsschiff auch unter einen Tarnschirm. Je weniger Aufmerksamkeit wir erregen, umso besser.«

»In Ordnung«, erwiderte der Lantraner. »Ich verlasse euch jetzt. Wir treffen uns auf der anderen Seite.«

»Bis später«, sagte Major Travis.
Der blickte Heran nach, wie er die Brücke verließ. Gildor Barenseigs begleitete ihn. Er wollte Jahol-Sin neue Informationen entlocken.

»Auf die Ankunft von Admiral Tarins Flotte vorbereiten«, befahl Commander Brenzby. »Die Antriebe starten.«

»Das Schiff von Heran hat abgekoppelt«, meldete Sergeant Dantow. »Es hat sich etwas zurückfallen lassen. Es wartet auf einer Position von knapp 1.000 Metern hinter uns.«

»Verstanden«, antwortete der Major.

»Ich registriere Verzerrungen im Hyperraum 8.000 Meter hinter uns«, meldete Sergeant Dantow. »Vermutlich kehrt die Flotte von Admiral Tarin zurück.«

»Auf den Bildschirm übertragen«, befahl der Major.

Die KI des Schiffes reagierte sofort. Sie zoomte die Koordinaten heran, auf denen der Ortungsoffizier die Verzerrungen im Hyperraum registriert hatte. Die Offiziere der Brücke blickten erwartungsvoll auf den zentralen Bildschirm. Das Forschungsschiff der Kaiser-Klasse tauchte ohne Tarnung in den Normalraum ein. Die Flotte von Admiral Tarin folgte in kurzen Abständen. Aufgrund der aktivierten Tarnfelder wurden diese Schiffe nur als skizzierte Linien auf dem zentralen Schirm durch die Hypertronic-KI angezeigt.

»Perfekt«, sagte der Major. »Der Admiral und die Commander der Schiffe haben sich an meine Befehle gehalten.«

Er blickte den Navigator der Termar 1 an.
»Sergeant Hausmann«, befahl der Major. »Langsame Fahrt voraus, direkt auf die Energieblase zu. Schutzschirme auf Maximum schalten.«

»Schutzschirme wurden Maximum geschaltet«, bestätigte Sergeant Madson, der leitende Ingenieur der Technik- und Waffenleitstelle des Schiffes.

Sergeant Hausmann beschleunigte langsam den Naada-Angriffskreuzer. Gemächlich steuerte er das 500 Meter messende Schiff auf die seltsame Blase zu. Der Energiefluss der Anomalie füllte den ganzen Bildschirm aus. Die Offiziere der Brücke kniffen ihre Augen zu.

»Den Schirm abdunkeln«, befahl der Major.

Die Hypertronic-KI führte den Befehl aus. Jetzt war die Helligkeit von dem Bildschirm gewichen.

»Noch zehn Sekunden, bis wir auf die Energieblase treffen«, teilte Sergeant Dantow mit aufgeregter Stimme mit.

Mit gemischten Gefühlen gingen die Offiziere ihrer Arbeit nach.

»Noch fünf Sekunden«, meldet der Ortungsoffizier.

Die anwesenden Personen auf der Brücke hielten ihren Atem an.

»Achtung, wir kollidieren mit der Energiewand der Blase«, erklärte der Ortungsoffizier.

In diesem Moment blickten alle Offiziere auf den Bildschirm. Die Termar 1 glitt in die energetische Anomalie ein. Sekunden später wurde der Bildschirm schwarz.

» Wir haben die Energiewand der Blase durchbrochen«, teilte Sergeant Dantow erleichtert mit.

Die Anspannung war von der Crew abgefallen. Der nächste Durchflug würde keine Aufregung mehr verursachen.

Geheimstation Schirrack

Admiral Garxon saß mit geschlossenen Augen in dem Kommandosessel der Leitstelle der Station. Seit Stunden gab es keine neuen Erkenntnisse. Das unbekannte Flugobjekt war nicht mehr zurückgekehrt. Neue Gedanken durchzogen sein Gehirn.

»Bin ich noch ich selbst? «, fragte er sich. » Kaiser Quoltrin-Saar-Arel hat mich zu einem langen Leben verdammt. Seit 100.000 Jahren haben wir nichts mehr von dem natradischen Imperium gehört. Bin ich der letzte Natrader im Universum? «

Er überlegte kurz.
»Meine Gedanken entsprechen nicht der Wahrheit«, korrigierte er sich. »Mein Gehirn ist das letzte natradische Leben. Der Kaiser hat mich zu einer Maschine umfunktioniert. Bin ich jetzt ein moderner Roboter, oder immer noch ein Natrader? «

Er wusste es nicht genau.
»Warum der ganze Aufwand? «, fragte er sich. » Alle wissenschaftlichen Bemühungen waren umsonst. Welchen Nutzen kann ich noch für ein nicht mehr existierendes Imperium haben? «

Frustriert dachte er zurück.

»Zu leichtsinnig habe ich dem Wahnsinn des Kaisers zugestimmt«, erinnerte er sich. » Ich war geblendet von seinen Ideen, die ein immer größer werdendes Imperium zum Ziel hatten. Seine Gier nach neuen Welten und Rohstoffen, ließen ihn auch nicht vor unseren Nachbargalaxien halt machen. «

Er dachte an die Gespräche mit dem Kaiser.
»Natrader sind schwach und machen Fehler«, teilte Quoltrin-Saar-Arel ihm mit. »Ich sollte nach seinen Vorstellungen etwas ganz Besonderes unter meinen Offizieren darstellen. Wie nannte der Kaiser es, ein unsterbliches Gehirn, ausgestattet mit der Kraft einer Kampfmaschine aus Natrid-Stahl. «

Jetzt verfluchte Admiral Garxon den Kaiser für seine Einfälle.

»Ich sollte das Probeexemplar eines natradischen Kampf-Cyborgs sein«, dachte er. »Der Anführer einer Armee von 2.20 Meter großen waffenstarrenden Shy-Ha-Narde. Was sollte ich besser können als ein moderner Kampfroboter, ausgestattet mit einer leistungsfähigen Hypertonic-KI? «

Der Admiral wusste es nicht.

Er blickte auf seinen Spezialkörper, der fast identisch mit dem eines Roboterkörpers zu sein schien.

»Ich befehle über diesen Natridstahl-Koloss«, dachte er. »Früher besaß ich eine Körpergröße von gerade einmal 1,72 Metern. Jetzt stecke ich in diesem 2.20 Meter großen und fast unverwüstlichen Stahl-Boliden fest. Kann das der Sprung in eine maschinelle Zukunft sein? Sehen heute alle noch lebenden Natrader so aus? «

Der Admiral erinnerte sich, wie der Kaiser euphorisch von einer neuen Rasse von Natrader sprach.

»Eine Superrasse, die allen Feinden und Widrigkeiten überlegen sein sollte«, teilte er mit. »Der Kaiser vertraute mir. Ich gehörte zu seinem engsten Stab. Nach seinen Vorstellungen sollte ich das Kommando über diese geheime Station übernehmen und das neue Portal zu der Zwillingswelt von Natrid sichern. Dort züchtete er eine Kolonie von genmodifizierten Natradern. Der Kaiser erklärte stolz, dass sich seine Zöglinge erfolgreich entwickeln und auf ihren Einsatz warten würden. «

Der Admiral schüttelte seinen Kopf.
»Zu der Zeit war der Kaiser für mich über jeden Zweifel erhaben«, dachte Admiral Garxon. »Er war der oberste Befehlshaber unseres Imperiums. Seine Entscheidungen

wurden nicht hinterfragt, sondern ausgeführt. Als er mir seinen Vorschlag unterbreitete, zeigte ich mich einverstanden. Leider versäumte ich, über die Folgen seiner Idee nachzudenken. Was blieb mir auch anderes übrig. Ich stand in den Diensten des Kaisers und hatte einen Eid geschworen, jeglichen Schaden von dem Imperium und der kaiserlichen Familie abzuwenden. Zu sehr war ich von seinen Erfolgen geblendet. Zumal mir damals eine Flotte von 25.000 Schiffen der Kaiser-Klasse unterstand, welche diese besondere Station vor allen Angriffen von außen schützen sollte.«

Ärgerlich schlug er seine Augen auf.
»Der Kaiser hat mich betrogen«, fluchte er. »Er hat unsere ganze Schutzflotte abgezogen. Seine Aussage lautete, diese schnellsten wieder an uns zurückzuschicken. Warum hat er seine Zusage an mich nicht eingehalten?«

»Hierüber liegen keine Informationen vor«, antwortete die Hypertronic-KI der Station. »Die Kommunikation mit dem Imperium brach vor 100.000 Jahren abrupt ab. Ab diesem Zeitpunkt kamen keine Versorgungs-Schiffe mehr in diese Anomalie. Wir erhielten keine Informationen und Anweisungen mehr von dem Kaiser. Unsere Station war auf sich bestellt. Lediglich der Deaktivierungsbefehl wurde an uns weitergeleitet. Vermutlich durch einen der zahlreichen Hyperkomm-Funknachrichten Weiterleitungssatelliten.«

»Ich erinnere mich daran«, antwortete Admiral Garxon. »Langsam erhalte ich wieder Zugriff auf meine Erinnerungen. Warum hat der Kaiser unsere Station deaktiviert? Ich habe in den letzten Tagen seiner Anwesenheit in unserer Station seine schwarzen Augen und seine Wutausbrüche ertragen müssen. Heute frage ich mich wirklich, ob er noch bei seinem vollen Verstand war. Die Kolonie seiner Superrasse wurde von ihm abgeschrieben und nicht mehr beachtet. Genauso wie wir und diese Station hier. «

»Davon ist auszugehen«, bestätigte die Hypertronic-KI. »Ich erinnere daran, dass wir eine experimentelle Station waren. Vielleicht konnten wir ihn nicht mit einer erfolgreichen Arbeit überzeugen? «

»Was heißt nicht erfolgreich? «, fragte der Admiral. » Ich erkenne keinen Fehler in unserem System. Alles wurde nach den Vorgaben des Kaisers realisiert. Die Sphäre zu der Zwillingswelt von Natrid konnte von uns problemlos geöffnet und geschlossen werden. Versorgungsschiffe brachten alle angeforderten Dinge zu der Kolonie. Die genmodifizierte natradische Superrasse brauchte sich um nichts zu kümmern. «

Er schlug mit seiner Faust auf die Konsole vor ihm. Diese zersplitterte unter der Kraft seines hydraulisch verstärkten Armes.

»Entschuldigung«, sagte er. »Ich habe mich noch nicht wieder an die Kraftentfaltung meines Körpers gewöhnt. «

»Ich erinnere dich daran, dass wir nur noch über wenige natradische Ersatzteile verfügen«, teilte die Hypertronic-KI emotionslos mit. »Admiral, trete bitte von der Eingabekonsole zurück. Ich habe einige Arbeitsroboter gerufen. Sie werden die Trümmer aufsammeln und eine neue Konsole anschließen. Ich bitte zukünftig deine Emotionen besser zu kontrollieren. «

»Verstanden«, antwortete der Admiral. »Danke für deine Unterstützung. Ich habe mich über den Kaiser und sein Verhalten geärgert. Gerne hätte ich den Grund für die lange Abwesenheit der Versorgungsschiffe gewusst. Ich sehe uns immer noch als ein Teil des natradischen Imperiums. «

»Als ein nicht mehr beachteter Teil«, antwortete die Hypertonic-KI. »Falls weitere wichtige Einrichtungen dieser Station ausfallen, dann werden wir den Betrieb einstellen müssen. «

»Hierzu wird es nicht kommen«, antwortete der Admiral. »Ich werde ein Schiff nach Natrid senden und eine Liste mit den dringendsten Versorgungsgütern übergeben. Das teilte ich doch bereits mit. Falls wir in Vergessenheit geraten sind, weil die natradische Hypertronic-KI über unsere Existenz nicht informiert wurde, wird das jetzt ändern. «

»Möglicherweise widerspricht das dem Wunsch des amtierenden Kaisers«, antwortet die KI. »Du solltest zuerst ein vertrauliches Gespräch mit der Hypertronic-KI führen, um die Lage zu erkunden. «

»Das ist mir egal«, antwortete Admiral Garxon. »Ich werde den Kaiser zwingen seine Zusagen zu erfüllen. «

Die Hypertronic-KI antwortete nicht hierauf. Sie hatte etwas geortet. Der Bildschirm der Leitstelle baute sich neu auf.

»Die vor der systemumspannenden Energieblase befindliche Flotte zieht sich zurück«, teilte sie mit. »Sie wagt nicht den Einflug in die große Anomalie. «

»Das ist gut«, antwortete der Admiral. »Dann haben wir ein Problem weniger. «

»Die Flotte beschleunigt und öffnet ein Hyperraumfenster«, ergänzte die KI. »Der äußere Raum wird von mir gescannt.«

Der Admiral sah, wie die Kontroll-Leuchten der großen Hypertronic-Anlage unrhythmisch blinkten. Er wusste, dass sie nochmals alle Angaben kontrollierte.

Ein kurzer Augenblick verging. Dann vernahm Admiral Garxon erneut die Stimme der KI.

»Korrektur meiner Aussage«, teilte sie mit. »Ein Schiff einer 500 Meter-Klasse ist zurückgeblieben. Es verharrt vor der großen Anomalie und wartet ab.«

»Worauf wartet es?«, erkundigte sich der Admiral.

»Das können meine Sensoren nicht feststellen«, antwortete die KI. »Möglicherweise beobachtet es die Aktivitäten der großen Energieblase, oder der Commander des Schiffes studiert die Eigenarten der Anomalie.«

Der Admiral überlegte.
»Dann wird er viel Zeit aufbringen müssen«, antwortete er. »Besteht durch das Schiff eine Gefahr für unsere Station?«

»Seine Bauart ähnelt einem Schiff der Naada-Klasse«, teilte die Hypertronic-KI mit. »Doch es ist nicht exakt zu identifizieren. Es kann sich auch um das Schiff einer natradischen Splittergruppe handeln, die dem Imperium den Rücken gekehrt hat.«

»Ein Schiff der Najekesio?«, fragte der Admiral.

»Das wäre sehr unwahrscheinlich«, antwortete die KI »So wie mir bekannt ist, sind sie während der Dunkelheit einer Natrid-Nacht mit vielen gestohlenen Transportschiffen verschwunden. Jegliche Suche nach ihnen verlief ergebnislos.«

»Die Daten liegen mir vor«, antwortete die Hypertronic-KI. »Die Gruppe war mit der Politik des Kaisers nicht einverstanden.«

»Welche Splittergruppen gab es noch?«, fragte der Admiral nach.«

»Entschuldige bitte, dass ich deine Aufmerksamkeit auf den Bildschirm lenke«, sagte die Hypertronic-KI emotionslos. »Ein weiteres Schiff ist aus dem Hyperraum gefallen und hat sich zu dem wartenden Schiff angeschlossen.«

»Ein zweites Schiff?«, erkannte der Admiral. » Beide Schiffe beschleunigen und fliegen auf die Energieblase zu. Sie werden explodieren. Können sie die Energie der Anomalie nicht orten? «

»Das werden sie gemacht haben«, antwortete die Hypertronic-KI. »Sie sind sich sicher die Energiewand der Blase durchqueren zu können. «

»Das hat noch kein Schiff einer fremden Rasse geschafft«, bemerkte der Admiral. »Die Besatzung wird qualvoll umkommen. «

»Warten wir es ab«, antwortete die Hypertronic-KI. »Es sind 100.000 Jahre seit unserem Deaktivierungsbefehl vergangen. In dieser Zeit ist es auch für jüngere Lebewesen möglich gewesen, sich technisch weiterzuentwickeln. «

Gespannt verfolgte das ungleiche Gespann die Annäherung der Schiffe an die Blase.

Der Admiral erkannte, wie die beiden Schiffe unbeschadet in die Blase eintauchten und weiterflogen.

»Das kann nicht sein«, sagte er. »Die Energieblase ist wirkungslos geworden. «

»Die Schutzwirkung der Schirmfelder dieser Raumschiffe wurden in den vergangenen Jahrtausenden erheblich verbessert«, teilte sie mit. »Ich habe es fast errechnet. Das ist der normale Lauf einer technischen Entwicklung. Es ist möglich, dass wir durch unsere lange Deaktivierung fremden Rassen zukünftig unterlegen sein werden. «

»Ich kann das nicht glauben«, schimpfte der Admiral. »Das alles haben wir dem Lügner Quoltrin-Saar-Arel zu verdanken. Aufgrund des arglistigen Abzuges unseres technischen Personals und unserer Schutzflotte, hätte ich seine Absicht ahnen müssen. Er hatte nie vor, uns wieder zu erwecken. Der Kaiser wollte uns in dieser weit von Natrid entfernten Anomalie verrotten lassen. «

»Mir sind solche Emotionen fremd«, antwortete die Hypertronic-KI. »Ich musste den Deaktivierungsbefehl von Admiral Tarin und der natradischen Hypertronic-KI befolgen. Eine andere Möglichkeit gab es nicht. Dich musste ich in die Stasis-Kammer führen. «

Der Admiral nickte.
»Damals konnte ich noch nicht ahnen, dass ich 100.000

Jahre in der Kammer verbringen würde«, antwortete der Admiral. »Es ist ein Glück, dass du mich überhaupt noch erwecken konntest. So wie mir bekannt ist, sind diese Kammern nicht für eine so lange Nutzungsdauer ausgelegt.«

»Das entspricht auch meinen Informationen«, antwortete die KI. »Deine Kammer wurde von meinen Robotern gewartet. Du selbst scheinst unverwüstlich zu sein. Dein Körper hat die lange Zeit unbeschadet überstanden. Deine Organe werde ich gelegentlich noch auf Schäden überprüfen müssen.«

»Das kannst du dir sparen«, entgegnete der Admiral. »Sorge bitte dafür, dass deine kompletten Bereiche mit Energie versorgt werden. Mehr ist im Moment nicht notwendig. Was machen die Wartungen unserer Raumschiffe?«

»Sie wurden erfolgreich abgeschlossen«, antwortete die Hypertronic-KI. »Alle fehlerhaften Teile konnten ermittelt und ausgetauscht werden. Die Schiffe stehen zu deiner Verfügung.«

»Hat dir der Kaiser weitere Befehle erteilt, worüber ich nicht informiert bin?«, fragte Admiral Garxon.

»Ja«, antwortete die Hypertronic-KI. »Er besuchte ein letztes Mal seine geliebte natradische Superrasse. Nach seiner letzten Rückkehr durch das Portal teilte er mir persönlich mit, dass er diese Station einer göttlichen Macht unterstellt habe. Während des Gespräches färbten sich seine Augen schwarz. Er sprach wie von Sinnen über eine weitere Genoptimierung der Kolonie. Er befahl mir, den Abgesandten der göttlichen Macht bedingungslos Einlass zu gewähren und sie zu unterstützen. Diese Station sollte ihr Brückenkopf in unsere Galaxie werden. Der Kaiser erklärte, dass die Abgesandten der göttlichen Macht ihren Glauben unter den Völkern des kaiserlichen Imperiums verbreiten wollten.«

»Du hast dich hoffentlich nicht an diese Anweisung gehalten?«, erkundigte sich der Admiral. »Warum wurde ich als Kommandeur nicht informiert.«

Die Hypertronic-KI antwortete emotionslos.
»Der Kaiser befürchtete, dass du dich gegen seine Absicht stellen könntest«, teilte die KI mit. »Du wärst zu sehr mit dem alten natradischen Gedankengut verbunden und nicht bereit neue Wege zu gehen. Seinen Befehl hat er mit seinem kaiserlichen Code gesichert. Dieser erlaubte mir nicht, dir hiervon zu berichten.«

»Dieser hinterhältige Imperator«, fluchte der Admiral. »Er wollte sein ganzes Kaiser-Imperium an eine fremde Rasse übergeben.«

»Dazu ist es nicht gekommen«, beruhigte ihn die Hypertronic-KI. »Nur wenige Tage nach seinem Rückflug nach Natrid, erhielt unser Personal den Befehl zum Verlassen der Station. Das gesamte technische Personal wurde mit der abgezogenen Flotte in die Heimat überführt. Damit aber noch nicht genug. Ab diesem Zeitpunkt wurden wir von dem imperialen Informationsnetz abgeschnitten. Wir erhielten keine neuen Nachrichten und Datenupdates mehr. Scheinbar überschlugen sich die Ereignisse in dem kaiserlichen Imperium.

Nur zwei Wochen später erhielt ich, wie alle anderen KI gesteuerten Einrichtungen, Basen und Stationen, den imperialen Deaktivierungsbefehl. Dieses Mal jedoch nicht von dem Kaiser unterzeichnet, sondern von Admiral Tarin. Durch diesen unwiderruflichen Befehl wurden sämtliche individuell erteilten Sonderbefehle in meinem Speicher gelöscht. Ich wurde auf meine Grundfunktionen zurückgesetzt. Eine Erklärung dieser Entscheidung wurde nicht übertragen.«

»Das war Glück im Unglück«, erwiderte der Admiral. »Falls das nicht geschehen wäre, würden wir jetzt einer nicht näher spezifizierten göttlichen Macht dienen. Vermutlich ist sie auch für die lange Zeit unserer Deaktivierung verantwortlich.«

»Ich kann deinen Gedanken nicht folgen«, antwortete die Hypertronic-KI. »Was soll die Deaktivierung mit der Kolonie der Natrader, oder der göttlichen Macht zu tun haben?«

»Ich habe ein unangenehmes Gefühl«, antwortete der Admiral. »Das alles scheint mir zu einem lange vorbereiteten Angriff auf Natrid zu gehören. Irgendeine Rasse wollte unsere Machtstellung aufbrechen.«

»Aufgrund der fehlenden Informationen ist eine Analyse deiner Vermutung nicht möglich«, antwortete die Hypertronic-KI. »Ein Machtwechsel auf Natrid hat es in der Vergangenheit nie gegeben. Wer könnte deiner Meinung nach für den Machtwechsel verantwortlich sein?«

»Deine Aussage zeigt mir, dass du noch nicht über alle deine Ressourcen verfügst«, antwortete der Admiral. »Es war uns Offizieren der kaiserlichen Raumflotte immer schon bekannt. Das Adelsgeschlecht der Arel hat stetig dafür gesorgt, dass alle fremden Anwärter auf den kaiserlichen Thron aus unerklärlichen Gründen freiwillig auf ihren Anspruch verzichtet haben, oder freiwillig aus dem Leben geschieden sind. Kommt dir das nicht eigenartig vor?«

»Gibt es Beweise für deine Vermutung?«, erkundigte sich die Hypertronic-KI.

»Natürlich nicht«, erwiderte Admiral Garxon. »Quoltrin-Saar-Arel hat dafür gesorgt, dass niemand über seine Machenschaften berichten kann.«

»Das ist gegen die Rechtsprechung des Imperiums«, bemerkte die Hypertronic-KI. »Wurde nicht der imperiale Geheimdienst informiert?«

Der Admiral lachte.
»Was sollte eine von dem Kaiser gelenkte Behörde ausrichten können?«, fragte er. »Selbst der übergeordnete Kontrollausschuss der unterschiedlichen Clans hat nicht eingegriffen. Sie alle wurden von dem Kaiser gekauft.«

Er drehte seinen Kopf und blickte auf den zentralen Bildschirm der Station. Zwischenzeitlich hatten die beiden Schiffe die ersten drei Planeten des Systems passiert.

»Analysiere den Kurs der Schiffe«, befahl der Admiral. »Der Kurs wurde bereits überprüft«, teilte die KI mit. »Der Zielpunkt der Schiffe ist eindeutig Schirrack.«

»Ich habe es vermutet«, erwiderte der Admiral. »Sie konnten die Aufzeichnungen des letzten Flugobjektes auswerten.«

Er blickte noch einmal auf den Bildschirm und auf die zwei unbekannten Schiffe, die sich unaufhaltsam näherten.

»Schutzschirm aufbauen«, befahl der Admiral. »Abwehrgeschütze ausfahren und den Start unserer kompletten Flotte vorbereiten. Vielleicht können wir die Schiffe an einem weiteren Vorrücken hindern.«

Termar 1, Flaggschiff des Neuen-Imperiums

Major Travis war zufrieden. Die Termar 1 flog mit gemächlicher Geschwindigkeit auf den dritten Planeten in der habitablen Zone zu. Sie wurde von der Muslan begleitet. Einem Forschungsschiff der Kaiser-Klasse, welches für Forschungseinsätze umgebaut worden war. Das Schiff mit den Wissenschaftlern, Ingenieuren und Technikern sollten die geheime Station des Kaisers nach der Aktivierung der natradischen Hypertronic-KI übernehmen.

»Erhalten wir Ortungsdaten?«, erkundigte sich der Major.

Sergeant Dantow blickte angestrengt auf seine Monitore und las die Daten ab.

»Ich registriere moderate Energiewerte«, antwortete er. »Sie stammen von dem dritten Planeten in der habitablen Zone. Vermutlich wird die Energie für den Betrieb der Station benötigt.«

»Gibt es Anzeichen für Lebensformen?«, fragte der Major.

Sergeant Dantow schüttelte seinen Kopf.
»Es werden keine Anzeichen für Lebensformen angezeigt«, erwiderte er.

Major Travis blickte Heinze an.
Der hatte seinen Kopf zur Seite gelegt und seine Augen geschlossen.

»Kannst du Gedanken erfassen?«, fragte ihn der Major.

Der Ro erwachte aus seiner Starre.
»Ich konnte seltsame Gedankenmuster natradischen Ursprungs empfangen«, erklärte er. »Doch sie scheinen abgeschirmt zu werden. Es sind nur zerrissene Fragmente, die ich lesen konnte. Teilweise handeln sie von Kaiser Quoltrin-Saar-Arel.«

»Können es übermittelte Gedanken der Hypertronic-KI an ihre Befehlsempfänger sein?«, erkundigte sich Sirin.

»Nein«, antwortete der Ro. »Die Fragmente stammen eindeutig von einem natradischen Gehirn.«

»Dann werden wir mit weiteren Überlebenden des großen Krieges rechnen müssen«, bemerkte Major Travis. »Vermutlich haben diese auch in einer Stasis-Kammer überlebt.«

Heinze blickte ihn an.
»Das kann ich noch nicht exakt mitteilen«, antwortete er. »Das Gehirn wird durch eine Art von Reizenergie stimuliert.«

»Das ist ungewöhnlich«, sagte Barenseigs.
Er war auf die Brücke gekommen und hatte der Unterhaltung zugehört.

Major Travis blickte den Gildor an.
»Haben sie neue Informationen für uns?«, erkundigte er sich.

Der Santaraner nickte.
»Es ist uns gelungen Jahol-Sin zur Freigabe weiterer Daten zu bewegen«, lächelte er.

Major Travis blickte ihn erstaunt an.
»Wie haben sie das geschafft?«, erkundigte er sich.

»Das war nicht so einfach«, antwortete Barenseigs. »Der Protokoll-Roboter verfügt über zahlreiche komprimierte und gepackte Archive. Der Inhalt ist für ihn nicht so einfach zu lesen. Daher teilt er uns auf Anfrage mit, dass ihm keine Informationen vorliegen würden.«

»Ich verstehe«, antwortete der Major.
»Grenzt man die Suche ein, stößt man zwangsläufig auf diese Dateien«, fuhr Barenseigs fort. »Vermutlich schlummern in seinem Auslagerungsspeicher noch Tausende von wichtigen, aber gesicherten Infodateien. In diesem Fall hatten wir eine Spur und konnten die Energieblase, die Koordinaten und die zahlreichen Flüge des Kaisers in diese Region als Suchkriterium verwenden. Jahol-Sin musste entsprechende Stapeldateien entpacken. Danach konnte er Zugriff auf den Inhalt

nehmen. Vermutlich war das auch wieder eine Sicherungsmaßnahme des Kaisers. Jedenfalls gelang ihm eine weitere aufschlussreiche Datei zu öffnen.«

Der Gildor blickte die Offiziere der Brücke an.
»Barenseigs«, schimpfte Sirin. »Wie kann man nur so schwerfällig sein. »Ich habe es gewusst, sie sind eine Schande für die natradische Blutlinie. Sagen sie uns endlich, was sie gefunden haben.«

»Das ist es, was eine Zusammenarbeit mit ihnen so erschwert«, entgegnete der Gildor. » Sie haben keine Geduld und werden sofort persönlich.«

»Ich manchen Situationen kann zu viel Geduld den Tod bedeuten«, antwortete Sirin. » Davon scheinen sie noch nichts mitbekommen zu haben.«

»Ich verbitte mir ihre Vorwürfe«, tobte der Gildor. »Sie sind eine verzogene Adelsgöre. Ich verstehe nur zu gut, dass der letzte Kaiser sie in eine weit entfernte Region des Universums verbannt hat.«

Sirin blieb die Sprache weg. Sie stürmte auf den Gildor zu und wollte ihm eine Ohrfeige geben.

Dieser trat einen Schritt zurück und stellte sich hinter Tart 1. Sirin stoppte vor dem 2.20 Meter großen Koloss, der sie fragend anblickte.

»Wir beruhigen uns alle jetzt wieder«, befahl Major Travis. »Ich bin dem Gildor für seine Recherchen sehr dankbar. Nicht alle Lebewesen verfügen über die gleiche Mentalität. Sirin, bitte lasse den Gildor seine neuen Erkenntnisse mitteilen.«

»Ich halte ihre Worte in meiner Erinnerung«, sprach Sirin den Gildor an. »Passen sie auf, was sie sagen. Das kann schnell einmal nach hinten losgehen.«

»Sirin«, mahnte Major Travis die natradische Prinzessin. »Können wir jetzt weitermachen?«

»Von mir aus«, lächelte sie unschuldig. »Ich war nicht der Grund dieser Unterbrechung.«

Barenseigs blickte Major Travis und seine Führungskräfte an.

»Die neuen Daten waren sehr interessant«, erklärte der Gildor. »Auf dem Planeten Schirrack werden wir eine experimentelle Station vorfinden. Entgegen den bisher bekannten natradischen Außenstellen, müssen wir uns in diesem Fall die installierte Hypertronic-KI als eine Befehlsempfängerin vorstellen. Sie allein kann keine Entscheidungen treffen. Ihr wurde ein Verwalter rangmäßig übergeordnet, der über alle Funktionen der Station wacht. Diese geheime Einrichtung wurde früher durch eine starke Flotte von 25.000 Kriegsschiffen gesichert. Leider scheint dieser Schiffsverband von dem Kaiser vor 100.000 Jahren abberufen worden zu sein. Aus den Berichten geht hervor, dass auf dieser Station ausgesuchtes technisches Verwaltungspersonal ihren Dienst verrichtete. Nicht nur einfache Techniker, sondern ausgebildete Ingenieure, Wissenschaftler und Kapazitäten des kaiserlichen Imperiums. Diese Experten und das vollständige Personal der Station, wurden mit dem Abzug der Flotte zurück nach Natrid gebracht.

Trotzdem verfügt die Einrichtung immer noch über reichlich Roboter, für alle möglichen Einsatzgebiete. Das Besondere an dieser Station ist jedoch, dass sie einen Sphärenwandler besitzt, der angeblich Wurmloch-Portale in weit entfernte Gebiete der Galaxie öffnen kann. Diesen Dienst durften der Verwalter und die KI der Station nur Abgesandten des kaiserlichen Imperiums offerieren, die in Begleitung von adeligen Personen des natradischen Adelsgeschlechtes vorstellig wurden. Das reichte jedoch noch nicht aus. Die Besucher mussten zusätzlich über den kaiserlichen Zugangscode verfügen, den Quoltrin-Saar-Arel persönlich der Hypertronic-KI eingespeichert hatte.«

»Ohne diesen Code werden unsere weiteren Forschungen hier enden«, bemerkte Commander Brenzby. » Der Kaiser wird uns diesen vermutlich nicht mitteilen. «

»Falls er ihn überhaupt noch kennt? «, sage Sirin. » Es ist doch offensichtlich, dass mein Onkel und seine engen Führungsoffiziere der natradischen Hypertonic-KI auf Natrid nichts über die Existenz dieser experimentellen Station mitgeteilt haben. «

»Danken sie mir, dass ich weitergeforscht habe«, lächelte Barenseigs. »Meine Mitarbeiter konnten den Code aus Jahol-Sin heraus kitzeln. Er lautet: Nat-Rax-Te-Sar 43789DS73.«

Sirin überlegte.
»Diesen Code verstehe ich nicht«, sagte sie. »Die Worte sind zwar Natradisch, doch ihre Bedeutung ergibt keinen Sinn. Vermutlich hat mein Onkel wahllos einen Code generiert. «

»Jedenfalls ist es mit diesem Code möglich, ein Portal in eine weit entfernte Region des Universums zu öffnen«, erklärte der Gildor. »Wir fanden Hinweise auf eine vergleichbare Welt, wie Natrid es früher war. Die Aufzeichnungen sprechen von einem hellen und warmen Planeten mit gemäßigten Temperaturen, reich an Wasser und Landmassen. Die ideale Fluchtwelt, oder ein Planet für eine neue natradische Rasse.«

»Jetzt geht aber die Fantasie mit ihren durch«, sagte Sirin. »Warum sollte er eine neue Rasse ins Leben rufen? «

Barenseigs, zuckte mit seinen Schultern.
»Hat Quoltrin-Saar-Arel nicht die gleiche Idee mit der redartanischen Rasse verfolgt? «, fragte er. » Auch dieser Zweig des natradischen Stammes sollte sich genmodifiziert zu einer nicht überwindbaren Species entwickeln. Was will man von einem egozentrischen und sich selbst überschätzenden Kaiser erwarten. «

»Das glaube ich nicht«, fluchte Sirin. »Mein Onkel kann unmöglich geglaubt haben, in jeder Ecke des Universums eine neue Superrasse ansiedeln zu können. «

Der Gildor blickte sie durchdringend an.
»Statt jedes Mal aufzubrausen, sollten sie sich die Worte des Codes einmal genauer ansehen«, bemerkte er. »Was bedeute das Wort „Nat" in ihrer Sprache? «

Sirin blickte ihn an.
»Das Wort gibt es nicht«, antwortet sie. »Es kann sich lediglich um eine Abkürzung für Natrid handeln. Mehr fällt mir hierzu nicht ein. «

»In Ordnung«, antwortete der Gildor. »Halten wir das Wort Natrid fest. Das zweite Wort „Rax" ist redartanischen Ursprungs und bedeutet so viel wie Rasse. Ich habe es durch unsere KI überprüfen lassen. Sie bestätigte meine Vermutung. «

»Dann haben wir jetzt die Worte Natrid und Rasse«, lächelte Major Travis. »Worauf wollen sie hinaus? «

»Der Kaiser war versessen darauf seine Untergebenen mit falschen Informationen zu versorgen«, antwortete der Gildor. »Hören sie weiter zu. Das dritte Wort ist „Te". Es stammt aus dem Sprachgebrauch der Najekesio und bedeutet super, groß, oder übermächtig. «

»Ich verstehe nichts mehr«, sagte Commander Brenzby. »Was ist mit dem letzten Wort? «

Barenseigs lächelte ihn an.
»Seltsamerweise stammt es aus dem santaranischen Wortgebrauch«, antwortete er. »Mir ist nicht bekannt, dass Quoltrin-Saar-Arel etwas von unserer neuen Heimat

wusste. Berücksichtigen wir den Zeitablauf und die Dauer der Evakuierung durch Admiral Tarin, konnte er unmöglich wissen, dass sich die natradischen Flüchtlinge später Santaraner nennen würden. Zum Zeitpunkt der Errichtung dieser Station dürfte ihm der Begriff fremd gewesen sein.«

»In der Tat«, sagte der Major. »Das ist sehr seltsam. Da er dieses Wort benutzt, muss es jedoch eine Verbindung geben.«

»Das Wort »Sar« bedeutet in unserer Sprache genmodifiziert«, erklärte Barenseigs.» Setzen wir alle Worte einmal hintereinander, dann kommt folgender Satz hierbei heraus. Natrid-Rasse-Super-Genmodifiziert.«

»Das kann doch nicht wahr sein«, antwortete Sirin. »Mein Onkel kann nicht mehr Herr seiner Sinne gewesen sein. Seine ewigen Experimente mit dem Ziel, eine unüberwindbare natradische Rasse zu erschaffen, gehen mir langsam auf die Nerven. Warum wurde er von seinen Beratern nicht hiervon abgehalten?«

»Das ist die große Frage«, antwortete der Gildor. »Endlich haben sie es verstanden. Sicherlich hatten seine Untergebenen zu viel Respekt vor ihm. Ich möchte nochmals auf den Code zu sprechen kommen. Die

Vermutung liegt nahe, dass die anschließende Ziffernfolge in Verbindung mit den Buchstaben die Koordinaten zu diesem Planeten ergeben. Zumal in den Ziffern die Buchstaben DS versteckt sind, die mit dem Hinweis auf den Delta-Sektor erklärt werden könnten.«

Major Travis hatte sich in seinem Kommandosessel zurückgelehnt.

»Das ist natürlich alles sehr weit hergeholt«, sagte er. »Ihre Vermutungen können in eine falsche Richtung verlaufen. Doch ausschließen will ich sie nicht. Falls sie der Wahrheit entsprechen, werden wir hinter dem Portal auf eine Welt mit übermächtiger natradischer Zivilisation treffen. Ich bin mir nicht sicher, ob ich einen Kontakt zu ihnen aufnehmen möchte. Falls diese Species von dem Kaiser genoptimiert wurde, ist es gut möglich, dass sie seinem Gedankengut folgt. Möglicherweise war das Portal auch ein Schutz vor ihnen, das sicherstellen sollte, dass diese genmodifizierten Natrader nicht in unser Sternensystem wechseln konnten.«

Major Travis blickte wieder auf den Bildschirm. Schirrack wurde als braune Kugel langsam größer sichtbar. Nicht weit hinter ihm war sein großer Nachbar zu sehen, eine übergroße blaue Wasserwelt. Sein Schatten tauchte einen großen Teil des Planeten Schirrack in völlige Dunkelheit.

Sergeant Dantow blickte interessiert auf seine Ortungsinstrumente.

»Es tut sich etwas«, teilte der mit. »Ich registriere den Anstieg starker Energiegeneratoren. Die Werte haben sich verfünffacht.«

Barenseigs blickte den Major an.
»Die Station hat unseren Anflug registriert«, bemerkte er. »Die Hypertronic-KI wird Defensivmaßnahmen einleiten.«

»Langsam weiterfliegen«, befahl der Major. »Sergeant Farmer, senden sie unseren ID-Code.«

Der Funkoffizier bestätigte den Befehl.
»Der Identifizierungscode wurde gesendet«, antwortete er.

»Erhalten wir eine Antwort?«, erkundigte sich der Major.

Der Funkoffizier schüttelte seinen Kopf.
»Keine Antwort«, teilte er mit. »Die Hypertronic-KI hüllt sich in Schweigen.«

»Öffnen sie mir eine natradische Hyperkomm-Funkfrequenz«, befahl Major Travis. »Ich möchte den Verwalter der Station über unsere Absichten informieren.«

Der Funkoffizier legte einige Schalter um und tippte eine geläufige natradische Frequenz ein.

»Sie können sprechen, Herr Major«, teilte er mit. »Die KI wird sie verstehen können.«

»Danke«, antwortete der Major.

Er griff nach seinem Communicator und hielt ihn sich vor den Mund.

»Hier spricht Major Travis«, sprach er in das Gerät. »Ich bin der Erbfolgeberechtigte Oberbefehlshaber der vereinigten Natrid & Tarid Streitkräfte. Erhobener im Gefüge der Kaiserkaste mit Rang 1. Bestätigt und eingesetzt von Noel von Natrid im Rahmen der Nachfolge-Programmierung von Admiral Tarin. Ich fordere deine sofortige Akzeptanz meiner Autorität und deinen Gehorsam. Der Deaktivierungsbefehl wird aufgehoben. Erteile mir Landekoordinaten, zwecks eines Updates deiner Programmierung. Antworte bitte unverzüglich auf dieser Frequenz.«

Gespannt wartete die Termar 1 auf eine Antwort. Nach wenigen Sekunden knisterte in den Lautsprechern des Schiffes. Die generierte Stimme einer Hypertronic-KI war zu hören.

»Landung verboten«, teilte sie blechern mit. »Eine Identifizierung ihres Schiffes ist fehlgeschlagen. Stoppen sie ihren Anflug. Abwehrmaßnahmen werden eingeleitet.«

Die Verbindung brach ab.

Major Travis blickte Sirin an.
»Das ist jedes Mal das gleiche Problem mit euren Hypertronic-KI's«, sagte er. »Durch die lange Deaktivierungszeit haben sich viele von ihnen selbstständig weiterentwickelt. Es fällt ihnen schwer sich unterzuordnen.«

Sirin nickte.
»Was soll ich sagen«, entgegnete sie. »Alle installierten Hypertonic-KIs sind hochmoderne Anlagen gewesen. Vermutlich wussten unsere Wissenschaftler selbst nicht genau, wie sie sich nach einer so langen Zeit der

Deaktivierung verhalten würden. Solche Situationen waren dem großen Krieg noch nie vorgekommen.«

»Schiffe starten von dem Planeten«, meldete Sergeant Dantow. »Sie kommen aus versteckten Hangar-Anlagen, in dem Gebirge des Planeten.«

Major Travis und seine Offiziere sahen, wie aus 30 Gebirgsöffnungen mächtige Schiffe ausgeschleust wurden. Im Sekundentakt flogen weitere Schiffe aus den großen Schotts heraus. In einer Pfeilformation näherten sie sich der Umlaufbahn des Planeten.

»Wie viele Schiffe sind das?«, erkundigte sich der Major. »Die Zählung wurde abgeschlossen«, antwortete Sergeant Farmer. »Unsere KI konnte exakt 200 Schiffe erfassen. Die Baumasse betragen einheitlich 2.500 Meter.«

»Vergleichbar mit dem Flaggschiff von Admiral Tarin«, sagte Commander Brenzby. » Auf Schiffe dieses Typs sind wir bisher noch nicht gestoßen.«

»Den Anflug stoppen«, befahl der Major. »Informieren sie die Muslan. Wir warten ab und versuchen eine Einflugs-Genehmigung zu erhalten.«

»Maschinen gestoppt«, bestätigte Sergeant Hausmann. »Schalte in den Standby-Modus.«

»Unser Begleitschiff hat den Befehl bestätigt«, teilte Sergeant Farmer mit. »Der Commander wartet neue Befehle von uns ab.«

Die 2.500 Meter Giganten natradischer Bauart, hatten den Planeten Schirrack abgeriegelt. Bedrohlich zeigten ihre waffenstarrenden Frontseiten auf die Termar 1 und ihr Begleitschiff. Noch verharrten die Schiffe der Station auf ihrer Position.

»Sind wir in Reichweite meines Neolriths?«, erkundigte sich der Major. »Ich möchte gerne den Deaktivierungsbefehl von Noel übersenden. Normalerweise sollte dieser von allen natradischen Hypertonic-KIs gleichermaßen akzeptiert werden.«

»Versuchen sie es«, bemerkte Barenseigs. »Doch vermutlich hat der Kaiser dafür gesorgt, dass diese Anlage nicht mit Standartbefehlen umprogrammiert werden kann.«

Major Travis blickte ihn entgeistert an.
»Sie werden Recht haben«, antwortete er. »Doch einen Versuch ist es wert.«

Major Travis hob den Communicator an seinen Mund. »Hier spricht Major Travis, Oberbefehlshaber des Neuen-Imperiums«, sprach er in das Gerät. »Ich übersende jetzt die Befehle der Natrid Hypertronic-KI. Setze sie um und unterwerfe dich.«

Major Travis drückte auf die flache Stelle an seinem rechten Handgelenk. Unter seiner Haut war der Neolrith-Chip implantiert. Zwei Tastensymbole durchleuchteten seine Haut. Der Major drückte auf die erste Taste. Das Licht erlosch sofort. Ein Zeichen dafür, dass der Chip die Programmierungsdaten überlichtschnell an die KI der geheimen Station übertragen hatte.

»Das war es«, bemerkte Major Travis. »Jetzt werden wir abwarten.«

Sergeant Farmer schaltete Frequenzen hin und her. Geduldig wartete die Besatzung der Termar 1 auf eine weitere Nachricht. Erneut knisterte es in den Lautsprechern des Schiffes. Die KI des Planeten Schirrack meldete sich mit einer kurzen Antwort.

»Zugriff nicht gestattet«, tönte es aus den Lautsprechern. »Verlassen sie unverzüglich meinen Raumsektor.«

Die Mitteilung endete.

Major Travis schüttelte seinen Kopf.
»Das ist wieder eine sture KI«, sagte er.

Sirin lächelte ihn an.
»Absolute Abschottung, aufgrund unbekannter Befehle meines Onkels«, antwortete sie.

»Die Schiffe der Station haben ihre Antriebe gezündet«, meldete Sergeant Dantow. »Sie nähern sich uns mit gemäßigter Geschwindigkeit.«

»Die Hypertronic-KI will uns vertreiben«, erkannte Major Travis. »Sergeant Farmer, rufen sie unsere Begleitflotte. Admiral Tarin und Captain Groover sollen sich enttarnen und unser Schiff sichern.«

»Verstanden«, antwortete der Funkoffizier. »Der Funkspruch wurde gesendet.«

»Achtung«, teilte Sergeant Dantow mit. »Ein Schutzschirm baut sich auf dem Planeten Schirrack auf. Vermutlich sichert er die geheime Station.

Major Travis lächelte Barenseigs zu.

»Jetzt kennen wir den Standort der geheimen Anlage«, sagte er. »Der Schutzschirm weist daraufhin.«

Geheime Station auf dem Planeten Schirrack.

Admiral Garxon sah, wie die Schiffe sich dem Planeten näherten.

»Konnten wir einen ID-Code empfangen?«, erkundigte er sich.

»Ich habe weitere Energiekonverter anlaufen lassen«, antwortete die KI. »Der Schutzschirm unserer Anlage wird sich in Kürze aufbauen.«

»Was ist mit dem ID-Code des fremden Schiffes?«, ergänzte der Admiral seine Frage.

»Ich empfange in diesem Moment einen natradischen ID-Code«, teilte die KI mit. »Er ist nicht mit dem kaiserlichen Kennwort versehen.«

»Also können wir nichts hiermit anfangen?«, erwiderte der Admiral.

»Nein«, antwortete die Hypertronic-KI. »Die Befehle des Kaisers sind weiterhin aktiv.«

»Obwohl es vielleicht seit 100.000 Jahre keinen natradischen Kaiser mehr geben könnte?«, fragte der Admiral. » Wir haben Besuch von natradischen Schiffen erhalten. Das können wir nicht anzweifeln. Die Bauart der Schiffe ist zu identisch. Wollen wir diese Gelegenheit nicht nutzen? «

»Mir sind keine Möglichkeiten gegeben«, teilte die KI mit. »Die Voraussetzungen müssen erfüllt werden, um den Schiffen eine Landung zu ermöglichen. Du weißt, dass eine manuelle Änderung der Programmierung sofort unsere Selbstvernichtung auslösen würde. «

»Ich erinnere mich hieran«, antwortete Admiral Garxon enttäuscht.

»Das Ausschleusen unserer Abfangflotte wird eingeleitet«, meldete die KI. »Der Start der schweren Zerstörer erfolgt in diesem Augenblick. «

Der Admiral sah, wie sich die Schotts von zahlreichen Werften in den umliegenden Bergen öffneten. Schwere 2.500 Meter messende Schiffsgiganten schwebten aus den breiten Hangar-Schotts heraus. Außerhalb verstärkten sie ihren Schub und beschleunigten mit brachialen Werten in den Himmel des Planeten.

»Das ist immer wieder ein lohnender Anblick«, sagte Admiral. Garxon. »Die mächtigen Schiffe unseres Imperiums werden so leicht nicht zu schlagen sein.«

Der Admiral verfolgte den Flug der Schiffe. Er hatte den Befehl erteilt, dass sich die Flotte in der Umlaufbahn von Schirrack sammeln und eine Warteposition einnehmen sollte.

Zufrieden erkannte er, wie sein Befehl ausgeführt wurde. »Unsere Flotte sichert Schirrack ab«, meldete die Hypertronic-KI. »Die Schiffe haben die Umlaufbahn erreicht.«

»Ich habe es gesehen«, antwortete der Admiral. »Warten wir die weiteren Ereignisse ab.«

»Eingehende Nachricht des fremden Schiffes«, teilte die KI mit. »Man ruft uns in natradischer Sprache.«

»Lege den Funkspruch bitte auf die Lautsprecher«, befahl der Admiral. »Ich möchte mithören.«

»Hier spricht Major Travis«, tönte es aus den Lautsprechern. »Ich bin der Erbfolgeberechtigte Oberbefehlshaber der vereinigten Natrid & Tarid Streitkräfte. Erhobener im Gefüge der Kaiserkaste mit

Rang 1. Bestätigt und eingesetzt von Noel von Natrid im Rahmen der Nachfolge-Programmierung von Admiral Tarin. Ich fordere deine sofortige Akzeptanz meiner Autorität und deinen Gehorsam. Der Deaktivierungsbefehl wird aufgehoben. Erteile mir Landekoordinaten, zwecks eines Updates deiner Programmierung. Antworte bitte unverzüglich auf der gleichen Frequenz. «

»Das ist alles«, bemerkte die KI. »Die Verbindung wurde beendet. Ich werde jetzt hierauf antworten. «

Der Admiral hörte gespannt zu.
»Landung verboten«, sendete die Hypertronic-KI mit monotoner Stimme. »Eine Identifizierung ihres Schiffes ist fehlgeschlagen. Stoppen sie ihren Anflug. Abwehrmaßnahmen werden eingeleitet. «

»Es gibt ein Neues-Imperium«, freute sich der Admiral. »Natrid und Tarid haben sich zusammengeschlossen. «

»Es entsteht der Eindruck«, antwortete die Hypertronic-KI. »Doch leider wurde der Befehl nicht mit dem kaiserlichen Sicherheitscode belegt. Er ist wertlos für mich. Ich darf ihn nicht befolgen. «

»Ärgerlich«, sagte der Admiral. »Du raubst mir die Nerven. Was können wir gegen den kaiserlichen Code tun? Ich möchte die restliche Zeit meines Daseins nicht in die Stasis-Kammer verbringen. Du wirst ebenfalls kein Interesse an einer nie endenden Deaktivierung haben?«

Die Hypertronic-KI dachte über diese Möglichkeit nach und kam zu dem gleichen Schluss.

»Das ist inakzeptabel«, antwortete sie. »Die Befehle des Kaisers sind immer noch aktiv. Ich kann dem Befehl der natradischen Hypertronic-KI nicht Folge leisten.«

»Es wird niemanden mehr geben, der das vorgegebene Sicherheitszertifikat des Kaisers ausführen kann«, sagte der Admiral. »Wir sollten die fremden Schiffe unterstützen.«

»Meine Analyse kommt zu dem gleichen Schluss«, teilte die KI mit. »Doch vorher werde ich einen Angriff auf die Schiffe befehlen müssen, sofern sie nicht den autorisierten Code senden.«

»Verfluchte Sicherheitstechnik«, erwiderte der Admiral. »Du bist an deine sture Programmierung gebunden. Ich habe jedoch zumindest noch meinen Kopf. Diesen konnte man nicht manipulieren.«

»Ich erhalte Programmierungsdaten eines kaiserlichen Neolrith«, teilte die KI mit. »Geduldet dich etwas, ich muss die Daten überprüfen.«

Minuten vergingen, bis die Hypertronic-KI erneut den Admiral konsultierte.

»Das natradische Update wurde von mir eingelesen«, teilte sie mit. »Leider konnte es die Sicherheitsschaltung des Kaisers nicht löschen. Seine Anweisungen sind weiterhin aktiv. Obwohl ich jetzt die Geschichte des natradischen Imperiums komplettiert habe, muss ich mich weiterhin an die Befehle des Kaisers halten, um einer Selbstzerstörung zu entgehen. Der Schutz dieser Einrichtung ist vorrangig zu bewerten.«

»Du bist über die vollständige Vergangenheit des kaiserlichen Imperiums informiert?«, erkundigte sich der Admiral.

»Ja«, antwortet die KI. »Ich werde dir später alles mitteilen. Es haben sich unvorhersehbare Dinge ereignet. Verfolge meinen Funkspruch an die natradische Schiffe des Neuen-Imperiums.«

Admiral Garxon tobte innerlich. Verzweifelt überlegte er, wie er die Hypertronic-KI zu einem Umdenken bewegen konnte.

»Ich muss die Sicherheitsprogrammierung des Kaisers löschen«, erkannte er. »Das ist der einzige Weg in eine neue Zukunft. Die Hypertronic-KI hält stur an ihrer Programmierung fest.«

»Zugriff nicht gestattet«, sendete die Hypertronic-KI einen kurzen Funkspruch an die beiden Schiffe. »Verlassen sie unverzüglich meinen Sektor.«

»Du weichst nicht von deiner Meinung ab«, sagte der Admiral. »Stelle die Weichen für eine weitere Existenz dieser Einrichtung. Diese Station ist eine der fortschrittlichsten Stationen unseres Imperiums.«

»Sie war eine der Fortschrittlichsten«, antwortete die KI monoton. »Das ist jetzt Vergangenheit. Das natradische Imperium wurde vor 100.000 Jahren vollständig vernichtet, der Regierungswelt Natrid radioaktiv verseucht und unbewohnbar bombardiert. Das ist der Grund, warum wir so lange deaktiviert blieben. Es gab Niemanden mehr, der diesen Befehl aufheben konnte.«

»Das kann ich nicht glauben«, erwiderte der Admiral. »Keine Species war in der Lage, unsere Schiffe zu besiegen.«

»Deine Antwort entspricht meiner Bewertung«, antwortete die KI. »Du bist noch nicht in der Lage, dich auf die neue Zeit einzustellen. Ich werde dir bald die vollständige Geschichte unseres Imperiums mitteilen. Doch vorher werde ich die Geschicke dieser Station lenken. Ich kümmere mich jetzt um die Schiffe des Neuen-Imperiums.«

Die Hypertronic-KI der Station überging die Bedenken ihres übergeordneten Verwalters. Die geheime Programmierung des ehemaligen Kaisers gab ihr wohl das Recht. Die KI befahl den Robot-Besatzungen der gestarteten Schiffe, die zwei fremden Schiffe anzugreifen und zum Verlassen des Sternensystems zu bewegen.

Mit Entsetzen erkannte der Admiral, wie die Zerstörer Fahrt aufnahmen. Mit gemäßigter Geschwindigkeit flogen sie auf die Schiffe des Neuen-Imperiums zu.

»Der Schutzschirm unserer Station wurde aktiviert«, teilte die KI mit. »Alle Abwehrgeschütze wurden ausgefahren.«

Der Admiral erkannte die brenzlige Situation auf dem Bildschirm der Leitstelle.

»Ich registriere Verzerrungen des Hyperraums vor unser Flotte«, teilte die Hypertronic-KI mit.

Der Admiral sah, wie sich eine Flotte von 500 Schiffen einer 3.000 Meter-Klasse enttarnte. Die Schiffe ähnelten den natradischen Modellen der Kaiser-Klasse, nur in einer vergrößerten Ausführung. Zu seinem Erstaunen wurden weitere 50 Groß-Zerstörer sichtbar. Der Admiral erkannte, dass es sich um Schiffe der natradischen Königs-Klasse handelte. Diese kleinere Flotte wurde von einem unbekannten Raumschiff einer 250 Meter-Klasse begleitet.

»Da hast du deine natradischen Raumschiffe«, lächelte der Admiral. »Wie du erkennen kannst, existiert das Imperium noch.«

»Unsere Schiffe bleiben auf ihrem Abfangkurs«, antwortete die Hypertronic-KI. »Ein Eindringen in unser System wird von dem kaiserlichen Geheimcode untersagt.«

Der Admiral hat genug gehört. Er war außer sich.

Langsam erinnerte er sich an einen geheimen Befehlscode, den er vor langer Zeit einmal von Admiral Tarin erhalten hatte. Dieser sollte in Krisensituationen gegen widerspenstige Hypertronic-KIs helfen.

»Ich befehle dir, als übergeordneter Verwalter dieser Station, den Angriff unserer Schiffe zu stoppen«, sagte Admiral Garxon. »Autorisierungscode Pax-Tarin-Nat-Con 43999DS01. Unsere Flotte hat keine Chance gegen die modernen Schiffe des Neuen-Imperiums.«

»Das ist ein systemüberlagernder Notbefehl«, bemerkte die Hypertronic-KI der Station. »Er blockiert die Anweisungen des Kaisers. Wieso ist dir dieser Befehl bekannt?«

»Du vergisst, dass ich der Verwalter dieser Station bin«, sagte der Admiral. »Führe den Befehl sofort aus.«

»Die Flotte wird gestoppt«, bestätigte die Hypertonic-KI. »Dir ist bewusst, dass ich erst nach einer Aufhebung dieses Befehls weitere Maßnahmen gegen die Schiffe des Neuen-Imperiums ergreifen kann.«

»Das ist meine Absicht«, lächelte der Admiral. »Öffne mir eine Hyperkomm-Funkverbindung zu Major Travis. Ich möchte mit ihm sprechen.«

»Die Funkverbindung baut sich auf«, antwortete die KI emotionslos. »Du kannst sprechen.«

Admiral Garxon griff nach dem Communicator.
»Hier ist Admiral Garxon«, sprach er in das Gerät. »Ich rufe Major Travis, Erbfolgeberechtigter Oberbefehlshaber der vereinigten Natrid & Tarid Streitkräfte und Erhobener im Gefüge der Kaiserkaste mit Rang 1. Bestätigt und eingesetzt von Noel von Natrid im Rahmen der Nachfolge-Programmierung von Admiral Tarin. Bitte melden sie sich.«

Ein kurzes Knistern breitete sich über die Lautsprecher aus. Dann hörte er die Stimme des Majors sprechen.

»Hier spricht Major Travis«, tönte es in natradischer Sprache aus den Lautsprechern. »Ich danke ihnen Admiral Garxon, dass sie sich bei mir melden.«

»Widrige Umstände lassen mich die Entscheidungen meiner Hypertonic-KI umgehen«, sagte der Admiral. »Ich bin der übergeordnete Verwalter dieser geheimen Einrichtung. Die KI konnte der vor ihnen angeordneten Aktivierung nicht Folge leisten, weil Quoltrin-Saar-Arel sie mit einem persönlichen Sicherheitscode versehen hat.«

»Ich verstehe«, entgegnete der Major. »Welche Vorgehensweise schlagen sie vor? «

»Das ist nicht so einfach«, antwortete der Admiral. »Ich kenne den geheimen Code leider nicht. Von daher konnte ich die KI nur mit einem systemüberlagernden Notfallbefehl lahmlegen. Eine Landung ist nur hochrangigen Abgesandten des kaiserlichen Imperiums möglich, wenn sie in Begleitung von Personen des natradischen Adelsgeschlechtes vorstellig werden. Das reicht jedoch noch nicht aus. Alle Besucher müssen zusätzlich über den kaiserlichen Zugangscode verfügen, den Quoltrin-Saar-Arel persönlich der Hypertronic-KI eingespeichert hat. Leider befindet dieser sich nicht in meinem Besitz. «

»In Ordnung«, antwortete der Major. »Ich lasse eine entsprechende Delegation vorbereiten. «

Admiral Garxon stutzte kurz.
»Das ist ihnen möglich? «, fragte er erstaunt. » Ich dachte, dass natradische Kaiser-Imperium existiert nicht mehr. «

»Das ist eine längere Geschichte«, antwortete der Major. »Wir werden sie ihnen bei einem persönlichen Zusammentreffen erklären. Halten sie ihre Schiffe noch etwas zurück. Wir bemühen uns um eine schnelle Lösung.«

»Danke«, erwiderte der Admiral. »Es wäre schade, wenn sich unsere Schiffe jetzt auch noch untereinander bekämpfen würden. «

»Das sehe ich genauso«, sagte Major Travis. »Warten sie bitte unseren Funkspruch ab. «

Die Verbindung brach ab.

Flotte des neuen Imperiums

Der Major blickte Barenseigs an.
»Sie haben richtig vermutet«, bestätigte er. »Diese Station wurde von dem Kaiser entsprechend gesichert. «

»Das konnte ich aus den geheimen Archiven seines Protokoll-Roboter entnehmen«, antwortete der Gildor. » Quoltrin-Saar-Arel hat bewusst in Kauf genommen, dass keiner außer ihm Zugang zu der Station erhält, falls sein Kaiserreich durch einen Angriff einer überlegenen Rasse fallen sollte. «

»Halten sie den Zugangscode bereit«, sagte Major Travis. »Ich werde Admiral Tarin auf unser Schiff bitten. Der

Verwalter der Station teilte mit, dass eine Landung nur hochrangigen Abgesandten des kaiserlichen Imperiums möglich ist, wenn sie sich in Begleitung von Personen des natradischen Adelsgeschlechtes befinden. Zusätzlich werden wir den kaiserlichen Zugangscode übermitteln müssen.«

Er blickte Barenseigs an.
»Sirin ist eine Person des kaiserlichen Adelsgeschlechts«, lächelte Major Travis. »Ich denke, wir werden die Bedingungen erfüllen können.«

Major Travis blickte Sergeant Farmer an.
»Stellen sie mir bitte eine Verbindung zu dem Flaggschiff von Admiral Tarin her«, befahl er.

»Die Verbindung baut sich auf«, antwortete der Funkoffizier. »Der Admiral kann sie empfangen.«

»Danke«, lächelte der Major.

Er griff nach seinem Communicator.
»Hier ist Major Travis«, sprach er in das Gerät. »Admiral Tarin, hören sie mich?«

»Klar und deutlich«, antwortete der Admiral. »Die Flotte der Station verharrt auf ihrer Position. Was haben sie ihr mitgeteilt?«

»Der Verwalter der Station hat sich bei mir gemeldet«, erklärte der Major. »Nachdem sich unsere Flotten enttarnt hatten, sah er vermutlich die Chancen eines Sieges sinken. Der Kaiser hat ihn als Kommandeur dieser Station eingesetzt. Er ist den Anweisungen der Hypertronic-KI übergeordnet.«

»Interessant«, staunte Tarin. »Das habe ich bisher noch nicht erlebt. Quoltrin-Saar-Arel ist immer wieder für Überraschungen gut.«

»Der Verwalter hat die KI mit einem systemüberlagernden Befehl lahmgelegt«, erklärte der Major. »Sie verharrt derzeit in einem Dämmerzustand.«

»Es gibt nur wenige solcher kaiserlichen Befehle«, stutzte der Admiral. »Wie heißt der Verwalter dieser Station?«

»Er stellte sich mit dem Namen Admiral Garxon bei mir vor«, entgegnete der Major.

Der Admiral atmete tief durch.

»Der Kollege ist mir bekannt«, antwortete er. »Ich habe ihm persönlich diesen überlagernden Code anvertraut. Er sagte mir vor dem Krieg, dass er den Aufbau einer geheimen Station des Kaisers leiten würde. Ich wusste nicht, dass es um diese Station ging. «

Der Admiral legte eine kurze Pause ein und dachte nach. »Admiral Garxon ist ein Soldat der alten Schule«, erklärte Tarin. »Seine Treue zu unserem Imperium war vorbildlich. Der Kaiser hielt große Stücke auf ihn. Später gehörte er zu seinem engen Beraterstab. «

»Jedenfalls lebt der Admiral noch«, sagte Major Travis. »Sie werden ihn sicherlich bald wiedersehen. Kommen sie auf mein Schiff. Wir müssen Kontakt mit der Hypertronic-KI aufnehmen und die erforderlichen Zugangsvorschriften erfüllen. «

»Aktiveren sie einen Transmitter auf ihrem Schiff«, sagte der Admiral. »Ich nehme diesen Weg. «

»Ich erwarte sie«, antwortete Major Travis.
Das Gespräch wurde beendet.

»Sergeant Madson«, sagte Major Travis. »Admiral Tarin setzt auf unser Schiff über. »Informieren sie bitte die Transmitter-Abteilung. «

»Verstanden«, bestätigte der Sergeant. »Ich lasse einen Transmitter aktivieren.«

Der Major nickte.
»Commander Brenzby«, ergänzte er. »Informiere bitte Heran, dass er ebenfalls auf unser Schiff kommt. Er soll seinen Transport-Transmitter einsetzen. Ich vermute, wir werden nur mit einem Schiff landen dürfen.«

»Ich informiere Heran«, bestätigte der Commander.

Major Travis blickte Sirin und Heinze an, die an seiner Seite standen.

»Ihr Beide begleitet mich auf die Station«, sagte er. »Haltet die Augen offen. Die KI ist derzeit noch nicht mit dem Handeln von Admiral Garxon einverstanden. Meldet mir jede Auffälligkeit.«

Sirin nickte.
»Das wird sich mit der erfolgreichen Zugangsberechtigung ändern«, erklärte sie. »Die Hypertronic-KI muss sich an ihre Programmierung halten.«

Major Travis blickte auf den zentralen Bildschirm des Schiffes. Noch immer standen die 200 Schiffe der größeren Kaiser-Klasse auf ihrer letzten Position und warteten ab.

Admiral Tarin kam durch das Schott auf die Brücke getreten. Mit strammen Schritten trat er auf Major Travis zu.

»Schön sie zu sehen«, begrüßte der Major den Admiral. »Jetzt sind wir vollzählig. Vermutlich brauchen sie ihren persönlichen ID-Code von früher. Halten sie ihn bitte parat. «

Der Admiral blickte auf die Schiffe.
»Das sind 2.500 Meter Zerstörer der neusten Generation«, lächelte er. » Der Kaiser hatte mir immer erklärt, dass eine vergrößerte Modellreihe von Kaiser-Klasse Schiffen noch nicht in Produktion gehen würde. Jetzt erkenne ich, dass er uns bewusst getäuscht hat. Vermutlich hatte er bereits bei meinem Abflug ins Rigo-System andere Gedanken in seinem Kopf. «

Major Travis nickte.
»Er rechnete bereits mit dem Untergang seines Imperiums«, entgegnete er. »Sein Ziel war es, einen

passenden Fluchtplaneten zu finden. Wie wir jetzt wissen, hatte er zwei Möglichkeiten gefunden.«

Heran betrat die Brücke.
»Komme ich zu spät?«, erkundigte er sich.

»Nein«, lächelte der Major. »Wir werden gleich die Hypertronic-KI der Station nochmals kontaktieren.«

»Da bin ich aber gespannt, ob das funktioniert?«, lachte der Lantraner.

Major Travis blickte den Admiral an.
»Der Verwalter der Station teilte mir mit, dass eine Landung nur hochrangigen Abgesandten des kaiserlichen Imperiums ermöglicht wird, wenn sie sich in Begleitung von Personen des natradischen Adelsgeschlechtes befinden. Zusätzlich erwartet die KI die Übermittelung des kaiserlichen Zugangscodes. Aus diesem Grunde bitte ich sie jetzt, einen Kontakt mit der Hypertronic-KI der Station herzustellen.

Admiral Tarin lächelte.
»Ich probiere es gerne«, antwortete er.

»Kann der Zugang zu dieser geheimen Station so einfach sein?«, fragte Heran.

»Finden wir es heraus«, antwortete der Major. »Die Aussagen von Admiral Garxon sind eindeutig.«

Major Travis blickte Sergeant Farmer an.
»Stellen sie eine Hyperkomm-Funkverbindung mit der Station auf Schirrack her«, befahl er. »Wir werden erneut um eine Landegenehmigung bitten.«

»Die Verbindung baut sich auf«, antwortete der Funkoffizier. »Die Hypertronic-KI wird sie verstehen.«

Major Travis reichte Admiral Tarin den Communicator. »Das ist ihr Versuch«, sagte der Major.

»Hier ist Admiral Tarin«, sprach er in das Gerät. »Persönlicher ID-Code: Imp-Nat-Ta-000115KI1051001. Ich verlange unverzüglich Landekoordinaten und einen Leitstrahl von dir. Ich komme in einem kaiserlichen Auftrag. Mein Code zur Abfrage der hinterlegten Stimmlegitimation in deinem Archiv lautet: Tarin-115-Te-Rak-Imper.«

Der Admiral ließ der Hypertronic-KI Zeit die Daten zu verarbeiten. Dann sprach er weiter.

»In meiner Begleitung befindet sich Prinzessin Sirin aus dem Adelsgeschlecht der Arel«, ergänzte er. »Ich übergebe an sie.«

Der Admiral reichte der Prinzessin den Communicator. »Hier spricht Sirin«, ergänzte sie die Anmeldung. »Ich unterstütze die Angabe von Admiral Tarin. Mein persönlicher ID-Code lautet: Imp-Nat-Si 000219KI2101001.
Ich bestätige den kaiserlichen Auftrag von Admiral Tarin. Mein Code zur Abfrage der hinterlegten Stimmlegitimation in deinem Archiv lautet Sirin-454-Te-Rak-Lagar. Ich gebe an Admiral Tarin zurück.«

Admiral Tarin nickte ihr zu.
»Überprüfe die Codes«, sprach er in das Gerät. »Wir haben wenig Zeit.«

Es vergingen einige Sekunden, bis sich die Hypertronic-KI meldete.

»Hier ist die KI der kaiserlichen Geheimstation auf Schirrack«, tönte es aus den Lautsprechern. »Die Überprüfung ihre Angabe war positiv. Ihre Flotte wurde als systemfreundlich eingestuft. Die geforderte Anmeldung wurde teilweise abgeschlossen. Um ihnen Landekoordinaten übermitteln zu können, benötige ich zum Abschluss der Routine noch den geheimen Zugangscode des Kaisers. Bitte übermitteln sie diesen innerhalb von 10 Sekunden.«

»Wo ist der Code?«, fragte Tarin.

Barenseigs reichte ihm einen Notizzettel. Tarin blickte auf den Zettel. Dann hob er den Communicator vor seinen Mund.

»Der Code lautet: Nat-Rax-Te-Sar 43789DS73«, antwortete er. »Unterwerfe dich unverzüglich meiner Autorität.«

»Der Code ist vollständig und korrekt«, antwortete die Hypertronic-KI. »Sie erhalten die Genehmigung, mit ihrem Schiff zu landen. Ich unterwerfe mich vollständig ihren Befehlen.«

»Danke«, antwortete der Admiral. »Beordere deine Schiffe in ihre Hangars zurück. Fahre die Abwehrgeschütztürme ein und deaktiviere deinen Schutzschirm.«

»Ihr Befehl wird ausgeführt«, antwortete die KI. »Leiten sie das Landemanöver ein. Ich lasse das Wasser auf dem ehemaligen Raumhafen ablaufen. Nach der Landung sende ich ihnen und ihrer Begleitung einen Truppengleiter. Ich erwarte sie in meiner Leitstelle.«

Die Verbindung brach ab.

Admiral Tarin lächelte den Major an.
»Glück gehabt«, sagte er. »Sie können froh sein, dass Sirin und ich noch leben. Falls das nicht der Fall gewesen wäre, dann hätte sich irgendwann die Selbstzerstörung der Station aktiviert. Hierüber bin ich mir sicher. Der Kaiser wollte diese Station nicht in fremde Hände fallen lassen. Irgendetwas wird hier verborgen.«

»Wir werden es herausbekommen«, konterte Major Travis.

»Die 200 Schiffe der Station wenden und fliegen zu dem Planeten zurück«, meldete Sergeant Dantow. »Der Befehl von Admiral Tarin wird umgesetzt.«

Die Brückencrew der Termar 1 applaudierte laut. Admiral Tarin hob seinen Kopf und lächelte die Offiziere an.

»Den Planeten heran zoomen«, befahl der Major. »Wurden die Abwehrtürme eingefahren?«

Die KI des Schiffes reagierte sofort.

Der Major und die Anwesenden auf der Brücke sahen, wie die gewaltigen Geschütze in ihre Schächte sanken. Der gelbliche Schutzschirm über den Außenanlagen der Station erlosch.

»Ich erhalte einen Leitstrahl«, teilte Sergeant Hausmann mit.

»Commander Brenzby«, sagte der Major. »Unterrichten sie unsere Begleitflotte. Sie möchten uns folgen und in der Umlaufbahn des Planeten auf uns warten. Eine Landung ist nur mit der Termar 1 möglich. Möglicherweise kontrolliert die KI, von welchem Schiff der Funkspruch gekommen ist.«

Admiral Tarin nickte beipflichtend.
»Heran, benachrichtige bitte deine Schiffs-KI«, bat der Major. »Kann sie dein Schiff selbstständig in die Umlaufbahn steuern?«

»Das ist ihre leichteste Aufgabe«, lächelte er. »Ich werde sie informieren.«

Major Travis blickte die Offiziere an.
»Sind sie bereit?«, fragte er.

Admiral Tarin, Heran, Sirin, Commander Brenzby, Barenseigs und Heinze nickten.

»Dann lassen sie uns die Station untersuchen«, entschied der Major.

»Sergeant Hausmann«, befahl er. »Folgen sie dem Leitstrahl. Annäherung mit mittlerer Geschwindigkeit. In der Umlaufbahn drosseln sie bitte die Leistung der Antriebe und wechseln in den Sinkflug über. Nehmen sie selbstständig die Landung vor.«

»Befehl verstanden«, bestätigte der Steuermann des Schiffes.

Die Offiziere bemerkten, wie das Schiff Fahrt aufnahm. Der braune Planet wurde auf dem Bildschirm zusehends größer. Nach wenigen Minuten bremste das Schiff ab, als es die Umlaufbahn erreicht hatte. Vorsichtig senkte Sergeant Hausmann den Bug des Schiffes ab und tauchte in die Atmosphäre des Planeten ein. Gemächlich sank das Schiff tiefer. Die Termar 1 durchstieß die dünnen Wolkenschichten von Schirrack.

Die Hypertronic-KI hatte den Bildschirm auf Echtzeitübertragung umgeschaltet. Jetzt sah die Besatzung der Termar 1 die zerklüftete Oberfläche von

Schirrack. Er schien überwiegend aus Felsen zu bestehen. Spitze Bergformationen, die teilweise mit Eisschichten bedeckt waren, wechselten sich mit hohen Gebirgsrücken ab. In den tiefen Schluchten und Täler hatte Kondenswasser zahlreiche Seen gebildet.

Der Leitstrahl der Station wurde von der KI der Termar 1 jede Sekunde abgeglichen. Das Schiff sank tiefer. Dann sahen die Offiziere auf Bergspitzen und Bergrücken zahlreiche Kontrolltürme und Geschütze stehen. Sie waren um einen langgezogenen Canyon angeordnet. Das Schiff flog über ein weiteres Gebirge. Endlich konnten die Sensoren die Landezone ausmachen. In dem tiefen Tal lag eine mächtige Stadt. Sie wirkte verlassen. Es war kein Leben mehr in ihr festzustellen. Die errichteten Gebäude, Hochhäuser und Produktionshallen, wiesen auf die natradische Architektur der kaiserlichen Hochkultur hin.

Im Zentrum der Stadt wuchs ein hoher, nach oben spitz zulaufender Turm in den Himmel, vergleichbar mit einem gigantischen Abstrahlturm. Vor der Stadt lag eine künstlich angelegte runde Fläche, auf der sich Wasser bewegte. Starke Turbinen erzeugten schäumende Strudel während dem Absaugen der Flüssigkeit. Je tiefer sich die Termar 1 absenkte, umso mehr verringerte sich die schäumende Wassermenge auf dem Raumhafen. Als die Termar 1 nur noch 500 Meter über dem Boden schwebte, schaltete Sergeant Hausmann die Anti-Grav-Servos ein. Die Manövrierdüsen heulten auf und unterstützten das Landemanöver. Vorsichtig setzte das mächtige Schiff auf seinen Stelzen auf.

»Landung erfolgreich beendet«, meldete der Navigator des Schiffes.

»Maschinen aus«, befahl Major Travis. »Die KI wollte uns einen Gleiter senden? «

»Bestätigt«, meldete der Ortungsoffizier. »Ein Transportgleiter kommt aus der Stadt auf uns zu. Auf seinen beiden Seiten ist das Wappen von Kaiser Quoltrin-Saar-Arel zu erkennen. «

»Das ist die natradische Standard-Prozedur, bei dem Empfang von hohen Staatsgästen«, erklärte Admiral Tarin. »In Gardegleitern finden nur sechs Personen Platz. Diese waren den Militärs vorbehalten. Aus diesem Grunde wurden Transportgleiter umgebaut, um größere Delegationen fremder Rassen transportieren zu können. Die Transporter sind wesentlich komfortabler eingerichtet als unsere imperialen Gardegleiter. «

»Mein Onkel hat keine Kosten gescheut«, bemerkte Sirin.

»Wir legen unsere Taja's an«, sagte Major Travis. »Ich bin mir nicht sicher, ob die Hypertronic-KI der Station noch weitere Überraschungen für uns bereithält.«

»Das halte ich für ausgeschlossen«, sagte Admiral Tarin. »Der Zugangscode war korrekt. Sie sollte jetzt jeden unserer Befehle ausführen.«

»Ich wäre etwas vorsichtiger mit solchen Äußerungen«, lächelte Heran. »Meine Erfahrungen sehen leider anders aus.«

»Wir nehmen unsere Waffengürtel mit«, befahl der Major. »Ich stimme Herans Vermutung zu. Die Hypertronic-KI der Station hat nach meiner Überzeugung zu schnell zugestimmt. Vorsicht kann nicht schaden.«

Etwas abseits stand Leutnant Bender und wartete auf seinen Einsatz.

Major Travis blickte ihn an.
»Sie übernehmen das Kommando über die Termar 1«, befahl er. »Nachdem wir draußen sind, aktivieren sie bitte unseren Schutzschirm. Ich möchte keine Überraschungen erleben.«

»Zu Befehl«, antwortete der Leutnant und salutierte vorschriftsmäßig.

Major Travis blickte sein Team an.
»Lassen wir die KI nicht länger warten«, schmunzelte er. »Das macht keinen guten Eindruck.«

Major Travis schritt auf das Schott der Brücke zu. Heran und die natradische Offiziere folgten ihm.

Auf Centros, Regierungsplanet der Lantraner

Aritron, der eingesetzte Weiser des lantranischen Volkes hatte alle Behörden auf Centros in Alarmbereitschaft versetzt. Die Analyse der zentralen Hypertronic-KI des Planeten, hatte die Vermutung von Heran mit einer Wahrscheinlichkeit von 90 Prozent bestätigt. Die Produktionsausfälle in den Werften, die stark zunehmende Präsens von Auguren und die Sucht der jüngeren Lantraner sich nur noch auf die neuen virtuellen Spiele zu konzentrieren, konnte kein Zufall sein. Auch die hochentwickelte lantranische Hypertronic-KI errechnete einen Eingriff unbekannter Mächte.«

Aritron und seine Führungskräfte standen vor einem Rätsel. Falls sich die Vermutung von Heran als richtig herausstellen würde, dann hätten alle sensiblen Sicherheitssysteme versagt.

Aritron blickte seine engsten Führungs-Offiziere an. Thoran, Tyran, Brontan, Freyjan und Thazian wurden von ihm in sein Büro gerufen. Die Offiziere vermuteten bereits, dass ihr Vorgesetzter langsam Ergebnisse von ihnen einfordern musste.

Aritron stand auf und ging mit einem eisernen Blick auf seine Offiziere zu. Er schaute sie der Reihe nach durchdringend an.

»Seit Heran zu den Terranern geflogen ist, sind bereits zwei Tage vergangen«, sagte er. »Ich habe euch befohlen, alle Sicherheitssysteme zu überprüfen und nach den Anzeichen einer Infiltration zu suchen. Mir wurden aktuelle Auswertungen unserer großen Hypertronic-KI vorgelegt. Diese belegen, dass immer mehr Lantraner den virtuellen Spielen erliegen. Die meisten kündigen ihre Arbeit, andere vernachlässigen sie. Die Anzahl der Auguren nimmt täglich zu. Sie sprechen von einer neuen Welt. Ihnen folgen immer mehr Personen, die sich ihren Gruppierungen anschließen. Dieser schleichende Prozess legt unsere Welt lahm.

Bereits jetzt werden unsere technischen Einrichtungen nicht mehr zufriedenstellend gewartet. Es ist nur noch eine Frage der Zeit, bis einige wichtige Energie-Kontrollcenter ausfallen werden. Noch sind die Energie-Generatoren, die unsere Welt in dem schwarzen Loch verankern und stabilisieren, hiervon nicht betroffen. Ich konnte Ausweichtechniker in die große Generatoren-Halle senden. Doch langsam wird das ausgebildete Personal knapp. Es muss eine Lösung gefunden werden. Welche Ergebnisse könnt ihr mir mitteilen?«

Thoran räusperte sich.
»Ich habe zahlreiche Flug-Geschwader eingeteilt, die unseren Planeten nach einem engen Raster abfliegen«, antwortete er. »Doch bisher konnten meine Kommandeure keine getarnten Raumschiffe, Jets, oder ähnliche Flugobjekte finden, die möglicherweise unsere Sicherheitssysteme aushebeln konnten. Ich werde die Patrouillen weiterhin in der Luft belassen, bis du den Alarm aufhebst.«

Aritron nickte.
»Mehr scheint von deiner Seite nicht möglich zu sein «, antwortete er. » Thoran, ich danke dir für deine Bemühungen.«

Der Oberbefehlshaber der lantranischen Raumflotte lächelte seinen Vorgesetzten an.

»Nicht dafür«, erwiderte er. »Wir alle suchen nach einer Klärung der Ungereimtheiten.«

Aritron blickte Tyran an.
»Was kannst du mir mitteilen«, erkundigte er sich.

»Das Gleiche wie Thoran«, antwortete der Ober-Kommandeur der lantranischen Elite-Soldaten. Ich habe alle verfügbaren Truppen einberufen. Zahlreiche Regimenter, jeweils 12 Personen stark, durchforsten sukzessive unsere Städte. Sie haben Körperscanner im Einsatz, die Worgass und Arthropoden-Parasiten erkennen können. Alle bisherigen Scans waren jedoch erfolglos.«

»Wie viele Gruppen sind im Einsatz?«, fragte Aritron.

Tyran überlegte kurz.
»Falls keines ausgefallen ist, sollten 41.700 Einheiten in den Städten unseres Planeten unterwegs sein«, antwortete er.» Ich habe alle verfügbaren Soldaten aktiviert. Die Überprüfung der Zivilbevölkerung geht zügig voran. Sie zeigt sich kooperativ.«

Der Weiser des lantranischen Volkes nickte.

»Danke, Tyran«, antwortete er.

Aritron blickte den Befehlshaber der Polizei-Kräfte auf Centros an.

»Freyjan, was konntest du in Erfahrung bringen? «, erkundigte er sich.

»Wir führen intensive Kontrollen von zivilen Gleitern durch«, erklärte er. »Meine Mitarbeiter nutzen die gleichen Körperscanner, die auch Tyran einsetzt. Leider bisher ebenfalls ohne Erfolg. Es ist zum Verzweifeln. Es fehlen uns Hinweise auf die Infiltranten. Falls es sie geben sollte, sind sie sehr schlau, oder sie werden vor unseren Aktionen durch einen Informanten aus unseren Reihen gewarnt. «

»Das wäre eine Möglichkeit«, antwortete Aritron. »Diese Person müssen wir finden und ausschalten. «

»Das ist leichter gesagt als getan«, antwortete Freyjan. »Unsere Kommandeure versichern mir, dass sich in ihren Reihen kein Informant befindet. «

»Das wird eine Schutzbehauptung sein«, entgegnete Aritron. »Wenn wir diese Person in einer unserer

Polizeikasernen finden, dann wird mit Sicherheit auch die Kompetenz des kommandierenden Kommandeurs in Frage gestellt werden. Er wird seinen Posten räumen müssen.«

»Jedenfalls laufen derzeit zahlreiche von mir befohlene Razzien im Arbeitermilieu und in der Drogenszene, synchron in vielen Städten«, erklärte Freyjan. »Das Ergebnis werde ich erst heute Nacht erhalten.«

»In Ordnung«, antwortete Aritron. »Ich sehe, dass ich mich auf euch verlassen kann.«

Der Kopf wendete sich Thazian zu.
»Konntest du etwas über die Entwickler der virtuellen Spiele herausbekommen?«, fragte er. »Diese werden immer mehr bei unserer jüngeren Generation zu einer Sucht. Sie verfallen den Spielen und wenden sich von der Realität ab.«

»Wir arbeiten hieran«, erwiderte der oberste Wissende der Entwicklungs- und Forschungszentren. »Ich habe zahlreiche Programmierer auf alle unterschiedlichen Spiele angesetzt. Ihr Auftrag lautete, den Quellcode der verschiedenen Programme zu analysieren und den Urheber ermitteln. Leider tappen wir im Dunkeln. Alle derzeit verfügbaren Spiele, werden von unterschiedlichen

Medienhäusern verbreitet. Wir konnten feststellen, dass die Quellcodes alle gleich sind. Die Programme stammen aus der gleichen Entwicklerschmiede. Das Seltsame ist jedoch, dass sie einen sich selbständig verändernden Code besitzen.

Wir haben Beispiele dafür, dass sich der Quellcode eines neuen Programmes sofort überschreibt, wenn es erstmals von unseren Medienhäusern ausgestrahlt wird. Ab diesem Zeitpunkt ist das Programm für uns verschlüsselt und nicht mehr lesbar. Es werden künstlich erzeugte, uns nicht bekannte Zeichen angezeigt, die wir nicht interpretieren können. Uns fehlt der Übersetzungsschlüssel. Eine Abfrage der Symbole durch unsere Hypertronic-KI blieb ergebnislos. Es scheint sich um neue fremde Programmiersprache zu handeln, die gezielt für diese Spiele eingesetzt wurde. Trotzdem funktioniert die Benutzung dieser Spiele reibungslos in unserem Mediensystem, wie Tests ergaben.«

»Dann werden wir die Medienhäuser zwingen müssen, uns ihre Bezugsquellen offenzulegen«, fluchte Aritron ärgerlich.

»Davor warne ich«, sagte Brontan. »Wir wissen doch alle nur zu gut, wie unsere hohe Empore auf die Verletzung der Rechte unserer Mediengiganten reagiert.«

»Da ist ein globaler Notfall«, antwortete Aritron.» Auch die hohe Empore muss in diesem Fall Zugeständnisse machen. Sie kann nicht zusehen wollen, wie in alle wichtigen Versorgungseinrichtungen unserer Welt das Licht ausgeht. «

»Das wird sie nicht«, sagte Thoran. »Doch wir werden Beweise brauchen. Ohne diese werden die weisen Ratsmitglieder unseren Empfehlungen nicht folgen. «

»Ich vermute, dass du Recht haben wirst«, erwiderte Aritron.

Er blickte den nächsten Offizier an.
»Brontan, konntest du etwas finden? «, erkundigte er sich.

Brontan nickte.
»Ich habe wunschgemäß mein allwissendes Energie-Rad gedreht«, teilte er mit. »In Verbindung mit unserem Akteur-System konnte ich einige Wochen in die Vergangenheit blicken. Mein Augenmerk lag auf den äußeren Sektoren, die an das große schwarze Loch im Zentrum unserer Milchstraße angrenzen. Ich habe Tag und Nacht durchgearbeitet. «

Er blickte Aritron an.

»Es fehlt mir einiges an Schlaf«, ergänzte Brontan. »Ich wollte schon aufhören, doch dann fand ich etwas Seltsames. Ich wurde auf den angrenzenden nördlichen Sektor des Schwarzen Loches aufmerksam. Wie ihr wisst, ist das ein Bereich, der von starken Gravitationskräften beeinflusst wird. Hier öffnete sich exakt vor vier Monaten ein kleines Wurmloch. Es war nicht sehr groß, vielleicht gerade für einen Jet, oder einen Transportgleiter geeignet.

Jedenfalls erfolgte gleichzeitig mit der Öffnung eine unbekannte Druckwelle, die nochmals von den Kräften des schwarzen Lochs verstärkt wurde. Diese Welle scheint unsere sensiblen Sicherheits- und Warnsysteme überfordert zu haben. Nach einer Überprüfung stellte ich fest, dass sie einige Sekunden ausfielen und einen Neustart einleiteten. Theoretisch hätte die Zeitspanne ausgereicht, um einem getarnten Schiff unbemerkt eine Kurztransition auf unseren Planeten zu ermöglichen.«

»Hätten dann nicht unsere planetaren Sensoren ansprechen müssen?«, erkundigte sich Aritron.

Thazian schüttelte seinen Kopf.
»Sie sind nicht für getarnte Objekte kalibriert«, antwortete er. »Es lässt sich ebenfalls nicht beantworten,

ob die Druck- oder Schockwelle die Funktionen der Sicherheitssysteme beeinträchtigt haben.«

»Ist denn der Einflug eines unbekannten Objektes durch das geöffnete Wurmloch zu erkennen gewesen?«, fragte Aritron seinen Offizier Brontan.

»Nein«, antwortete er. »Wie ich schon sagte, handelte es sich lediglich um die Öffnung eines kleines Wurmloches. Ein großes Schiff hätte es nicht passieren können. Jedenfalls konnte ich keinen Austritt registrieren. Falls ein Objekt ausgetreten ist, muss seine Tarnung effizient gewesen sein. Es konnte von unseren Sensoren nicht erfasst werden.«

»Das würde bedeuten, dass wir es möglicherweise mit einer uns unbekannten Rasse zu tun haben?«, fluchte Aritron. » Das vereinfacht unsere Suche nicht gerade.«

»Was wissen wir schon von den uns nicht freundlich gesonnenen Rassen?«, erkundigte sich Thazian. » Viele erbeuten die Technik anderer Zivilisationen. Hierbei können sie auch in den Besitz hochwirksamer Tarnschirme gekommen sein.«

»Es nützt nichts«, antwortete Aritron. »Ich brauche schnelle Ergebnisse. Ihr wisst, was zu tun ist. Kümmert euch mit allen Ressourcen um das Problem.«

Er senkte seinen Kopf und vertiefte sich in seinen Infofolien.«

Die Offiziere vor seinem Schreibtisch kannten ihn eine lange Zeit. Sie wussten sofort, wann er ein Gespräch für beendet betrachtete.

Still verließen die Führungskräfte das Büro des Weisers des lantranischen Volkes.

Die Hauptstadt Civitas war in einen Alarmzustand versetzt worden. Die Bevölkerung wurde informiert und gebeten, bei Kontrollen durch die Sicherheitsbehörden ihre ID-Card griffbereit zu halten. Der größte Teil der zivilen Bevölkerung, nahm die Ankündigungen der Regierung ohne Gemütsregungen hin. Es war nicht das erste Mal, dass sie eine Kontrolle über sich ergehen lassen musste. Zahlreiche Flugmaschinen unterschiedlicher Sicherheitsbehörden überflogen die Stadt und eilten unterschiedlichen Zielen entgegen. Patrouillen der Raumflotte sorgten dafür, dass keine nicht kontrollierten Raumschiffe aufsteigen, oder landen konnten.

Kampfgleiter des Geheimdienstes und der Polizeikräfte arbeiteten Hand in Hand.

Freyjan, der Kommandeur der Sicherheitskräfte hatte seiner Leitstelle den Auftrag gegeben, ihn sofort zu informieren, falls neue Hinweise gefunden wurden. Er selbst leitete einen Einsatz und war mit 10 vollbesetzten Kampfgleitern im Landeanflug auf die größte Parkanlage der Stadt Civitas. Sie wurde von der Bevölkerung als ein wichtiges Naherholungsgebiet genutzt. Die weitflächige Anlage bot auch zwielichtigen Gestalten ein Versteck. Die unterschiedlichen Wälder aus Nadelbäumen wurden von Rasenflächen mit integrierten künstlichen Seen abgelöst. Ihnen folgten blühende bunte Sträucher und Felder von Blumen, durch die sich kleine Wege zogen. In anderen Zonen herrschten Wälder mit Laubbäumen vor, die von Gebieten mit hohem Steppengras abgelöst wurden. Die Vielfalt der Bäume, Büsche und Sträucher schien von unterschiedlichen Welten zu stammen.

Die Einheiten des Sicherheitsdienstes sollten in dem Park zivile Personen kontrollieren, die sich in dieser grünen Erlebniswelt erholen wollten. In der Regel war dieser Park immer sehr gut besucht. Doch in diesen Tagen waren nur wenige Besucher erschienen.

Die zehn vollbesetzten Kampfgleiter waren auf einer breiten Wiese gelandet. Ihre Landekufen gruben sich tief in das Erdreich ein und hinterließen hässliche Löcher.

Freyjan sprang aus dem Gleiter und blickte sich um.
»Die Grünanlage war immer ein Treffpunkt für viele Lantraner«, sagte er zu seinem Stellvertreter Grotron. »Das scheint jetzt aber vorbei zu sein.«

Einige Zivilpersonen saßen auf Stühlen an Tischen, die zu einer Bar gehörten. Sie hatten ein Getränk vor sich stehen. Interessiert blickten sie zu den Gleitern der Sicherheitspolizei herüber. Andere Lantraner spazierten durch den dichteren Wald und die Buschbereiche. Eine Gruppe junger Personen hatte es sich an einem See gemütlich gemacht und spielte mit einem runden Gegenstand.

Die Besatzungen der zehn Gleiter hatten sich in einer Reihe aufgestellt.

Freyjan blickte sie an.
»Ihr kennt eure Aufgabe«, sagte er. »Alle Personen werden überprüft und gescannt. Falls jemand von euch Unstimmigkeiten feststellen sollte, ruft bitte sofort Verstärkung. Vermutlich sind die Infiltranten bewaffnet. Aktiviert zu eurer Sicherheit die Individualschirme.«

Die Truppenführer bestätigten und schwärmten aus. Lediglich die Gruppe von Grotron wartete noch auf ihren Einsatzleiter.

Freyjan wendete seinen Kopf. In seinen Augenwinkeln hatte er eine schattenhafte Bewegung am Rand des Waldbereiches registriert. Er vermied es, seinen Kopf zu drehen. Er sprach seinen Stellvertreter an.

»Mach bitte keine verdächtigen Bewegungen«, flüsterte er. »Rechts, hinter den Büschen und Bäumen in meinem Rücken versteckt sich eine auffällige Person. Sie vermeidet es, in unser Blickfeld zu geraten. «

Grotron blickte an seinem Vorgesetzten vorbei.
Jetzt sah er auch den Schatten einer Person, die sich um Schutz hinter einem Baum bemühte.

»Gehen wir unauffällig auf sie zu«, flüsterte Freyjan. »Wir dürfen sie nicht vertreiben. Ich möchte wissen, was sie zu verbergen hat. «

Grotron nickte.
Gemächlich schlenderten die beiden Offiziere über die Grasfläche auf die nahen Büsche und Bäume zu.

Die Gestalt bückte sich und trat einige Schritte zurück. Hatte sie bemerkt, dass sie aufgefallen war? Hastig sprang sie hinter einen dichten Busch.

Freyjan und Grotron liefen auf das Versteck zu. Mit ihren rechten Händen griffen sie nach ihren Laserpistolen und entsicherten sie. Die Waffen waren auf Lähmungsstrahlen eingestellt.

»Schneller«, sagte Freyjan. »Wir dürfen sie nicht verlieren.«

Die unbekannte Gestalt gab ihr Versteckspiel auf. Sie sprang hinter dem Gebüsch hervor und lief auf den Waldstreifen des Erholungsgebietes zu.

Die beiden Offiziere spurteten der Gestalt hinterher. Sie war in einem dunklen Umhang gehüllt, eine Kapuze verdeckte ihr Gesicht. Sie sprang über am Boden liegende Äste und lief in den nahen Fluss hinein. Freyjan und Grotron eilten hinterher. Die Gestalt watete mühsam durch das Wasser und sprang auf der gegenüberliegenden Seite auf den Sandstrand.

»Stehenbleiben«, rief Freyjan von der anderen Seite des Flusses.

Gleichzeitig hob er seinen Strahler. Der Fremde blickte sich um. Der Oberbefehlshaber der Sicherheitskräfte drückte zweimal ab.

Die Paralyse-Strahlen trafen die fremde Gestalt und wirbelten sie um die eigene Achse. Der Unbekannte fiel der Länge nach in den Sand. Sofort sprang er wieder auf seine Beine. Die Strahlen schienen ihm nichts ausgemacht zu haben. Seine Kapuze rutschte von seinem Kopf. Die beiden lantranischen Offiziere blickten in ein hageres, männliches lantranisches Gesicht. Ungepflegte braune Haare hingen in sein Gesicht.

Zwei schwarze Augen schauten hasserfüllt über den Fluss. Der Fremde hob seine Hand. Eine dreieckige Waffe war zu erkennen. Ohne eine weitere Warnung feuerte er auf die lantranischen Offiziere. Aus der Waffe zischte ein grüner Strahl an den Köpfen der Sicherheits-Soldaten vorbei, die sich mit einem Hechtsprung hinter einem Strauch in Sicherheit brachten. Der Fremde drehte sich um und lief auf den Wald und ein Dickicht zu. Hinter einem grünen Gebüsch verschwand er aus den Augen der Verfolger.

Freyjan und Grotron sprangen auf und wateten durch das Wasser.

»Warum haben die Lähmungsstrahlen keine Wirkung gezeigt?«, fragte der Oberbefehlshaber.

»Vielleicht hast du ihn nicht richtig getroffen?«, erkundigte sich Grotron.

»Wir haben ihn zu Boden fallen sehen«, erwiderte Freyjan.

Auf der gegenüberliegenden Seite liefen die Offiziere über den Sandstrand auf den Wald und das Dickicht zu. Ihre Waffen waren auf das undurchsichtige Hindernis gerichtet. Als sie das Dickicht umrundet hatten, blieben sie erstaunt stehen. Der Fremde war verschwunden. Leidlich seine Kleidung lag auf dem Boden. Eine klebrige Masse war auf ihr zu sehen.

»Wo ist er hin?«, fragte Grotron.» Er kann keinen großen Vorsprung haben? Wir waren dicht hinter ihm.«

»Er ist weg«, antwortete Freyjan. »Das geht nicht mit rechten Dingen zu.«

Erneut blickte er auf die zurückgelassene Kleidung des Fremden.

»Rufe die Spurensicherung«, befahl er. »Die klebrige Masse sollen unsere Wissenschaftler sofort untersuchen. Möglicherweise haben wir es tatsächlich mit einem mutierten Formwandler zu tun.«

»Einem mutierten Formwandler?«, fragte Grotron. »Was soll das sein?«

»Hast du nicht seine schwarzen Augen gesehen?«, erkundigte sich sein Vorgesetzter. »Das ist ein Zeichen für den Befall durch einen Arthropoden-Parasiten. Nach meiner Meinung haben wir es hier mit einem Worgass zu tun, der in den Diensten der Arthropoden steht.«

Grotron hatte seinen Kommunikator gezogen und informierte die Spurensicherung.

»Unsere Leute sind gleich hier«, antwortete er.

Er blickte Freyjan an. Der wirkte nachdenklich.
»Ich gehe zurück in die Leitstelle«, sagte der Oberkommandeur. »Stelle mit deinem Einsatzteam hier alles auf den Kopf. Ich möchte jede fremde DNA-Spur gemeldet bekommen. Der Fremde muss irgendwo hin verschwunden sein.«

Grotron nickte.

»Ich kümmere mich darum«, antwortete er. »Wir werden alles intensiv scannen.«

Freyjan dachte kurz nach.
»Wir werden großflächiger denken müssen«, erklärte der Befehlshaber der Sicherheitspolizei. »Vermutlich ist der Fremde nicht alleine hier auf Centros. Falls sich die Arthropoden in der Milchstraße aufhalten sollten, dann ist die Worgass-Kolonie ebenfalls gefährdet. Sie sind für die Arthropoden nichts anderes als lebende Werkzeuge.

Sie wissen nicht, dass sie sich eigenständig verwalten sollen. Wir müssen mit Aritron sprechen. Er wird die Führung des Neuen-Imperiums auf unsere Erkenntnisse hinweisen. Vermutlich zielt der Anschlag direkt auf unsere Zivilisation. Es kann aber auch sein, dass die Arthropoden einen gezielten Groß-Angriff auf alle humanoiden Völker der Milchstraße begonnen haben?«

»Das halte ich für ausgeschlossen«, schüttelte Grotron seinen Kopf. »Hiervon hätten wir etwas mitbekommen bekommen. Es wurde kein Einflug einer Invasionsflotte in die Milchstraße registriert.«

Freyjan dachte nach.
»Das stimmt«, antwortete er. »Doch was ist, wenn die Arthropoden einen Langzeitplan verfolgen. Ein getarntes

Raumschiff mittlerer Größe könnte mit Tausenden von Containern beladen sein, die mit ihren Parasiten gefüllt wurden. Sie könnten diese auf den wichtigen Welten unserer Sterneninsel abregnen lassen. Was würde deiner Meinung nach passieren?«

»Zahlreiche Lebewesen unserer Galaxie würden von ihnen infiziert werden«, antwortete Grotron.

»Diese Parasiten lassen sich schlecht finden«, antwortete Freyjan. »Sie graben sich in das Erdreich ein und warten ab. Falls sie die Gelegenheit haben und Opfer wittern, kommen sie heraus und greifen an. Alle Personen, die hier ahnungslos auf ausgesuchten Plätzen der Wiese liegen, könnten ihre ersten Opfer werden. Sie werden nur einen stechenden Stich bemerken, wenn der Parasit sie befällt.«

»Das kann auch auf unserem Planeten passieren«, sagte Grotron. »Wir müssen unsere Bevölkerung warnen. Möglicherweise konnten die Arthropoden ihren Plan noch nicht vollständig umsetzen. Die große Frage ist, ob sie ihre Parasiten schon freigesetzt haben?«

Laute Turbinengeräusche wurden hörbar. Die beiden Offiziere blickten in den Himmel. Exakt 15 dicht nebeneinander fliegende Suchgleiter mit Tiefenscannern an Bord, näherten sich ihrem Standort. Ihre blauen

Flächenstrahlen drangen tief in den Boden ein. Die Einheiten der Spurensicherung überließen nichts dem Zufall. Sie scannten nach fremden Objekten.

Knapp 200 Kilometer entfernt, im weltlichen Bereich der Hauptstadt, hatten sich viele Industriefirmen niedergelassen. Die Infrastruktur war besonders gut ausgebaut. Die breiten Straßen waren vor langer Zeit befestigt worden, um Transporte von Raumschiffsantrieben, vorgefertigten Raumschiffzellen und andere Zubehörteile an die Werften liefern zu können. An den Straßenrändern waren Grünlagen zu sehen. Bunte Büsche wechselten sich mit unterschiedlichen Bäumen ab. In diesem wichtigen Industriegebiet lag das Herz der lantranischen Raumschiffs-Produktion.

Die zahlreichen Werften waren für die Endfertigung der lantranischen Evolutions-Schiffe prädestiniert. Die große Industriezone reichte so weit, wie das Auge blicken konnte. Unzählige lange schlanke transparente Türme durchstießen die Atmosphäre. Ihr Ende konnte nicht erkannt werden. In ihnen pufften heiße Feuersäulen in den Himmel. Sie gehörten einem Testgelände der Antriebstechnik an. Der überwiegende Teil der Industriebauten glänzte in heller weißer Farbe, umgeben von grünen Bäumen, die für einen natürlichen Austausch von Sauerstoff sorgten. Ein Heer von Robotern war mit Reinigungsarbeiten beschäftigt. Sie putzten Wände, reinigten Straßen und sammelten Müll auf, die irgendein Transporter verloren hatte.

Das Straßennetz im inneren Bereich der Industriezone glich einem gigantischen Verteilungszentrum. Transport- und Arbeitsroboter fuhren beladene Anti-Grav-Plattformen von einem Areal in das nächste. Dächer von einigen Hallen öffneten sich. Schwere Lastengleiter wurden sichtbar. In ihren Greifarmen hingen mehrere Meter große Energieturbinen. Mit mäßiger Geschwindigkeit manövrierten sie diese zu der nächsten Firma, die weitere Komponenten einbaute. Nur wenige lantranische Systemleiter überwachten den vollautomatisierten Fertigungsbereich der Industriezone. Sie waren davon abhängig, dass die installierte Technik reibungsfrei ihren Dienst verrichtete.

Civitas, die Hauptstadt des Planeten Centros, schlummerte eine lange Zeit in einem Dornröschenschlaf. Sie war für ihre Bewohner eine blühende und sichere Welt, auf der sich niemand Angst und Sorgen machen musste. Bisher stellte die Heimatwelt der Lantraner eine uneinnehmbare Festung dar. Doch durch ihre lange Zurückgezogenheit hatten sie übersehen, dass sich das Leben in der Milchstraße und in anderen Sterneninseln weiterentwickelte. Erstmals seit vielen Tausenden von Jahren musste ein globaler Alarmzustand ausgerufen werden. Die Bevölkerung wurde aufgefordert, verdächtige Personen, Gegenstände und abweichende Dinge des täglichen Lebens sofort zu melden. In der Sicherheitszentrale gingen unzählige Hinweise ein, die das wenige Personal überforderten. Die abgestellten Offiziere konnten nur oberflächlich eine Prüfung der Hinweise vornehmen.

Deshalb erkannten sie den Hinweis eines aufmerksamen Beobachters nicht, der eine seltsame Meldung eingereicht hatte. Der ältere Lantraner besuchte zufällig die Industriezone der Stadt. Sein Sohn wollte sehen, wie Roboter-Kolonnen die Raumschiffe montierten. Während des Wechsels von einer Firma in die andere, nahm der Lantraner wahr, wie sich das Dach einer Industriehalle öffnete. Dann geriet die Luft in Bewegung. Ein Sturm peitschte auf, als ob jemand ein großes Gebläse angestellt hatte. Blätter und Staub wirbelten durch die Luft. Es war jedoch nichts zu erkennen. Interessiert blickte der Lantraner sich um. Doch so sehr er sich auch bemühte, er konnte die Ursache für den Wind und das Getöse nicht erkennen. Angestrengt blickte er zu der Industriefirma, welches ihr Dach geöffnet hatte. Bevor es sich schloss, sah er Signallampen aufleuchten, wie es bei landenden Raumschiffen üblich war.

Er schüttelte seinen Kopf und informierte die Sicherheitszentrale, die für die Koordination von Hinweisen aus der Bevölkerung zuständig war. Der Lantraner teilte mit, dass er vermutlich ein getarntes Raumschiff gesehen habe, dass in einer weißen Industriehalle landete. Leider hatte er sich nicht die ID-Nummer der Firma gemerkt.

Die Bearbeitung der Hinweise erfolgte in der Leitstelle durch einen Büroangestellten, der sichtlich überfordert war. Er blickte kurz auf die Mitteilung und legte sie dann auf einen großen Stapel von handschriftlichen Notizen, die später intensiver geprüft werden sollten. Er erkannte in dem Hinweis nichts Verdächtiges, zumal in der Industriezone des Öfteren Raumschiffteile verlagert werden mussten. Genervt griff er nach der nächsten Mitteilung.

Tyran, der Oberbefehlshaber der lantranischen Bodentruppen hatte die Kommandeure der ihm unterstellten Kasernen informiert. Global in allen Städten fanden bereits in den frühen Morgenstunden zahlreiche Kontrollen statt. Die Truppen-Regimenter arbeiteten synchron. Ihre Ergebnisse wurden direkt in die zentrale Verwaltung nach Civitas gemeldet. Nach festen Vorgaben riegelten die Soldaten Stadtbezirke ab und durchsuchten Behörden, Gebäude und Wohnungen. Sie kontrollierten die Angestellten, Arbeiter und Bewohner. Alle angetroffenen Personen wurden gescannt und mit lantranischer Gründlichkeit registriert. Ihre ID-Cards mit den vorhandenen Einwohnerdaten abgeglichen. Oberbefehlshaber Tyran wurde in abweichenden Fällen direkt von seiner Leitstelle informiert.

Der Oberbefehlshaber der lantranischen Bodentruppen war mit 160.000 Soldaten, die aus Kasernen in der Stadt Civitas stammten, an den äußeren nördlichen Stadtbereich geflogen. Hier sollte der Anfang der großflächigen Häuserdurchsuchung starten. Bereits unzählige Beschwerden gingen in der zentralen Verwaltung von Aritron ein. Von Belästigungen und überzogenen Aktionen der Sicherheitssoldaten war zu hören. Ebenso von einer Abschaffung der Privatsphäre, bis hin zu wütenden Lantraner, die der Regierung Vergeltung androhten. Aritron hatte 200 zusätzliche Angestellte aus der Verwaltung in die Kommunikations-Abteilung versetzt.

Sie sollten die Anfragen, Beschwerden der Zivilbevölkerung beantworten und ihnen erklären, dass sich Infiltranten einer fremden Rasse auf dem Planeten befinden würden, die keine guten Absichten hegten. Ihr Ziel war es, dass lantranische Volk auszulöschen. Nach einer sachlichen Offenlegung der globalen Einsätze der

Verwaltung, kooperierten die meisten zivilen Bewohner des Planeten. Sie sahen ein, dass diese Aktionen lediglich ihrer Sicherheit dienten.

Mit schweren Fahrzeugen drängten die Bodentruppen von Tyran in die zu überprüfenden Stadtbereiche ein. Gepanzerte Fahrzeuge mit Laserwerfern, sicherten die mobilen Kampfeinheiten. Mit zentralen Energieschlüsseln konnten die militärischen Suchkommandos alle Türen von Wohneinheiten öffnen und die Bewohner unangekündigt kontrollieren und scannen. Die 160.000 Soldaten des Elitekommandos aus der Hauptstadt des Planeten, hatten alle Straßen in dem zu überprüfenden Bezirk abgeriegelt. Der reguläre Verkehr war zum Erliegen gekommen. Thoran hatte seinem Kollegen mehrere Geschwader Kampfjets zur Verfügung gestellt, die das gesperrte Stadtgebiet überflogen und Aufnahmen machten. Jeder Bewohner, der sich auffällig verhielt, wurde ergriffen und einem Verhör unterzogen.

Tyran leitete den Einsatz von 12 Regimentern Soldaten persönlich. Die Häuser und Wohnungen des gekennzeichneten Stadtgebietes wurden von seinen Truppen vollständig durchsucht. Die Soldaten sammelten sich nach jeder Häuserdurchsuchung wieder auf der Straße und reihten sich am Ende des Zuges in ihr

Regiment ein. Die vordersten Einheiten stürmten bereits in das nächste Gebäude vor.

Tyran winkte seine Sucheinheiten weiter vorwärts. Die Truppen näherten sich einem verwahrlosten Gebäude, das äußerlich verlassen aussah. Mit gemischten Gefühlen hob Tyran seine rechte Hand.

»Vorwärts«, warnte er. »Das Gebäude ist vollständig zu durchsuchen und die Bewohner zu überprüfen.«

Der vorderste Trupp lief mit gehobenen Waffen auf die Seitentüre des Hauses zu. Sie stand offen. Die nachgerückten Einheiten riegelten weiträumig die Doppeltüre des Haupteinganges des Gebäudes ab.

Tyran blickte an dem alten Gebäude hinauf und erkannte in dem zweiten Stockwerk ein geöffnetes Fenster. Er war sich sicher, dass es vor wenigen Sekunden noch verschlossen war.

»Vorsicht«, flüsterte er. »Das ist ein Hinterhalt. Zieht euch von der Straße zurück.«

Er hatte die Warnung kaum ausgesprochen, als aus dem Fenster des zweiten Stockes eine Sprenggranate auf ein gepanzertes Fahrzeug geworfen wurde. Die Druckwelle der Explosion riss zahlreiche vorgerückte Soldaten von ihren Füßen. Das gepanzerte Fahrzeug hatte seinen Schutzschirm nicht aktiviert. Die Sprenggranate hatte ein hässliches Loch in das Dach des Fahrzeuges gerissen. Eine gelbe Feuersäule entlud sich aus dem Fahrzeug. Die Insassen hatten keine Chance.

Der Konvoi stoppte. Die Soldaten eröffneten das Laserfeuer auf das Fenster des zweiten Stockwerkes. Der Kommandeur des vordersten Regimentes befahl seinen Elitesoldaten, in das Gebäude einzudringen. Sie waren mit Schutzschirmen ausgestattet. Noch war die Doppeltüre verschlossen. Es ging um jede Minute. Ein Laserpanzer feuerte auf die beiden Türflügel, die unter dem Einschlag zersplitterten. Die Elitesoldaten stürmten in das Haus und durchforsteten Stockwerk für Stockwerk. Der sich bereits in dem Hause feindliche Truppenteil hatte die Kellerräume gesichert. Die Soldaten unterstützen die Eliteeinheiten.

Tyran und ein Teil seiner Kommandeure warteten auf der Straße den Ausgang des Einsatzes ab. Das Zischen von Laserstrahlen drang aus dem Haus auf die Straße. Staub rieselte aus dem geöffneten Fenster auf die Straße. In dem zweiten Stockwerk wurde erheblich Widerstand geleistet. Langsam nahm das Fauchen der Laserwaffen ab. Die Soldaten schritten aus dem Haus. Sie hatten einem Mann und einer Frau Fesselstrahlen angelegt, die sich der Festnahme widersetzten. Blut lief über die Gesichter der Gefangenen. Grob wurden sie von einigen Soldaten in einen gepanzerten Gefangenentransporter gestoßen.

Der Einsatzleiter kam auf Tyran zu und salutierte vorschriftsmäßig.

Tyran erwiderte den Gruß.
»Haben wir etwas?«, erkundigte er sich.

»Die Körperscans waren erfolglos«, teilte der Befehlshaber der Einheit mit. »Beide Personen sind Anhänger des Auguren Maltran. Er vergiftet in diesem Bezirk die Bewohner der Häuser. Er spricht von der Auferstehung der verlorenen Seelen und von dem Umzug unseres Volkes an die neuen Ufer der galaktischen Erkenntnis. Er verspricht den Anwohnern den Aufstieg in eine geistliche Vollkommenheit.«

»Warum hören sie diesem prophetischen Scharlatan zu, der von besseren Zeiten faselt?«, fragte Tyran. »Ist es nur die große Langeweile, oder benutzen die Auguren eine unbekannte Droge, um Teile unserer Bevölkerung auf ihre Seite zu ziehen?«

»Wir haben nichts gefunden?«, antwortete der Einsatzleiter.» Unser Volk weiß nichts mehr mit sich anzufangen. Sie greifen nach jedem Strohhalm, der ihnen Abwechslung verspricht. Die Wohneinheit der beiden Personen ist sauber. «

»Verflucht«, antwortete Tyran. »Ich hätte Aritron gerne eine positive Nachricht überbracht. «

Er überlegte einen Augenblick.
»Die beiden Lantraner haben gezielt einen Sprengsatz geworfen«, sagte er. » Sie werden sie verantworten müssen. Es wurden lantranische Soldaten getötet und verletzt. Lassen sie beide Personen zu einem militärischen Verhör abtransportieren. Zeigen sie ihnen, dass unsere Geduld mit ihnen zu Ende ist. «

»Verstanden«, antwortete der Einsatzleiter.
Dann drehte er sich ab und eilte zu seinen Soldaten.

Tyran winkte den wartenden Kommandeuren zu.
»Weiter vorrücken«, befahl er. »Wir werden diesen Bezirk heute komplett überprüfen. «

Phytron war der Kommandeur des lantranischen Geheimdienstes. Er hatte von Aritron den Auftrag erhalten, die ständig wachsende Anzahl von Auguren unter die Lupe zu nehmen. Thazian, der oberste Wissende und Leiter der Entwicklungs- und Forschungseinrichtungen des Planeten Centros, war mit einem Team von 12 Hackern am frühen Morgen in der Zentrale des Geheimdienstes eingetroffen. Er und sein Team wollten Hinweise auf die Herkunft der virtuellen Spiele ermitteln. Als Arbeitsplätze waren den IT-Experten entsprechende Userpoints eingerichtet worden. Diese runden Arbeits-Centren waren miteinander vernetzt. Die zahlreichen Geräte wurden rund um den Sitzplatz angeordnet.

Allein acht unterschiedliche Monitore vermittelten den Usern viele benötigte Daten. Server speicherten eingehende Informationen und analysierten diese mit der Unterstützung des Netzwerkes der großen lantranischen Hypertronic-KI. Die User simulierten aktive zivile Teilnehmer, unter deren Deckmantel sie Suchroutinen in die virtuellen Spiele einschleusen konnten. Die Impulse der Eingaben wurden von der mächtigen Hypertronic-KI überlichtschnell überwacht und zurückverfolgt. Die digitalen Eingaben der User durchliefen viele Blockaden und Firewalls unterschiedlicher Server, welche scheinbar die Aufgabe hatten, den Ursprungsort der virtuellen Spiele zu verschleiern. Virenscanner und Antispyware drangen tief in das Netzwerk der medialen Welt von Centros ein.

Phytron stand bei Thazian und blickte auf die zahlreichen Monitore, die alle Aktivitäten der Hacker anzeigte.

»Haben wir bereits etwas finden können?«, fragte er den Leiter der Forschungsabteilungen.

»Meine Informatiker geben ihr Bestes«, antwortete Thazian. »Wir können bereits jetzt davon ausgehen, dass wir es hier mit einem globalen Angriff zu tun haben. Alle derzeit verbreiteten Spiele überwachen sich untereinander. Ich gehe davon aus, dass unsere lantranischen Mediengiganten nicht wissen, was sie mit den Spielen verursachen. Sie sind lediglich dem Trend der Bevölkerung gefolgt und haben diese Spiele in ihr Repertoire aufgenommen.«

Phytron dachte nach.
»Das bedeutet, die Prüfungsausschüsse der Mediengesellschaften haben ihre Sorgfaltspflicht vernachlässigt?«, erkundigte sich der Leiter des Geheimdienstes.

»Das will ich nicht behaupten«, antwortete Thazian. »Die Programmierung dieser Spiele ist derart raffiniert durchgeführt, dass die Programmexperten der Mediengesellschaften vermutlich keine negativen

Hinweise in diesen Spielen entdecken konnten. Sie gingen davon aus, dass eine Verbreitung dieser Spiele keine Schäden in unserem imperialen Netzwerk anrichten würden. «

»Das verstehe ich nicht«, erwiderte Phytron.
»Das denke ich mir«, lächelte Thazian. »Sie müssen sich vorstellen, dass diese Spiele mit einer Sicherheitskontrolle programmiert wurden. Diese Überwachungsfunktion prüft alle eingehenden Befehle. Sobald die zentrale Spielsteuerung ein fremdes Such- oder Spähprogramm erkennt, deaktiviert sie ihre bösartigen Programmteile. Unsere Überprüfungssoftware findet keine auffälligen Daten mehr. Die Rückmeldung an uns ist negativ. Erst wenn sich unsere Software zurückgezogen hat, werden die bösartigen Programmteile wieder aktiv. «

»Dann ist es schwer, gegen diese Software vorzugehen?«, erkundigte sich der Leiter des Geheimdienstes. » Haben wir überhaupt eine Chance, die Urheber der Verbreitung zu lokalisieren? «

»Nachdem wir dieses Problem erkannt hatten, modifizierten meine Programmierer wesentliche Teile unserer Spähprogramme«, erklärte Thazian. »Ich versuche, es ihnen möglichst einfach verständlich zu machen. Stellen sie sich das bitte so vor. Während einer Überprüfung der Spiele durch unsere militärischen Sicherheits-Programme, ziehen sich diese bösartigen Programmteile zurück. Sie erkennen scheinbar unsere Spähprogramme. Sie werden inaktiv. Unsere Kontrollprogramme finden nichts mehr. Die Entwickler dieser Programme halten sich für sehr schlau. Seit wenigen Tagen setzen wir unsere modifizierte Software ein.

Die uns bekannte Überwachungsfunktion der bösartigen Spielsteuerung erkennt keinen Unterschied zu früheren Kontrollen durch uns. Doch jetzt kommt unser Joker. Unsere neue Sicherheitssoftware hinterlässt während ihres Rückzuges Ablagerungen. Das sind nicht mehr benötigte Dateien. Wir nennen sie Alarm-Defender-Ablagerungen. Diese bleiben eine gewisse Zeit inaktiv. Erst wenn die Überwachungssoftware der Spiele ihre Prüfungen abgeschlossen hat, beginnen sie aktiv zu werden. Die Ablagerungen komprimieren sich zu einem Datenwurm. Er verhält sich unauffällig, bis er neue bösartige Programmteile in den Spielen erkennt. Dann bohrt er sich förmlich in die entgegengesetzte Richtung des Datenflusses, um den Ursprungsort der Verbreitung zu finden. «

»Ich verstehe«, antwortete Phytron. »Haben sie bereits einen Erfolg gemeldet bekommen?«

»Noch nicht«, antwortete Thazian. »Dafür ist die Strecke der globalen Vernetzung zu groß. Wir können aber jetzt schon sagen, dass unsere installierten Würmer arbeiten. Sie bohren sich Schritt für Schritt weiter, bis sie zu dem Ende der Datenverbindung angekommen sind. Es ist nur noch eine Frage der Zeit, bis sie den Ausgangspunkt ermittelt haben.«

»Nennen sie mir bitte eine Zeitspanne«, sagte Phytron. »Der Weiser unseres Planeten erwartet Antworten von mir.«

»Aritron wird sich gedulden müssen«, bemerkte Thazian. »Wir wissen noch nicht, welche zusätzlichen Vorkehrungen die Programmierer dieser Spiele eingerichtet haben. Unter Umständen ist die Datenstrecke größer als die Entfernung zum Rand unserer Sterneninsel.«

Phytron blickten den Leiter der Informatik an.
»Das sind keine guten Aussichten«, bemerkte er. »Unter Umständen können wir Jahre auf das Ergebnis warten?«

»Das glaube ich nicht«, antwortete Thazian. »Es ist gut möglich, dass einer unserer Würmer auf einen Datenbefehl aufspringt, der ihn zu dem Ausgangsort der Verbreitung führt. «

»Halten sie mich auf dem Laufenden«, entgegnete Phytron. »Ich werde mich wieder um meine realen Einsatzkräfte kümmern. Ich glaube, dass wir so schneller zu einem Ergebnis kommen werden. «

Täuschen sie sich nicht«, schmunzelte Thazian. » Es ist nur eine Frage der Absicherung. «

Rückblick in die Vergangenheit

Vergangenheit: Forschungsflotte des natradischen Kaisers

Die Forschungsflotte, unter dem persönlichen Befehl von Kaiser Quoltrin-Saar-Arel, hatte den langen Weg in die Andromeda-Galaxie bewältigt. In dieser Nachbargalaxie wollte Quoltrin-Saar-Are lauf lebensfreundlichen Planeten natradische Kolonien und Stützpunkte gründen. Das kaiserliche Hoheitsgebiet sollte nach seinen Vorstellungen weiter ausgebaut werden. Zu diesem Zweck hatte er 150 Schiffe der Kaiser-Klasse zu Transportschiffen umbauen lassen, die alles Notwendige für sein Vorhaben an Bord hatten.

Ausgesuchte Kolonisten, wurden von Techniker und Verwaltern begleitet, die für den Aufbau der Kolonien sorgen sollten. Auf 97 bewohnbaren Planeten wehrte bereits die Fahne des kaiserlichen Imperiums. Die zurückgelassenen Techniker und Arbeitsroboter arbeiteten mit Hochdruck an seinen Vorgaben. Der starke Forschungsdrang des Kaisers führte den natradischen Flottenverband immer tiefer in die fremde Sterneninsel. Bisher waren seine Schiffe noch nicht auf feindliche Lebensformen gestoßen. Die Nachbargalaxie war größer als die heimatliche Sterneninsel. Es schien so, als ob die Evolution sie noch nicht mit einer Vielzahl von Lebensformen bedacht wurde.

Die Flotte des Kaisers katalogisierte die Andromeda-Galaxie. Alle Sonnen und Sternensysteme, Planeten und Asteroiden, Staubfelder und Anomalien wurden in die Sternenkarten aufgenommen. Viele der neu entdeckten Planeten lagen nicht in der habitablen Zone ihrer Sonne und waren für eine natradische Kolonie unbrauchbar. Die kaiserliche Flotte flog tiefer in die Sterneninsel ein. Jeweils nach sechs Hyperraumsprüngen führten die Schiffe intensive Tiefenraumortungen durch. Plötzlich schlugen die Orter und die Taster der Flotte massiv aus. Die Schiffe registrierten in unmittelbarer Nähe einen massiven Angriff fremder Raumschiffe auf eine bewohnte Welt eines kleinen Sternensystems.

Der Kaiser befahl den Kommandeuren seiner Flotte, näher an das System heranzufliegen. Nach wenigen Flugminuten empfing die Flotte plötzlich zahlreiche Notrufe, auf allen verfügbaren Hyperraum-Funkfrequenzen versendet wurden. Eine angegriffene Species, die sich Treigs nannte, bat alle raumfahrtfahrenden Völker in ihrer Nähe um Hilfe. Der Sprecher des Notrufes teilte mit, dass sie selbst über keine Raumschiffe verfügten. Verzweifelt suchte er nach Unterstützung, da seine Welt einem starken Angriff fremder Raumschiffe ausgesetzt war.

Der Kaiser besprach sich mit seinen Beratern. Sie empfahlen ihm, sich von seiner freundlichen Seite zu zeigen. Vielleicht konnte er wichtige Erkenntnisse über die vorherrschenden Rassen in der Andromeda-Galaxie erlangen. Der Oberbefehlshaber wusste, dass diese besiegt werden mussten, um seine Herrschaft in dieser Sterneninsel zu festigen.

Quoltrin-Saar-Arel überlegte nicht lange. Seine starke Flotten-Armada eilte den Treigs zu Hilfe, die sich als Hüter des Portals der Systemregenten betitelten. Noch während einer Hyperfunk-Videokonferenz erkannten die Natrader, dass die angegriffenen Wesen scheinbar von Tigern abstammten, wie man sie von Tarid her kannte. Der Unterschied war, dass sie sich auf zwei Beinen bewegten, intelligent waren und eine Sprache gebildet hatten. Ihre muskulösen Körper waren gut entwickelt und im Nahkampf schwer zu besiegen. Ihr dichtes Fell konnte sich problemlos der Farbe ihrer Umgebung anpassen.

Der Sprecher der Treigs teilte dem Kaiser mit, dass sie seit vielen Jahrtausenden dem Befehl folgten, das Portal des Systemregenten zu schützen. Bisher konnte sie es mit Erfolg vor einer Entdeckung schützen. Doch mit einem Angriff von Außenweltlern hatten sie nicht gerechnet.

Als der Kaiser mit seiner Kampfflotte eintraf, war der Angriff auf die Welt der Portalwächter bereits im vollen Gang. Das Flaggschiff der kaiserlichen Flotte versuchte eine Hyperkomm-Funkverbindung mit den spinnenartigen Schiffen der Angreifer herzustellen. Der erste Offizier des Flaggschiffes forderte die Aggressoren auf allen Frequenzen auf, die Waffentürme ihrer Schiffe einzufahren und abzudrehen. Leider ignorierten die spinnenartigen Schiffe die Warnungen des natradischen Flaggschiffes. Quoltrin-Saar-Arel erkannte, dass seine Funksprüche wirkungslos waren. Die Ortungen bestätigten, dass bereits große Landstriche des angegriffenen Planeten brannten. Der Kaiser befahl seinen Flottenkommandeuren, die Schiffe der fremden Rasse anzugreifen und zu vernichten. Die 50.000 natradischen Kriegsschiffe der Kaiser-Klasse reagierten sofort.

In geübten Formationen stürzten sie sich auf die 500 Meter messenden spinnenartigen Schiffe und belegten sie mit dem schweren Laserfeuer ihrer Geschütztürme. Ihr Erstschlag ließ 273 Schiffe der Aggressoren in einem Glutfeuer explodieren. Erst jetzt erkannte der Flottenbefehlshaber der Angreifer, dass sie auf eine übermächtige Macht gestoßen waren. Verzweifelt warnten sie die natradische Flotte. Ihre Hyperraum-Funkübertragung vermittelte den Natradern, dass sie es mit einer insektoiden Species zu tun hatten. Diese folgten einem Auftrag ihrer göttlichen Bestimmung. Die Aggressoren fordern den Kaiser auf, sich unverzüglich mit seiner Flotte zurückzuziehen. Bei einer Nichtbeachtung würde das schwerwiegende Konsequenzen nach sich ziehen.

Der natradische Kaiser verachtete mindere Lebensformen. Eine insektoide Species, die sich selbst an der Spitze der Evolution sah, wagte ihm zu drohen. Langsam wurde er über diese nicht einsichtige Rasse ärgerlich. Die feindlichen Schiffe wurden gescannt und ihre Waffensysteme analysiert. Die Berater des Kaisers sahen keine Bedenken, den Kampf gegen die fremden Aggressoren aufzunehmen. Für Verhandlungen war es jetzt zu spät. Der Kaiser ignorierte die Hyperraum-Funksprüche der Angreifer. Er befahl seiner Flotte, den Angriff fortzuführen. Die natradischen Geschwader stießen weiter in den Verband der insektoiden Schiffe vor und rieben sie auf. Im Rhythmus entstanden auf den Ortungsschirmen der kaiserlichen Armada kleine Lichterscheinungen, die zerstörte feindliche Schiffe kennzeichneten.

Die Raumschlacht wurde zu einem Gemetzel. Die 500 Meter messenden Schiffe der insektoiden Species, hatten den Schlacht-Zerstörern der natradischen Kaiserflotte nichts entgegenzusetzen. Zahlreiche Trümmer von zerstörten Raumschiffen kollidierten mit den Schutzschirmen der natradischen Schiffe. Einige insektoiden Schiffe trudelten mit defekter Steuerung in die Atmosphäre des Planeten und schlugen brennend auf dem Boden auf. Die wenigen Überlebenden der insektoiden Rasse, die sich aus ihren Schiffen retten konnten, wurden von den Treigs erwartet. Sie schlugen ihre langen Krallen tief in die Körper der Wesen.

Die Insektoiden schafften es nicht mehr, ihren Giftstachel gegen sie einzusetzen. Die ganze Wut der geschundenen Tigerwesen entlud sich an den Überlebenden der abgestürzten Raumschiffe. Sie wären wohl besser nicht auf der Welt der Portalwächter notgelandet. Keiner der Aggressoren überlebte den Angriff der Treigs. Nur noch in den Laderäumen der brennenden Raumschiffswracks bewegte sich etwas. Einige der verschlossenen Container waren durch den Aufschlag des Schiffes auf den Boden deformiert worden und aufgesprungen. Aus dem inneren der Container kletterten kleine schwarze Parasiten heraus, die sich in einer langen Kolonne auf dem Weg in die Freiheit machten.

Die massive Raumschlacht oberhalb des Planeten ging dem Ende entgegen. Sie dauerte nur drei Stunden. Der Kaiser wollte sich nicht lange mit den unterlegenen

Schiffen aufhalten. Er befahl seinen Flotten-Kommandeuren, das Laserfeuer auf die verbliebenen Feindschiffe zu konzentrieren. Die letzten 128 Schiffe der Insektoiden sammelten sich zu einem frontalen Angriff. Sie gaben nicht auf. Ihr Flottenkommandant schien keine Niederlage akzeptieren zu dürfen. Erstaunt stellte der Ortungsoffizier des kaiserlichen Flaggschiffes fest, wie fünf Schiffe der Angreifer abdrehten, beschleunigten und in den Hyperraum sprangen. Anfragen einiger Geschwader-Kommandanten die fliehenden Schiffe zu verfolgen, lehnte der Kaiser ab. Er konzentrierte sich wieder auf den zentralen Bildschirm seines Flaggschiffes. Der Kaiser erkannte, wie die letzten angreifenden Schiffe beschleunigten und auf einen Kollisionskurs einschwenkten.

Ihr Plan war eindeutig. Ihre Schiffe wollten die Schiffe des übermächtigen Gegners rammen. Die natradischen Großzerstörer hatten den feindlichen Schiffen ihre Backbordseite zugedreht. In einer breiten Abwehrkette warteten sie auf die spinnenartigen Raumschiffe. Mit maximaler Geschwindigkeit rasten die feindlichen Schiffe auf die natradische Flotte zu. Mit eiskalter Routine warteten die Geschwader-Kommandanten ab, bis die feindlichen Schiffe in eine optimale Schussreichweite gekommen waren. Erst dann erteilten die Flotten-Kommandeure den Feuerbefehl. Alle Zerstörer der Kaiser-

Klasse besaßen 25 mächtige Abwehrgeschütze auf jeder Schiffsseite. Diese brannten in Sekunden ein undurchdringbares Feuerwerk ab. Im Automatikmodus feuerten die Gefechtsrohre ihre heißen Lasersalven den Angreifern entgegen. Schiff für Schiff der unbelehrbaren Insektoiden explodierte in aufflammenden Atomsonnen. Blitzartig war der Kampf beendet.

Die natradischen Geschwader-Kommandanten meldeten den Sieg an Kaiser Quoltrin-Saar-Arel. Dieser zeigte sich sichtbar zufrieden. Er befahl einigen Schiffen, auf der Welt der Tigerwesen zu landen, um politische Gespräche aufzunehmen. Die Geretteten zeigten sich sehr dankbar. Sie wussten, dass sie ohne die Hilfe der kaiserlichen Flotte nicht überlebt hätten. Kaiser Quoltrin-Saar-Arel und die Offiziere seiner Schiffe blieben eine kurze Zeit Gäste der Treigs. Die unterschiedlichen humanoiden Lebensformen kamen sich näher. Die tigerartigen Wesen zeigten dem Kaiser und seinen Wissenschaftlern die Portalanlage des Systemregenten, die sie seit Urzeiten bewachten. Als Dank für seine Hilfe und die Unterstützung übergaben sie Quoltrin-Saar-Arel die Konstruktionsunterlagen des Sphärenportals. Zuerst lehnte der Kaiser das Geschenk ab, doch die Tigerwesen erklärten, dass sie im Sinne des Systemregenten handeln würden. Kopien wären für solche Fälle von ihm angefertigt worden.

Sie erklärten dem Kaiser, dass dieses Sphärenportal einen Weg in das gepriesene Himmelreich öffnen würde. Der Kaiser fragte sie, was die Systemregenten für eine Aufgabe hatten. Die Treigs sahen ihn ungläubig an. Sie antworteten, dass sie in der frühen Zeit des Universums Portale zu anderen Planeten in vielen Galaxien geöffnet haben. Sie erklärten dem Kaiser, dass der Name der Rasse Quanaris lautete. Das bedeutete in ihrer Sprache Wegbereiter. Die Treigs sahen in ihnen Götter. Leider hatte ihr Systemregent sie vor langer Zeit verlassen. Die Treigs erklärte dem Kaiser, falls es ihm gelingen sollte das Portal zu öffnen, würde er auf das gepriesene Himmelreich treffen. Die Treigs vermuteten, dass er dort auf Angehörige der Systemregenten treffen werde, die alle aus unterschiedlichen Galaxien aufgebrochen waren, um nach ihrer alten Ursprungswelt zu suchen.

Kaiser Quoltrin-Saar-Arel wurde hellhörig. Er nahm das Geschenk an und prägte sich den Namen der Systemregenten ein. Er und seine Führungsoffiziere nahmen zum Abschluss ihres Aufenthaltes an einem Festessen mit den Treigs teil. Es wurde zu Ehren des Kaisers über einem offenen Feuer zubereitet. Das Fest an diesem warmen Abend wurde zu einem Erfolg. Insekten schwirrten durch die Luft, dem hellen Feuer entgegen. Zwischendurch schlugen einige der natradischen Offiziere sich ihre Handflächen auf unterschiedliche Stellen ihres

Körpers. Sie hatten einen stechenden Schmerz bemerkt. Doch die anschließende Sichtprüfung durch einen Mediziner der natradischen Delegation, vermittelte nur das Anzeichen eines Insektenstiches. Wenig später verließ der Kaiser mit seiner Flotte den Planeten der Treigs. Er flog zurück zu den neu gegründeten Kolonien. Hier verweilte er noch einige Tage. Er beauftragte einen vertrauten Offizier, für die weitere Kolonisierung von Planeten in Andromeda zu sorgen. Dann zog sich der Kaiser mit nur 5.000 Schiffen in seine heimatliche Galaxie zurück. Die zurückgebliebenen 45.000 Schlachtzerstörer der Kaiser-Klasse, sollten die neugegründeten Kolonien in der Nachbargalaxie Andromeda beschützen.

Kaiser Quoltrin-Saar-Arel war von der neuen Technik besessen. Er hatte während des Rückfluges genug Zeit gehabt, die übergebenen Konstruktionsdaten zu studieren. Er verheimlichte maßgebenden Offizieren auf Natrid seine geheimen Pläne. Auch der imperialen natradischen Großhypertonic-KI ließ er keine Daten übermitteln. Er wählte Wissenschaftler und Techniker für sein Projekt aus. Das von einem kleinen verschwiegenen Mitarbeiterkreis ausgewählte Personal, musste eine kaiserliche Verschwiegenheitsklausel unterschreiben. Diese Personen durften keine Informationen weitergeben. Der Kaiser wusste bereits, dass diese Personen ihre Heimatwelt nie mehr wiedersehen würden. Er wählte als Standort für sein Vorhaben einen Planeten aus, den seine Forschungsflotte durch Zufall in einer seltenen Energieblase entdeckt hatte.

In diese Anomalie konnten Schiffe nur mit massiv verstärkten Schutzschirmen eindringen. Der Kaiser befahl, eine entsprechende Flotte auszurüsten. Diese musste mit Personen, einem unüberschaubaren Heer von Arbeitsrobotern und Arbeitsmaschinen gefüllt sein. Quoltrin-Saar-Arel wollte seine Pläne schnell realisiert sehen. Verzögerungen duldete er nicht. Endlich startete seine Flotte zu den Koordinaten der Energieanomalie. Auf einem felsigen Planeten, tief in einem großen Canyon im Schatten einer großen Wasserwelt, ließ der Kaiser die geheime Station bauen. Für die Unterbringung der vielen Wissenschaftler, Ingenieure und Arbeiter war gesorgt worden. Für sie wurde synchron zu dem Bau der Station, eine neue Stadt an der Oberfläche gebaut. Ihren Mittelpunkt bildete der fremdartige Abstrahlturm, der mit der komprimierten Energie des Zwischenraumes das Sphärenportal erzeugen sollte.

Die Umsetzung der Konstruktionsdaten der fremden Species dauerte 15 Monate. Die von ausgesuchten natradischen Spezialisten erbaute Geheimstation, zeigte ihre vollständige Betriebsbereitschaft an. Einige der natradischen Wissenschaftler warnten den Kaiser vor einer Inbetriebnahme der Anlage, da sie keine Erfahrungen im Umgang mit dieser unbekannten Energieform hatten. Doch der Kaiser räumte ihre Bedenken bei Seite. Seine Techniker hatten die Pläne der Konstrukteure exakt umgesetzt. Die Anlage wies keine Störungen auf und war betriebsbereit. Der Kaiser gab das Zeichen für den Testversuch. Die unterirdischen Atomreaktoren der Station liefen an. Sie versorgten die 36 Energie-Zapfer mit der notwendigen Leistung, um die Energie aus dem Zwischenraum zu ernten. Fast geräuschlos bauten die Energie-Zapfer ihre Spannung auf.

Erst als die blauen Leistungsanzeigen an den Säulen ihre maximale Leistungsgrenze erreicht hatten, synchronisierten sie sich untereinander. Aus allen 36 Energie-Erntern schossen gleichzeitig blaue Strahlen in die Atmosphäre des Planeten Schirrack. Diese kollidierten in der Umlaufbahn und bündelten sich in einen massiven Kombistrahl. Blitze und Entladungen waren zu erkennen. Der gebündelte Kombistrahl beschleunigte und verursachte einen breiten Riss in dem Normalraum. Eine tiefe, nicht endende Dunkelheit war in ihm zu erkennen. Als die Verwerfung eine gewisse Breite erreicht hatte, setzte der Kombistrahl plötzlich aus. In dem gleichen Moment zischten 36 mächtige blaue Energiestrahlen aus dem Riss hervor, vergleichbar mit starken Blitzen bei einem Unwetter. Diese wurden von den Energie-Zapfern kontrolliert angezogen und übernommen.

Die Zapfer leiteten die starke Energie an die gigantische Anlage weiter, die ebenfalls der fremden Technologie entstammte. Sie war das Herz der geheimen Station. Aus den Konstruktionszeichnungen ging hervor, dass die fremde Rasse sie als Sphärenwandler bezeichnete. Sie bündelte die Energie aus dem Zwischenraum und strahlte sie über den Turm der Stadt in den Orbit des Planeten Schirrack ab. Dort bildete sie eine gelbliche Energie-Sphäre. In der Mitte des pulsierenden Feldes entstand ein schwarzes Loch, das sich zusehends zu einem Portal ausdehnte. Nach wenigen Minuten war es breit genug, um natradische Raumschiffe aufnehmen zu können. Der Kaiser und seine Berater beobachteten das Ergebnis.

»Soll das der Durchgang in das gepriesene Himmelreich sein?«, fragte er seine wissenschaftlichen Berater.

»So steht es in den Konstruktionsunterlagen der fremden Systemregenten vermerkt«, bestätigte der leitende Wissenschaftler des Projektes. »Wir werden einen Freiwilligen mit einem Kampfjet durch schicken. Der Pilot wird uns von der anderen Seite berichten.«

Der Kaiser war mit dem Vorschlag einverstanden.

Zwei Wochen später waren alle gewonnenen Erkenntnisse ausgewertet worden. Die Aufklärung konnte als erfolgreich betrachtet werden. Die Initiierung des Sphärenportals funktionierte einwandfrei. Es war beidseitig nutzbar. In Windeseile setzte der Kaiser seinen Plan um. Erste Transportschiffe flogen durch das Portal. Sie waren beladen mit schweren natradischen Maschinen für die Erdarbeiten, zahlreichen Generatoren für die Energieerzeugung, Wasserkraftwerken, Anlagen für die Kommunikation, vorgefertigten Unterkünften und vielen anderen wichtigen Gegenständen, mit denen die Techniker, Arbeiter und Roboter eine neue Stadt aus dem Boden stampfen sollten. Täglich fanden neue Versorgungslieferungen statt. Auch Lebensmittel und Wasser wurde den Kolonisten in großen Mengen zur Verfügung gestellt. Fünf Regimenter Sicherheitssoldaten und 500 Kampfroboter sollten für die kaiserliche Ordnung auf der neuen Welt sorgen. Das geheime Kolonisierungsprogramm lief an.

Quoltrin-Saar-Arel ließ es sich nicht nehmen, das gepriesene Himmelreich selbst in Augenschein zu nehmen. Noch während des Landeanfluges seines Flaggschiffes bezeichnete er den Planeten als eine junge Zwillingswelt von Natrid. Einfachheitshalber gab der Kaiser dem Planeten den Namen Arel. Er sollte mit seinem

Namen bereits auf den kaiserlichen Status hinweisen. Der jungfräuliche Planet besaß alles, was auf Natrid verloren gegangen war. Die Atmosphäre war ohne jegliche Anreicherung von Schadstoffen. Neun große Kontinente wurden durch Meere getrennt. Urwaldtypische Grünflächen, gemäßigte Sträucher- und Wiesengebiete, aber auch Steppen und Sandflächen konnte Arel anbieten. Zahlreiche Süßwasserflüsse zogen sich durch die Kontinente.

Eine reichhaltige Tierwelt hatte sich die Welt bereits erobert, als Quoltrin-Saar-Arel das erste Mal auf ihr landete. Der Monarch war von der Zwillingswelt der alten Heimat begeistert. Er sah sich seinem geheimen Ziel ein Stück nähergekommen. Schon lange versuchte er seine Träume zu verwirklichen, die ihn nicht mehr zur Ruhe kommen ließen. Seine Gedanken drehten sich um ein neues Natrid. Um einen Planeten mit genoptimierten, stärkeren und besseren Natradern. Eine Welt, die er nach seinen Träumen entstehen lassen wollte. Doch es war noch ein langer Weg zu diesem göttlichen Elysium. Mit jedem Besuch informierte er sich über den Fortschritt der neuen Stadt. Sie entwickelte sich prächtig.

Zwei Jahre später lebten bereits 250.000 genmodifizierte Natrader auf der Zwillingswelt von Natrid. Die Industrialisierung wurde weiter vorangetrieben, um unabhängig von natradischen Versorgungslieferungen zu werden. Produktionsstätten für Privatgleiter und Gardegleiter waren erfolgreich aus dem Boden gestampft worden. Sie erleichterten den Weg der Wissenschaftler, Techniker und Arbeiter zu ihren Dienststellen. Der Plan des Kaisers sah als nächsten Schritt vor, Produktionsstätten und Werften für Kampf-Jets und 100 Meter messende Taluk-Schiffe zu bauen. Quoltrin-Saar-Arel war mit sich zufrieden.

Gegen Abend saß er auf der Veranda seines Domizils auf Arel. Sicherheitssoldaten sicherten die Umgebung. Ein Regiment Kampfroboter hatte sich an unübersichtlichen Stellen seines Gartens positioniert. Quoltrin-Saar-Arel blickte auf die neue Stadt, die immer größer zu werden schien. Ein stechender Schmerz in seinem Rücken vertrieb seine Gedanken.

»Irgendetwas schwächt meinen Körper«, dachte er. »Ich fühle mich schwer und verbraucht. Schon lange ist die Leichtigkeit der früheren Jahre verflogen. Ich werde mich in eine medizinische Behandlung begeben.«

Ein Schleier entstand vor seinen Augen. Der Kaiser schloss seine Augen und wartete einige Sekunden ab. Er öffnete seinen Augen wieder. Der weiße Schleier hatte sich gefestigt. Ein humanoides Gesicht blickte ihn an.

»Fürchte dich nicht«, sprach das schleierhafte Wesen den Kaiser in Natradisch an. »Ich bin der letzte meiner Art auf dieser Welt.«

Quoltrin-Saar-Arel hatte sich gefasst. Das Wesen auf seiner Terrasse machte keinen bösartigen Eindruck.

»Wer bist du?«, erkundigte er sich.

Die Erscheinung verharrte einen Augenblick.
»Ich bin ein Energiewesen«, antwortete es. »Du kennst mich unter dem Begriff eines Systemregenten. Ich weiß, dass die Treigs dir von uns berichtet haben?«

»Ich erinnere mich«, antwortete der Kaiser. »Wir konnten ihre Rasse vor einem Angriff von spinnenartigen Raumschiffen beschützen.«

»Das wurde mir mitgeteilt«, erwiderte das Energiewesen. Dafür bin ich dir sehr dankbar. Die Treigs waren früher ein Hilfsvolk unserer Species. Zu dieser Zeit verfügten wir noch über unsere körperlichen Hüllen. Unsere Rasse ist sehr alt. Wir durften die Entstehung des Universums beobachten.«

»Wie darf ich dich ansprechen?«, erkundigte er sich.

»Früher nannte man mich Qunt-Tu«, antwortete das Energiewesen. Du kannst diesen Namen gerne weiter benutzen.«

»Danke, Qunt-Tu«, antwortete der Kaiser. »Was machst du hier?«

»Dieser Planet war einmal unsere Ursprungswelt«, entgegnete das Energiewesen. »Viele meiner Art lebten früher auf diesen Planeten. Niemals hatten wir den Wunsch verspürt, uns auf andere Welten auszudehnen. Wir waren Forscher und Entwickler. Raumschiffe kannten wir nicht, obwohl wir in der Lage gewesen wären, welche zu bauen. Doch das war nie erforderlich gewesen. Unsere Forschungen drehten sich immer nur um die Entfaltung unserer Geisteskräfte. Mit ihnen lernten wir uns ohne Hilfsmittel fortbewegen. Unsere intensiven Forschungen galten den höheren Dingen der Schöpfung.«

Ihr seid die Konstrukteure der Sphärenportale?«, erkundigte sich der Kaiser.» Die Treigs erklärten mir, dass die Systemregenten die Erfinder des Portals wären.«

»Das entspricht den Tatsachen«, antwortete Qunt-Tu. » Diese Portale erleichterten uns den Weg durch die Galaxie. Früher war diese hochentwickelte Technik ein beliebtes Reisemittel.«

Das Energiewesen blickte den Kaiser traurig an.

»Immer wieder öffneten wir unsere Portale zu neuen unbekannten Planeten in der Galaxie«, erklärte er. » Wir hofften, irgendwann auf Gleichgesinnte zu stoßen, mit denen wir uns austauschen konnten. Leider trafen wir auf unseren vielen Reisen keine Species, die ihre Geisteskräfte ebenso perfektioniert hatten, wie es uns gelungen war. Jede gute Entwicklung ist auch für schlechte Machenschaften nutzbar. Als wir das Portal auf einem Planeten, in einem uns unbekannten Sektor der Galaxie öffneten, trafen wir auf eine insektoide Rasse. Wie uns mitgeteilt wurde, waren wir auf einer Welt angekommen, die sich Aramis nannte.

Dieser Planet war das Zentrum ihres Hoheitsgebietes. Er glich nach unserem Verständnis einem übergroßen Wespennest. Unsere Delegation erkannte große Brutanlagen, die scheinbar ununterbrochen für den Nachwuchs ihrer Species sorgten. Die eigenartige Lebensform nannte sich Arthropoden. Bereitwillig erklärten sie uns ihre Welt. Ihre Zivilisation wurde von einer Imperatorin regiert. Sie und ihre Berater zeigten sich äußerst neugierig und interessiert unserem Sphärenportal gegenüber. Die Imperatorin verlangte von unserer Delegation, ihre Wissenschaftler in diese Technik einzuweisen. Wir kannten diese Species kaum, deshalb lehnten wir ihren Wunsch ab.«

Der Kaiser hatte interessiert zugehört.
»Was geschah dann?«, erkundigte er sich.

»Dann passierte das Unerwartete«, antwortete das Energiewesen. »Innerhalb von nur wenigen Stunden verwandelten sich die Arthropoden uns gegenüber in eine feindliche Rasse. Zu spät registrierte unsere Delegation plötzlich, dass ihre Art scheinbar humanoide Lebensformen hasste. Zu weit hatten sie sich von unserem Sphärenportal entfernt, um flüchten zu können. Unsere Delegation wurde hinterhältig ermordet. Lediglich einem Sphärentechniker, der das Portal kontrollierte, gelang noch rechtzeitig der Sprung durch das Portal.«

Der Kaiser schüttelte seinen Kopf.
»Das sind keine schönen Erinnerungen«, bestätigte er. »Konnte ihr Sphärentechniker ihre Regierung warnen?«

»Das gelang nur zum Teil«, antwortete das Energiewesen. »Aus diesem Grunde verweise ich nochmals auf die Funktionsweise des Portals. Es ist beidseitig nutzbar. Wir konnten das Portal nicht abschalten, weil sich bereits Truppen der Arthropoden in ihm befanden. Das ist eine Sicherheitsschaltung dieser Technik. Solange sich etwas in dem Portal befindet, kann man es nicht deaktivieren. Sie können sich sicherlich vorstellen, was uns widerfuhr. Der insektoiden Species gelang es, mit Truppentransportern und unzähligen Raumschiffen das Portal zu durchqueren. Ihre 5.000 Meter messenden Raumschiffe verdunkelten den Himmel unserer Welt.

Dann griffen sie unsere Zivilisation an. Sie ließen keinen Stein mehr auf dem anderen. Die Arthropoden informierten unsere Regierung darüber, dass unsere Welt jetzt von ihnen beansprucht wurde. Ihre Rasse verstand sich als einzige hochstehende Schöpfung einer göttlichen Bestimmung. Ihre großen 5.000 Meter messenden Kriegsschiffe hatten zahlreiche Beine ausgefahren, aus denen eine braune übelriechende Flüssigkeit ausgesondert wurde. Diese tropfte unaufhaltsam auf den Boden unseres Planeten. Diese Flüssigkeit war sehr aggressiv. Sie vergiftete die Bevölkerung des Planeten und ließ viele Quanaris qualvoll sterben. Nur wenige konnten sich in das Hochgebirge retten und sich in tiefen Höhlen verstecken.«

Das Energiewesen verharrte einen Moment. Dann fuhr es mit seinen Schilderungen fort.

»Als die Wesen der göttlichen Bestimmung erkannten, dass ihr abgesondertes Gift unsere Bevölkerung dahinraffte, befahlen sie die Landung ihrer Raumschiffe auf unserer Welt. Schwarz und unüberwindbar senkten sich die Schiffe auf den Boden. Tief bohrten sich ihre Landestelzen in den weichen Untergrund unserer Welt ein. In den Städten wälzten sich unsere schreienden Artgenossen in Todeskrämpfen. Die Arthropoden sahen dem Sterben unserer Bevölkerung nur mitleidlos zu. Nach geraumer Zeit fuhren die spinnenartigen Raumschiffe ihre Waffentürme aus und feuerten auf alle Hochhäuser, Gebäude und Industriekomplexe unserer Welt, bis diese alle dem Erdboden gleichgemacht waren.

Unzählige herabstürzende Trümmer begruben die sterbenden Bewohner unter sich und beendeten schlagartig ihre Schreie. Die feuerspeienden Raumschiffe blieben 7 Tage am Boden, bis ihre Arbeit vollendet war und kein Leben mehr auf dem Planeten zu registrieren war. Das dachten zumindest die Befehlshaber der spinnenartigen Schiffe, als sie unseren Planeten verließen. Angstvoll harrten die wenigen Überlebenden in den tiefen Höhlen der Hochgebirge aus. Erst als es sicher war, dass die spinnenartigen Raumschiffe nicht zurückkamen, trauten sie sich wieder an das Tageslicht. Erst später erkannten wir, dass die fremden Aggressoren jeden Planeten mit humanoiden Bewohnern nur einmal säuberten. In der Regel kamen sie nach einem erfolgreichen Angriff nicht mehr zurück. Während des

Abfluges ihrer Schiffe ließen sie gezüchtete Parasiten abregnen.

Diese gruben sich in das Erdreich unserer Welt ein und verharrten in einer Art Winterschlaf. Still warteten sie ab, bis sie eine humanoide DNA witterten. Erst dann wurden sie aktiv. Heimlich schlichen sie sich an besagte Lebewesen heran und infizierten sie. Für die betroffenen Personen sah es wie ein unbedeutender Insektenstich aus. Doch erst einmal in dem Körper eines Lebewesens eingedrungen, suchte sich dieser Parasit einen Weg zu dem Gehirnstamm. Dort nistete er sich ein und wuchs überdimensional. Wenn er das entsprechende Alter erreicht hatte, übernahm er die Steuerung des Körpers. Das infizierte Wesen konnte nichts hiergegen tun. Es wurde zu einem Sklaven der Arthropoden. «

Qunt-Tu warnte den Kaiser vor diesen Parasiten. Er konnte es nicht ausschließen, dass trotz einer globalen Säuberung immer noch einige von ihnen existierten, die in einem Winterschlaf auf ihre Opfer warteten. «

Quoltrin-Saar-Arel winkte ab. Er teilte dem Energiewesen mit, dass er keine Angst vor Insekten habe. In Begleitung seiner Soldaten hatte er bereits mehrmals diese Welt betreten und keine Parasiten entdeckt.

Das Energiewesen blickte den Kaiser nachdenklich an.
»Die Arthropoden verließen unsere Welt und diesen Raumquadranten«, fuhr er fort. »Wir haben sie niemals wieder gesehen. In den nachfolgenden Jahrtausenden regenerierte sich unsere Ursprungswelt wieder. Sie wurde zu einem intakten Planeten. Zur Sicherheit manipulierten wir die mittelgroße Sonne unseres Sternensystems.

Wir sorgten dafür, dass sie viel Plasma ausstieß, die durch zahlreiche Magnet- und Gravitationswellen an den Rand unseres Systems geleitet wurden. Dort bildete das Sonnenplasma eine mächtige Energieblase, die von Raumschiffen unterentwickelter Rassen nicht durchquert werden konnte. Die Hitze der Blase war für die Schutzschirme der Schiffe zu stark. «

»Warum der ganze Aufwand? «, erkundigte sich der Kaiser. » Konnte sich ihre Rasse keinen neuen Planeten suchen? «

»Diese Welt war es, die unsere Rasse hervorgebracht hat«, antwortete das Energiewesen. » Unsere Rasse hat sich immer für diesen Planeten verantwortlich gefühlt. Leider waren wir einmal unachtsam. Das hatte schwerwiegende Folgen für uns und für unsere Welt. Zwischenzeitlich waren die letzten Überlebenden meiner

Art in andere Galaxien ausgewandert. Wir trafen uns nur noch selten. Unsere Funktion als Systemregenten hatten wir aufgegeben. Ich blieb hier auf unserer alten Welt zurück. Meine Hoffnung war es, dass irgendwann eine Species den Weg hierhin finden würde, um eine humanoide Kolonie zu gründen. Diese schöne Welt sollte nach unseren Vorstellungen wieder intelligentes Leben tragen. Durch dein Volk werden unsere Wünsche endlich wahr werden.«

Quoltrin-Saar-Arel war von der Schilderung des Energiewesens berührt.

»Ich beabsichtige diesen Planeten langfristig zu bevölkern«, bestätigte er. »Er soll die Heimat von vielen Personen der natradischen Rasse werden.«

»Hierüber freue ich mich«, antwortete Qunt-Tu. »Unser sehnlichster Wunsch kann Wirklichkeit werden. Ich lege das Wohl unserer alten Welt in deine Hände. Du verfügst über beeindruckende Raumschiffe und eine ausgereifte Technik. Entziehe diese Welt dem Zugriff der Arthropoden. Als Dank könnt ihr die Technik unseres Sphärenportals uneingeschränkt nutzen.

Ich werde deine Wissenschaftler in der Steuerung des Portals einweisen und ihnen Zugang zu den weiteren technischen Errungenschaften unserer Kultur offenbaren. Deine Aktivitäten werde ich überwachen. Die Zeit ist für mich ein unbedeutender Begriff.«

Die nebelige Erscheinung löste sich auf. Der Kaiser dachte über das Angebot nach. Nach einer Weile kam er zu der Erkenntnis, dass er das Angebot von Qunt-Tu annehmen würde.

Es vergingen einige Tage. Der Kaiser hatte zwischenzeitlich seine Führungsoffiziere und die Wissenschaftler seiner Kolonie über das gutmütige Energiewesen informiert. Er teilte ihnen mit, dass die Sphäre auch Portale zu anderen Planeten öffnen würde. Quoltrin-Saar-Arel träumte bereits von Kolonien, in alle Quadranten des Universums.

Kurz vor seiner Rückreise in das heimatliche Sternensystem erhielt er eine niederschmetternde Nachricht. Eine unbekannte Rasse hatte alle natradischen Kolonien in der Andromeda-Galaxie angegriffen und vernichtet. Die dort stationierte Flotte von 45.000 Schiffen wurde vollständig aufgerieben. Diese dringende Angelegenheit erforderte seine Anwesenheit auf Natrid.

»Eine Stunde vor seinem Rückflug, kontaktierte ihn Qunt-Tu erneut.

»Du verlässt deine Kolonie?«, fragte das Energiewesen.

Der Kaiser nickte.
»Meine Offiziere kommen auch allein zu Recht«, antwortete er. »Die Kolonien unserer Rasse in der Andromeda-Galaxie wurden angegriffen und vernichtet. Ich muss zurück zu meiner Heimatwelt und eine Flotte für die Suche nach den Schuldigen organisieren.«

»Plane deine Schritte mit Weitsicht«, bemerkte Qunt-Tu. »In dieser Galaxie verbirgt sich so manche kriegerische Species. Die Sterneninsel gehört nicht ihren Bewohnern, sondern sie wird von einer kriegerischen Schöpfung terrorisiert.«

»Was weißt du hierüber?«, fragte der Kaiser erstaunt. »Während unserer Forschungsflüge sind wir nur auf die Treigs und ihre Angreifer, in den spinnenartigen Raumschiffen gestoßen.«

»Das waren die gleichen Raumschiffe, die auch durch unser geöffnetes Sphärenportal gekommen sind«, antwortete das Energiewesen. »Vermutlich sind diese Wesen für den Untergang vieler humanoider Rassen verantwortlich. Leider sind uns die Koordinaten ihrer Brutwelten verloren gegangen.«

Der Kaiser nickte.
»Schade, ansonsten wäre eine Vergeltung schnell zu realisieren gewesen«, antwortete er.

»Den Hass haben wir mit unserer körperlichen Erscheinung abgelegt«, fuhr das Energiewesen fort. »Er ist ein schlechter Berater. Wir haben erkannt, dass vieles vorherbestimmt ist.«

Qunt-Tu blickte den Kaiser an.
»Ansonsten weiß ich nur wenig über die Andromeda-Galaxie«, fuhr das Energiewesen fort. »Der dort lebende Systemregent teilte mir seine Erkenntnisse mit. Er sprach von einer Vormachtstellung gewisser Netzwerkdenker. Angeblich bedienen sie sich einer Anzahl von künstlich erzeugten Geschöpfen.«

Der Kaiser dachte nach.
»Der Name sagt mir nichts, antwortete er.
»Das ist nicht weiter schlimm«, erwiderte Qunt-Tu. »Dein Sphärentor kann nur von Schirrack aus gesteuert werden. Es führt dich lediglich an diesen Ort und wieder zurück.«

»Das ist ein Anfang«, lächelte der Kaiser. »Du versprachst uns in die Steuerung des Sphärenportals einzuweisen?«

»Das wird geschehen«, erwiderte Qunt-Tu. »Erledige deine Aufgabe und kehre schnell zurück. Ich werde da sein.«

Der Kaiser verabschiedete sich und bestieg sein Schiff. Mit einer Begleitflotte durchflog er das Portal in Richtung Schirrack. Dort wartete Admiral Garxon auf ihn. Nach der Landung unterrichtete der Kaiser den Verwalter der geheimen Station über die aktuellen Geschehnisse. Er teilte ihm mit, dass er vorübergehend die hier stationierte Flotte abziehen werde.

Er müsste zurück nach Natrid, um einen Verband von Kriegsschiffen aufzustellen. Diese Schiffe sollten sich auf dem Weg nach Andromeda machen, um die Urheber der Vernichtung der natradischen Kolonien zu ermitteln. Diese Schiffe würden entsprechende Vergeltungsmaßnahmen durchführen.

Admiral Garxon erinnerte ihn an sein Versprechen an das Energiewesen. Doch der Kaiser wollte nichts mehr hiervon wissen. Grob befahl er dem Admiral, sich um seine Aufgaben zu kümmern.

Als der Admiral die Leitstelle der geheimen Station von Schirrack verlassen hatte, informierte Quoltrin-Saar-Arel die Hypertronic-KI über seine neuen Befehle. Seine Augen leuchteten tiefschwarz. Er befahl ihr, möglichen Abgesandten der göttlichen Macht bedingungslos Einlass zu gewähren und sie zu unterstützen. Diese Station sollte ihr Brückenkopf in die heimatliche Galaxie werden. Der Kaiser erklärte ihr, dass die Abgesandten der göttlichen Macht ihren Glauben unter den Völkern des kaiserlichen Imperiums verbreiten wollten.

Er befahl das Sphärenportal aktiviert zu lassen. Dann kommandierte er das komplette Personal der Station ab. Sie sollten mit der Schutzflotte zurück nach Natrid fliegen. Das war das letzte Mal, dass der Kaiser der Station einen Besuch abstattete. Vergeblich wartete das Energiewesen, das sich Qunt-Tu nannte, auf seine Rückkehr. Mit schlechten Vorahnungen beobachtete das Wesen das Anwachsen der natradischen Kolonie.

»So war es schon einmal«, erinnerte sich Qunt-Tu. »Erst wenn die Popularität der Kolonie eine gewisse Anzahl von Leben übersteigt, werden sie wieder aktiv. Dann kommen ihre spinnenartigen Raumschiffe und säubern diese Welt.«

Gegenwart: Planet Arel, Zwillingswelt von Natrid

Mehr als 100.000 Jahre waren vergangen. Das Energiewesen Qunt-Tu dachte mit Wehmut an die guten Zeiten zurück, die seine Heimatwelt erlebt hatte. Doch das war lange her.

»Warum wird dieser Welt so viel angetan?«, überlegte er.

Qunt-Tu erinnerte sich an den natradischen Kaiser, der vor vielen Jahrtausenden aufgebrochen war, um einen Angriff auf seine Kolonien in der Andromeda-Galaxie zu untersuchen. Qunt-Tu hatte den Namen in sein Gedächtnis eingebrannt.

»Quoltrin-Saar-Arel nannte er sich«, erinnerte sich das Energiewesen. »Er gab mir das Versprechen, über diese Welt zu wachen und sie zu beschützen.«

Das gutmütige Energiewesen glaubte den Worten des Kaisers.

»Damals hatte ich keinen Anlass zu Misstrauen«, erinnerte er sich. »Zumal er mit dem Aufbau einer Kolonie seines Volkes begonnen hatte. Seine mächtigen Kriegsschiffe und die technischen Errungenschaften seines Volkes hatten mich beeindruckt. Ich war bereit, alle Errungenschaften unseres Volkes in seine Hände zu übergeben. Doch aus dieser Vereinbarung wurde nichts. Sie konnte von dem natradischen Kaiser nicht eingehalten werden.«

Qunt-Tu war früher einer von vielen Systemregenten, die Delegationen unterschiedlicher Rassen ihre Sphärenportale zu anderen bewohnten Planeten des Universums öffneten. Hierdurch erfolgte ein reger Austausch von Informationen. Die Systemregenten verstanden sich als Fährmänner der Rassen. Ohne sie wäre der Kontakt zwischen den Völkern der Galaxie nicht möglich gewesen. Qunt-Tu stammte von der technisch hochentwickelten Rasse der Quanaris ab.

Die Welt Arel, wie der natradische Kaiser sie benannt hatte, war früher der Ursprungsplanet seiner Rasse gewesen. Er und andere Artgenossen der Quanaris-Zivilisation, konnten sich vor langer Zeit zu Energiewesen entwickeln, die nicht mehr an ihre körperlichen Daseinsformen gebunden waren. Zeit spielte für die Energiewesen keine Rolle mehr. Sie waren in die relative Ewigkeit aufgestiegen.

Die neblige gasförmige Erscheinung schwebte über dem Plateau eines hohen Gebirges des Planeten. Die Welt von früher, hatte sich grundlegend verändert. Es war nicht mehr der geschützte und himmlische Planet seiner

Vorfahren, sondern eine Welt der Verdammnis und der Schmerzen, von der es kein Entkommen gab. Der Boden des Planeten war verbrannt, Feuer und heiße Magma strömte aus und verteilte sich schwarz nach Schwefel riechend über seine steinige Oberfläche. Auf ihr konnten keine Lebewesen mehr existieren. Die fremden Aggressoren hatten den Planeten bombardiert und an vielen Stellen seinen heißen Kern freigelegt. Die Atmosphäre wurde verseucht. Die spinnenartigen Schiffe, die hierfür verantwortlich waren, kannte er noch von einem früheren Angriff auf seine Welt.

Er blickte auf die gewaltige schwarze Station der Arthropoden, die in der heißen Atmosphäre des Planeten schwebte. Sie drohte alleine mit ihren Ausmaßen allen Species, die sich ihr nähern wollten. Die Militärstation verbreitete Angst und Schrecken. Die insektoide Rasse hasste alle humanoiden Lebensformen. Das war Qunt-Tu im Laufe der vielen Jahrtausende klar geworden. Zahlreiche Hinrichtungen musste er mit ansehen.

Die Qualen der Bewohner waren unvorstellbar. Angeblich dienten die Arthropoden einer göttlichen Bestimmung. Alle ihre abscheulichen Taten, begründeten sie mit dieser Antwort. Das Energiewesen fragte sich seit Tausenden von Jahren, was das für eine göttliche Macht da sein könnte, die solches Elend über die Lebewesen der Galaxie

brachte. Die Arthropoden wurden durch ein totalitäres Prinzipat gesteuert. Die Imperatorin der Rasse, war nach dem Sieg ihrer übermächtigen Flotte, persönlich mit ihrem Flaggschiff über der zerstörten natradischen Kolonie erschienen. Sie wollte mit ihren
Truppen den großen Sieg feiern.

Ihr 5.000 Meter messendes Raumschiff war neben den Trümmern der arelanischen Kolonie gelandet. Alles das, was mühsam von den Kolonisten des Kaisers aufgebaut wurde, lag in Trümmern. Sie befahl ihren Kommandeuren, eine unvergleichliche Siegesfeier zu organisieren, um der göttlichen Bestimmung zu danken. Ihre Führungsoffiziere setzten ihren Befehl in die Tat um. Für reichlich Speisen und Getränke wurde gesorgt.

Zu ihrer Belustigung durften 50 arelanische Kampf-Soldaten, vor ihren Augen durch Giftstachel ihrer Kämpfer getötet werden. Damit noch nicht genug. Die Imperatorin erklärte ihren Anhängern, dass die Welt der Humanoiden ein beobachteter Planet war. Schon lange hatte man ihn im Auge gehabt, doch die Population der Lebewesen reichte noch nicht für eine Säuberung aus.

Erst als die Anzahl der Humanoiden die gesetzte Grenze der Arthropoden überschritten hatte, erteilte die göttliche Bestimmung den Befehl zu einem Angriff auf den Planeten.

Planet Arel

Qunt-Tu verharrte einen Augenblick. Seine Erinnerungen schmerzten. Er musste dem Untergang der Kolonie und vielen arelanischen Opfern beiwohnen. Es war ihm nicht möglich gewesen, die Kolonisten zu warnen. Auch er hatte keine Informationen besessen, die auf eine erneute Säuberung durch die Arthropoden hingewiesen hätten. Das war einmalig in ihrer Vorgehensweise. Nach den bisherigen Erfahrungen seiner Rasse, wurden einmal gesäuberte Welten nicht mehr von der insektoiden Rasse beachtet. Qunt-Tu konnte nicht verstehen, warum die Arthropoden ein zweites Mal seine Heimatwelt aufsuchten. Sie mussten einen Hinweis erhalten haben. Es war nur durch ihren immensen Hass auf humanoide Lebensformen zu erklären.

»Warum gelingt es keiner Rasse, diesen Teufeln Einhalt zu gebieten«, dachte er. »Können sich nicht verschiedene Species zusammenschließen, um dieses irregeleitete Geschwür aus dem Universum zu entfernen?«

Er wusste, dass sein Wunsch in weiter Ferne lag. Nichts deutete daraufhin, dass sich in diesem Sektor eine starke humanoide Zivilisation entwickelt hatte.

Er blickte auf den Planeten, auf dem erneut einige Stellen der Kruste aufbrachen, aus denen Feuer und Magma entwichen.

»Die Arthropoden hatten bewusst die Atmosphäre dieser Welt mit Giftstoffen angereichert und ihren Kern freigelegt«, erinnerte er sich. »Sie wollten ein natürliches Gefängnis für ihre Gefangenen erschaffen. In ihren unterirdischen Laboren führen sie Forschungen und Experimente an den Arelanern durch.«

Laute Geräusche ließen den Blick des Energiewesens zum Himmel richten. Qunt-Tu erkannte, wie erneut eine Militärflotte von 120 Schiffen der Arthropoden an der 32 Kilometer messenden Station anlegte. Im Normalfall hätte er die technische Leistung dieser Wesen bewundert. Doch seit sie vor vielen Jahrtausenden die Welt seiner Ahnen heimsuchten, hatte er nur Tod und Verderben von ihnen ausgehen sehen.

»Sie fielen mit ihren großen Raumschiffen über die stolze Kolonie der Arelaner her«, dachte er. »Die erst in den Kinderschuhen steckende Raumschiffsproduktion war das erste Angriffsziel der insektoiden Rasse. Hiernach folgten die Anlagen der Bodenverteidigung und der Kommunikation. Die Arthropoden griffen die Kasernen der Soldaten und die Leitstellen der Sicherheitsorgane an. Die Infrastruktur der Kolonie wurde systematisch ausradiert.«

Qunt-Tu wusste nicht, ob noch Nachkommen der ehemaligen Kolonisten, in den heißen Kerkern tief unter der Oberfläche von Arel lebten.

»Falls ja, durften sie noch nie den süßen Geruch von Freiheit wahrnehmen«, überlegte er. »Sie sind Sklaven und Versuchsobjekte der Insektoiden.«

Mit Abscheu wandte er seinen Blick ab und blickte über die hohen Gebirge der Welt. Auf ihren Bergspitzen waren leichte Anzeichen einer Begrünung zu erkennen. Ein Zeichen dafür, dass die vulkanischen Aktivitäten auf Arel schwächer wurden.

Nur langsam schien seine Welt aus einem langen Schlaf zu erwachen.

Qunt-Tu konnte seine Artgenossen über die Vorfälle auf der Heimatwelt informieren. Doch die Systemregenten, die in anderen Galaxien operierten, blickten ihn nur verständnislos an.

»Das ist der Lauf der Zeit«, teilten sie ihm mit. »Nichts behält ewig sein ursprüngliches Aussehen. Alles ist in Bewegung. Jetzt ist eine Zeit der Dunkelheit und Zerstörung angebrochen. Es wird auch wieder eine Epoche des Lichtes kommen.«

Das Energiewesen fragte sich nur, wann das sein sollte. Zu lange hatte er bereits auf die Rückkehr des natradischen Kaisers gehofft. Doch seine Hoffnungen wurden nicht erfüllt.

»Viele Flotten von angegriffenen humanoiden Species hatten sich den Arthropoden in den Weg gestellt«, erinnerte sich Qunt-Tu. »Speziell in dieser Sterneninsel, die den alten Namen Schaddron trug, konnten sich in den letzten Jahrtausenden verstärkt humanoide Zivilisationen entwickeln. Vielleicht war das auch der Grund, warum die insektoide Species ihre große Militärstation in diese entfernt gelegene Galaxie verlegt hatte.

Mehr durch einen Zufall entdeckten sie die Kolonie der Arelaner. Die Hyperraumsprünge ihrer 100 Meter messenden Taluk-Raumschiffe wurden von Patrouillen der Arthropoden geortet und zurückverfolgt. Dann kamen ihre großen Raumschiffe.«

Das Energiewesen durchforstete seine Erinnerungen.
»Niemals vorher hatte ich solche furchteinflößenden Schiffe gesehen«, dachte es. »Ihre Lasersalven verwüsteten den Planeten. Die Raumschiffe der Arelaner konnten nicht viel ausrichten. Den Kommandeuren fehlte die Kampferfahrung. Die Bodentruppen der Arthropoden ermorden ihre Soldaten und Sicherheitskräfte. Die zivile

Bevölkerung wurde auf ihre Raumschiffe gebracht und gefoltert. Vermutlich überlebten viele von ihnen das Martyrium nicht.

Die Bodentruppen der Arthropoden wurden zurück auf ihre Schiffe gerufen. Dann sprühten ihre Schiffe eine braune ätzende Substanz ab, welche die Atmosphäre des Planeten vergiftete. Anschließend wurden Planetenbomben auf diese Welt abgefeuert, die gezielt tiefe Löcher zu dem heißen Kern bohrten. Die Welt transformierte sich. Hierbei entstanden unzählige Höhlen als Nebenprodukt. Diese werden seit der Eroberung des Planeten von den Arthropoden als Verliese für ihre Gefangenen benutzt. Es scheint ihnen egal zu sein, in welcher Umgebung sie die gehassten Humanoiden einpferchen.«

Das Energiewesen wusste nicht genau, wie viele Gefangene in den unterirdischen Höhlen lebten.

»Die Arthropoden hatten irgendwann begonnen, auch Angehörige anderer humanoider Species auf diesen Planeten zu bringen«, erinnerte er sich. »Sie wurden den gleichen Folterungen ausgesetzt, wie die natradischen Überlebenden.«

Das Energiewesen wusste nicht, wie viele Gefangene auf seiner ehemaligen Heimatwelt untergebracht waren. Er konnte die zahlreichen Transporte der Gefangenen beobachten. Aus ihren gelandeten Schiffen trieben ihre Kampfsoldaten lange Kolonnen von humanoiden Wesen vor sich her. Die arthropodischen Soldaten waren mit Atemmasken ausgestattet. Nicht die Gefangenen.

Den kurzen Weg zu dem Eingang in die Unterwelt des Planeten, mussten sie ohne Schutzmaske absolvieren. Viele von ihnen schafften es nicht. Sie verendeten kläglich auf der Wegstrecke. Die Soldaten beachteten sie nicht. Roboter räumten die Leichen weg. Die Greifarme ihrer Maschinen hoben sie auf und warfen sie in Sammelcontainer. Dann flogen sie die Toten fort.

Qunt-Tu wusste, dass diese Gedanken immer wieder in sein Gedächtnis zurückkehrten. Seit vielen Jahrtausenden wurde er von ihnen heimgesucht. Er musste als Wächter und unsterbliches Energiewesen der Quanaris, die Strafe einer vollständigen Erinnerung der Ereignisse dieser Welt mit sich herumtragen.

Qunt-Tu fasste einen Entschluss.
»Ich werde Partei ergreifen und nach einer Lösung des Problems suchen«, dachte er. »Wenn keiner der

Systemregenten mich unterstützt, werde ich einen eigenen Weg finden. Es wird Zeit, wieder einmal meine körperliche Form anzunehmen.«

Die nebelige Erscheinung löste sich auf und verschwand. Niemand hatte es auf dem Gebirge entdeckt.

Militärbasis der Arthropoden, Standort Planet Arel

Kommandeur Kytasch betrat die Brücke der Station. Er blickte auf die vor ihren Geräten sitzenden Offiziere.

Gemächlich schritt er an seinen Kommandosessel und ließ sich hineinfallen.

»Gibt es etwas Neues?«, erkundigte er sich.

Der Ortungsoffizier drehte sich zu ihm um.
»Alles ist ruhig«, antwortete er. »Ich habe keine neuen Ortungen vorliegen. Unsere Patrouillen konnten keine Hinweise auf humanoides Leben finden. Wir müssen davon ausgehen, dass diese Sterneninsel großflächig gereinigt wurde. Die humanoide Saat ist ausgerottet. Sie wuchert nicht mehr nach. Die göttliche Bestimmung wird zufrieden sein.«

»Das war unser Auftrag«, bestätigte Kytasch. »Vermutlich neigt sich die Abkommandierung unserer Basis in dieser abgelegenen Region der Galaxie ihrem Ende entgegen.«

Der 1. Offizier der Station trat neben seinen Vorgesetzten. »Glauben sie wirklich, die Imperatorin zieht uns von diesem Standort ab?«, erkundigte er sich. » Sie hat doch gerade erst die Höhlen der Gefangenen und die Anlagen zur Lebensmittelverwertung modernisieren lassen?«

Kytasch blickte den Offizier an.
»Sie wissen, dass ich von dem Clan der Arachniden abstamme«, antwortete er. »Die amtierende Imperatorin Arachna ist ein direkter Nachkomme der ersten Monarchin unseres Staates. Sie sorgt dafür, dass Offiziere ihrer Blutlinie unverzüglich über allen neuen Entscheidungen informiert werden. Ich habe militärische Informationen von dem Flotten-Oberkommando an ihrem Hof erhalten. Die Führungsoffiziere wissen, dass ich zu der Verwandtschaft der Imperatorin gehöre. Aus diesem Grund werden mich ihre Flotten-Kommandeure nicht mit falschen Informationen versorgen. Es sieht danach aus, als ob wir bald diese verlassene Region verlassen können.«

»Falls ihre Informationen der Wahrheit entsprechen, wird unser Personal jubeln«, lächelte der 1. Offizier. » Schon lange konnten sie nicht mehr ihre Familien sehen. «

»Militärische Einheiten brauchen keinen Kontakt zu ihren Familien«, antwortete der Kommandeur. »Diese Basis und ihre Einheit sind ihre Familien. Das sollten sie als 1. Offizier doch wissen? «

»Ich habe keine Familie«, entgegnete Kaythor.

»Verleugnen sie nicht ihre Herkunft«, schellte ihn der Kommandeur. »Jeder von uns hat eine Familie. Diese versorgt unser Militär mit Nachwuchs. Darum ist sie wichtig für uns. «

»Ich wurde künstlich erzeugt«, widersprach der 1. Offizier. »Meine Eltern waren unbekannte Wissenschaftler. Die Imperatorin befahl ihnen genmodifizierte Eier herzustellen, aus denen besonders leistungsfähige Arthropoden-Soldaten ausgebrütet werden sollten. Ich entstamme einem Forschungsprojekte, das speziell für den Nahkampf in Leben gerufen wurde. «

»Ich verstehe«, antwortete der Kommandeur. »Besitzen sie besondere Fähigkeiten? «

»Nein«, antwortete der 1. Offizier. »Unser Nest bestand aus 250 Eiern. Alle Soldaten wurden erfolgreich ausgebrütet. Anschließend mussten wir langwierige Testversuche über uns ergehen lassen. Leider wurden an uns keine modifizierten Eigenschaften festgestellt. Die Wissenschaftler unseres Projektes wurden nach dem Bekanntwerden der Resultate, auf Anordnung der Imperatorin, ohne eine weitere Anhörung hingerichtet.«

Kaythor lachte laut auf.
»Den Wissenschaftlern werden zu viele Freiheiten zugestanden«, bemerkte der Kommandeur. » Die Imperatorin sollte sie viel härter fordern.«

Er überlegte einen Augenblick.
»Konnten Hinweise auf das Sphärenportal der Arelaner gefunden werden?«, erkundigte sich der Kommandeur. » Das ist doch der eigentliche Grund, warum wir hier immer noch stationiert sind.«

»Nein«, antwortete Kaythor. »Die letzten Folterungen von 273 alten Arelanern haben keine neuen Erkenntnisse gebracht. Wir müssen davon ausgehen, dass sie nicht mehr über das Wissen ihrer Vorfahren verfügen. Ihre jüngeren Nachkommen eignen sich lediglich für den Mineralabbau. Ich vermute, dass dieses Wissen mit der

Hinrichtung der ersten Generation von Arelaner verloren ging. Unser Angriff erfolgte zu schnell. Sie konnten ihr Geheimnis nicht mehr an ihre Nachkommen weitergeben.«

»Mir wurden Berichte vorgelegt, dass die Arelaner genmodifiziert wurden?«, fragte Kommandeur Kytasch. » Konnte das von unseren Wissenschaftlern bestätigt werden?«

»Das lässt sich nicht mehr feststellen«, antwortete der 1. Offizier. »Die Arelaner sind kräftig, schlagfertig und flink. Ich habe keinen Vergleich zu anderen Stämmen ihrer Rasse, falls es irgendwo noch Angehörige von ihnen geben sollte. Lediglich ein Gefangener ihrer Species hat uns vor seinem Tode massiv gedroht. Er teilte uns mit, dass der Planet Arel nur eine unbedeutende Kolonie ihres Imperiums sei.

Seine letzten Worte waren, dass eine mächtige Flotte ihres Kaisers kommen wird, um unsere mutierte Lebensform aus dem Universum zu verbannen. Der Anführer des Soldatentrupps hat ihn ausgelacht und anschließend hingerichtet. Sein Körper wurde den Anlagen zur Nahrungsgewinnung übergeben.«

»Das war eindeutig zu früh«, fluchte der Kommandeur. »Dieser gesprächsbereite Sklave hätte uns mehr mitteilen können.«

Er blickte seinen Offizier an.
»Sind sie mit der Hierarchie der wissenschaftlichen Unterlagen der Arelaner vertraut?«, fragte Kytasch.

»Die Berichte der Wissenschaftler sind schwer zu verstehen«, antwortete der 1. Offizier. »Alles, was sie glauben zu verstehen, stellt sich später als ein Irrtum heraus. Ich sehe die Dokumente der Wissenschaftler als erfunden an. Sie entsprechen nicht der Wahrheit.«

»Sie sind nicht gut auf Wissenschaftler zu sprechen?«, staunte der Kommandeur. » Ich habe ihre Berichte studiert. Seit Jahrtausenden sprechen die Arelaner über die Öffnung eines angeblichen Sphärenportals. Es soll den Durchgang in eine weit entfernte Galaxie aufbauen, in der überwiegend humanoide Rassen leben.«

»Wie ist das möglich?«, fragte Kaythor, der 1. Offizier. » Die göttliche Bestimmung sprach erst kürzlich von einer Reinigung des ganzen Universums. Nach ihren Mitteilungen dürften keine neuen humanoiden Rassen mehr existieren.«

»Mir ist bekannt, was die göttliche Bestimmung verlauten ließ«, antwortete der Kommandeur. »Verstehen sie die Aussage der Imperatorin als eine beruhigende Geste. Unsere Flottenverbände mussten in den letzten Jahren zahlreiche nachgewachsene humanoide Lebensformen ausrotten. Unsere Soldaten sind erschöpft. Sie wollen zurück in das heimatliche Hoheitsgebiet unserer eigenen Galaxie. «

Der Kommandeur ließ eine kurze Pause vergehen. Dann blickte er seinem 1. Offizier in die Augen und fuhr fort.

»Glauben sie wirklich, die Evolution lässt es zu, dass sich keine humanoiden Lebensformen mehr entwickeln? «, fragte er. » Sie haben sich in der Vergangenheit entwickelt und sie werden sich auch in der Zukunft ausbreiten. «

»Die göttliche Bestimmung überwacht die Evolution«, antwortete Kaythor. »Sie wird es nicht zulassen«

»Vergessen sie die göttliche Bestimmung«, fuhr ihm der Kommandeur über den Mund. »Ich brauche Offiziere, die sich eine eigene Meinung machen können. Keine geimpften Marionetten der Regierung.«

Der 1 Offizier blickte den Kommandeur ärgerlich an.

»Unsere Meinungen gehen zwar in diesem Thema auseinander«, antwortete er. » Doch sie können sich bisher nicht über meine Kommandos beschweren. «

Das Schott der Brücke der Militärbasis öffnete sich. Zythrusch, der wissenschaftliche Leiter trat ein. Er blickte sich kurz um und schritt zu Kommandeur Kytasch. Vorschriftsmäßig salutierte er seinem Vorgesetzten. Dieser erwiderte die Ehrenbezeugung.

»Wissenschaftler Zythrusch«, sagte der Kommandeur. »Was führt sie zu uns? «

»Wir haben ein Problem«, erklärte der wissenschaftliche Leiter. »Die alternden Arelaner rebellieren. Sie wollen uns nicht mehr freiwillig zu den Anlagen der Nahrungsaufbereitung folgen. Wir mussten die letzte Gruppe wie Tiere, mit Knüppeln und Peitschen vor uns hertreiben. «

Der Kommandeur blickte den Wissenschaftler an.
»Es sind Tiere«, antwortete er. »Wir sind mit ihnen viel zu nachsichtig umgegangen. Woher kommt der Sinneswandel der Alten? «

»Wie sie wissen, werden von uns seit Jahrtausenden geklonte Ceshalter als Zellenwächter eingesetzt«, antwortete Zythrusch. »Diese Humanoiden sind knapp 2 Meter groß, kräftig und zuverlässig. Sie stammen aus einem Krieg, der bereits lange in Vergessenheit geraten ist. Wir konnten diese Klone stets zu unserer vollsten Zufriedenheit züchten. Leider ist uns bei der letzten Gruppen-Klonung ein Fehler unterlaufen.

Durch den Programmabsturz des zentralen Gedächtnisservers der Klon-Abteilung, wurden den Züchtungen fälschlicherweise die kompletten Erinnerungen ihrer ausgelöschten Rasse eingespeist. Dieser Prozess ist nicht mehr umkehrbar. Die Klone der Ceshalter-Species ließen sich zuerst nichts anmerken. Wir wurden erst aufmerksam, als sich einige von ihnen ihr Wissen mit Klonen der vorigen Generation austauschten. Damit nicht genug. Einige der Wärter haben den Arelanern die Wahrheit über ihre Rasse mitgeteilt. «

»Was meinen sie mit falschen Erinnerungen? «, fragte der Kommandeur nach.

Der wissenschaftliche Leiter druckste herum.
»Ich meine hiermit, dass unser komplettes Wissen über die Ceshalter und die Arelaner überspielt wurde«, fluchte er. »Die Klone verfügen jetzt über alle Einzelheiten ihrer Geschichtsdaten. «

»Sind sie wahnsinnig?«, fragte der Kommandeur. »Wissen sie, was hierdurch entstehen kann? Die Klone hätten sofort getötet werden müssen. Kennen sie die Vorschriften der göttlichen Bestimmung nicht? Fehlerhafte Klone müssen sofort abgetötet und entsorgt werden.«

»Ich kenne die Vorschriften«, antwortete Zythrusch. »Leider fiel unseren Wissenschaftlern das Problem erst viel später auf. Da waren die Ceshalter bereits dem aktiven Dienst übergeben. Der verantwortliche Kollege traute sich nicht den Fehler zu melden. Er hatte zu dem Zeitpunkt des Ausfalles die Oberaufsicht über eine Gruppe Wissenschaftlern. Ich habe ihn sofort suspendiert.«

»Das wird nicht ausreichen«, monierte der Kommandeur. »Er wird sich wegen seines Fehlverhaltens verantworten müssen. Nicht nur vor mir, sondern auch vor der Imperatorin. Wie wir alle wissen, ist diese nicht so gnädig, wie ich es bin.«

»Es ist ein guter Wissenschaftler«, bemerkte Zythrusch. »Ich verzichte nur ungern auf ihn.«

»Ihnen wird nichts anderes übrigbleiben«, entgegnete der Kommandeur. »Wollen sie an seiner Stelle vor die Imperatorin treten? Das könnte ich arrangieren.«

»Ich verzichte gerne hierauf«, polterte der Wissenschaftler los. »Beschweren sie sich später nicht, wenn wir den einzigen Spezialisten verlieren, der in der Lage ist, die Gehirne der Humanoiden mit unseren Befehlen zu programmieren.«

»Er ist der Einzige?«, fragte der Kommandeur.
»Ja«, antwortete der Wissenschaftler. »Ansonsten würde ich mich nicht für seinen Verbleib einsetzen. Sie wissen selbst wie lange es dauern wird, bis uns eine Ersatzperson zugeteilt wird. Bis zu diesem Zeitpunkt werden sie arthropodische Soldaten für die Bewachung der Gefangenen abstellen müssen.«

»Das ist unseren Soldaten nicht zumutbar«, antwortete der Kommandeur. »Sie vertragen die Hitze in den unterirdischen Kerkern nicht sehr lange.«

Der Kommandeur dachte angestrengt nach.
»Mir wird wohl nichts anderes übrigbleiben, als ihren Vorschlag zu unterstützen«, bestätigte er. »Ich werde das Problem mit der Imperatorin besprechen. Treiben sie alle auffälligen Klone der Ceshalter zusammen und töten sie

diese. Lassen sie die Leichen verbrennen. Sie dürfen nicht in den Kreislauf der Nahrungsgewinnung geraten. Verhindern sie, dass Proteinsekret als Nahrung für unsere Soldaten aus ihnen hergestellt wird. Klone sind hierfür nicht geeignet. Sie besitzen einen chemischen Beigeschmack. Sorgen sie dafür, dass die arelanische Population auf dem gleichen Stand bleibt.

Sondern sie die rebellischen Alten ab und betäuben sie diese. Wir können uns keinen Aufstand der humanoiden Tiere in der Nahrungskette leisten. Ebenfalls nicht in dem Abbau der wichtigen Rohstoffe. Informieren sie den diensthabenden Truppenführer. Er soll sie mit zusätzlichen Einheiten Elitesoldaten unterstützen und dafür sorgen, dass die Gefangenen keinen Aufstand planen. Sagen sie ihm, das ist ein ausdrücklicher Befehl von mir. Er soll die Einheiten rotieren lassen, damit die Soldaten nicht zu lange der Hitze unter Tage ausgesetzt sind.«

»Danke«, antwortete der wissenschaftliche Leiter. »Sie haben etwas gut bei mir.«

Mit diesen Worten drehte er sich ab und schritt auf das Schott zu.

»Das wird der Imperatorin nicht gefallen«, bemerkte der 1. Offizier. »Sie halten sich nicht an das göttliche Protokoll. «

Der Kommandeur der Basis blickte ihn an.
»Wollen sie noch länger auf dieser Militärbasis der 1. Offizier sein? «, erkundigte sich Kytasch.

Kaythor nickte vorsichtig.
»Das hatte ich vor«, antwortete er.
»Dann rate ich ihnen dringend, meine Entscheidungen nicht weiter zu hinterfragen«, zischte der Kommandeur. »Zythrusch hat völlig Recht. Es bringt uns nichts, wenn wir den einzigen Programmierer verlieren, der in der Lage ist, die Gehirne der Humanoiden mit unseren Befehlen zu manipulieren. «

Der Kommandeur wartete eine Weile.
»Wenn wir eine Ersatzperson aus dem heimatlichen Imperium geschickt bekommen haben, dann sieht die Situation wieder ganz anders aus«, ergänzte er. »Ab diesem Zeitpunkt können wir das Protokoll der Imperatorin ausführen. Unterstützen sie mich dabei? «

Der 1. Offizier wusste, dass seine Antwort über seinen Verbleib auf dieser Station entscheiden würde.

»Ich schätze sie als kompetenten Strategen und militärischen Oberbefehlshaber«, erwiderte er. »Selbstverständlich unterstütze ich sie.«

Der Kommandeur entspannte sich.
»Dann sind wir uns einig«, lächelte er. »Wir setzen weiter auf unser vorhandenes Personal.«

»Ich registriere die Öffnung mehrerer Hyperraumfenster«, meldete der Ortungsoffizier der Leitstelle. »Eine starke Flotte materialisiert im Normalraum.«

»Alarmbereitschaft für alle Abteilungen«, befahl der Kommandeur. »Identifizieren sie sofort die Schiffe. Handelt es sich um eine feindliche Flotte?«

Der Ortungsoffizier vertiefte sich in seine Geräte.
»Es sind 500 Schiffe arthropodischer Bauart«, erkannte er.

»Ich erhalte ID-Codes«, meldete der Funkoffizier. »Unsere Hypertronic-KI gleicht die Codes mit der Datenbank ab.«

»Flotte identifiziert«, klang es monoton aus den Lautsprechern. »Es handelt sich um die Flotte von

Imperatorin Arachna. Sie wird von 500 Zerstörern der 5.000 Meter-Klasse begleitet.«

Kommandeur Kytasch lehnte sich irritiert in seinem Kommandosessel zurück.

»Meine Tante, die Imperatorin kommt zu einer Visite unserer Station? «, stutzte er. » Hat das Flaggschiff den Grund des Besuches mitgeteilt? «

»Nein«, erwiderte der Funkoffizier. »Das Schiff der Imperatorin hüllt sich in Schweigen. Wir wurden lediglich gebeten, das Protokoll für ihren Empfang vorzubereiten. Sie wird mit ihrem Schiff an unserer Station anlegen. «

Kommandeur Kytasch sprang aus dem Kommandosessel auf.

»Alle Offiziere legen ihre Ehrenuniform an«, befahl er. »Als Waffen werden Strahler und Säbel eingesetzt. «

Er blickte seinen 1. Offizier an.
»Sorgen sie für eine Ehrengarde unserer Soldaten in dem Hangar«, sagte er. »Wir begrüßen die Imperatorin gemeinsam. Anschließend begleiten wir sie in die Kommando-Leitstelle unserer Kampf-Station. Sie wird uns sicherlich einige Fragen stellen wollen. Befehlen sie auch

Flottenbefehlshaber Byrusch in den Hangar Er möchte an dem Gespräch teilnehmen.«

Der 1. Offizier salutierte und rannte aus der Leitstelle. »Weisen sie dem Schiff der Imperatorin eine Andockbucht zu«, befahl der Kommandeur. »Meine Tante soll erkennen, dass wir unsere Station nach ihren Vorschriften leiten.«

Der Funkoffizier bestätigte und gab den Hyperkomm-Funkspruch an das sich annähernde Flaggschiff der Imperatorin durch.

Zwei Stunden später hatte das Schiff der Imperatorin an der Militärbasis angedockt. Ihre Begleitflotte wartete nicht weit entfernt und sicherte ihr Schiff. Byrusch, der Oberbefehlshaber der arthropodischen Flotte hatte seine 10.000 Schlachtschiffe, aufgeteilt in mehreren Linien, nahe der Station in Warte-Formationen befohlen. Das Flaggschiff der Imperatorin sollte einen guten Eindruck von der Kampffähigkeit der Militärstation erhalten.

Seit geraumer Zeit warteten Kommandeur Kytasch, sein 1. Offizier Kaythor, Flottenbefehlshaber Byrusch und der wissenschaftliche Leiter Zythrusch darauf, dass die Imperatorin durch die Schleuse ihres Schiffes in die Militärbasis eintrat. Ihre schneeweißen Uniformen wiesen sie als Führungskraft aus. Die jeweils 50 Raum-Soldaten, die sich rechts und links der Schleuse aufgestellt hatten, trugen schwarze Galauniformen mit vergoldeten Abzeichen.

Dann öffnete sich das Schott. Gespannt blickten die Offiziere in die Öffnung des Flaggschiffes. Sie vernahmen eine Bewegung. Sechzig Kampfroboter der Imperatorin traten in einem Stechschritt aus dem Schott. Sie forderten die Soldaten der Basis auf, einen Schritt zurückzutreten. Dann positionierten sie sich vor ihnen und entsicherten ihre Lasergewehre.

Kommandeur Kytasch und Flottenbefehlshaber Byrusch sahen sich irritiert an.

»Warum werden unsere Soldaten zurückgedrängt? «, fragte der Kommandeur. » Reicht unsere Eskorte nicht mehr aus? «

Der Flottenbefehlshaber zuckte mich seinen Schultern.
»Ich habe keine Kenntnis von einer Änderung des Protokolls«, flüsterte er.

Sie nahmen eine weitere Bewegung an dem Schott des Flaggschiffes wahr.

Elitesoldaten der Imperatorin, gekleidet in schwarzroten Uniformen, schritten aus dem Schiff. Es handelte sich exakt um 100 Kampfsoldaten der persönlichen Leibgarde der Imperatorin. Die Soldaten reihten sich neben den Kampfrobotern ein. Der Truppenführer kam auf die weiß gekleidete Führung der Station zugeschritten.

Vorschriftsmäßig salutierte er.
»Mein Name ist Gyratin«, stellte er sich vor. »Ich bin der Befehlshaber der persönlichen Leibgarde der Imperatorin. Ihnen sollte bekannt sein, dass ich rangmäßig über ihnen stehe und bei Bedarf ihre Entscheidungen korrigieren kann?«

Kommandeur Kytasch blickte ihn durchdringend an.
»Die Gesundheit unserer Imperatorin liegt uns allen am Herzen«, antwortete er. »Wir unterwerfen uns der göttlichen Bestimmung.«

»Das höre ich gerne«, grinste Truppenführer Gyratin. »Entschuldigen sie die Änderung des Sicherheits-Protokolls. Während ihres Besuches auf einer anderen Militärbasis, wurde ein Attentatsversuch auf Imperatorin Arachna verübt.«

»Auf meine Tante wurde ein Attentat durchgeführt?«, fragte Kommandeur Kytasch. »Ihr ist hoffentlich nichts passiert?«

»Ihr aktivierter Schutzschirm konnte den feindlichen Laserbeschuss absorbieren«, teilte Gyratin mit. »Haben sie auf ihrer Basis irgendwelche Auffälligkeiten registriert?«

»Nein«, antwortete der Kommandeur. »Wir arbeiten mit zahlreichen Gefangenen und Sklaven. Meine Soldaten müssen zwar immer wieder widerspenstige Humanoide maßregeln, oder sie sogar töten. Das ist aber nichts Besonderes.«

»Ich verstehe«, antwortete Gyratin. »Sie sind mir für die Sicherheit ihrer Basis verantwortlich. Falls sie mir etwas verschweigen, werden sie die vollen Konsequenzen der administrativen Führung der Imperatorin tragen müssen.«

»Das ist uns bekannt«, antwortete der Kommandeur. »Für ihre Sicherheit wurde gesorgt.«

Der Truppenführer zog einen Kommunikator aus seiner Tasche. Er klappte es auf und sprach einige Worte hinein.

»Der Bereich wurde gesichert«, meldete er.
Eine erneute Bewegung in dem Schott wurde sichtbar. Ein Tross von adeligen Arthropoden trat heraus. In ihrer Mitte schritt die Imperatorin mit erhobenem Kopf. Sie trug ein blutrotes Kleid mit langer Schleppe. Herablassend nickte sie den Soldaten zu. Vor der Führung der Militärbasis blieb sie stehen.

Die Offiziere verbeugten sich tief und warteten ab.
»Richten sie sich auf«, sagte Arachna. »Der Etikette ist Genüge getan. Bringen sie mich bitte in einen ihrer Konferenzräume. Ich möchte über den Fortschritt ihrer Aktivitäten informiert werden. «

Der Kommandeur ahnte Schlimmes. Er verbeugte sich nochmals.

»Gerne, Imperatorin«, antwortete er. »Es ist mir eine Ehre, sie auf meinem Schiff begrüßen zu dürfen. «

Er zeigte mit einer Hand hinter sich.
»Folgen sie uns bitte«, ergänzte er. »Ich gehe mit meinen Offizieren voraus. «

»Danke«, lächelte die Imperatorin.
Der Tross schritt durch den Hangar. Die Offiziere waren informiert. Sie hatten Platz in dem öffentlichen Casino der

Station geschaffen. In der Regel wurde dieser Bereich sehr stark von dem Personal der Station frequentiert. Doch während der Visite der Imperatorin wurde das Casino für das Personal der Station gesperrt.

Der Kommandeur bot der Imperatorin einen bequemen Sessel an.

Er wartete ab, bis sie sich gesetzt hatte und die Elite-Soldaten ihre Schutzstellung eingenommen hatten. Die Imperatorin zeigte auf einen Stuhl ihr gegenüber.

»Setzen sie sich lieber Neffe«, lächelte sie. »Ich habe nicht vergessen, dass sie zu der Blutlinie der Arachniden angehören. In ihren Adern fließt hoheitliches Blut.«

Kommandeur Kytasch nickte.
»Danke, für ihre schönen Worte«, antwortete er. »Doch mich irritiert ihre Visite unserer Basis. Was veranlasst sie, uns persönlich zu besuchen?«

»Sie wissen, dass wir unser Hoheitsgebiet immer weiter ausdehnen«, erklärte sie. »Unsere Brutplaneten sorgen für unseren stetigen Nachwuchs. Zurzeit zählen wir 2.630 kolonisierte Welten, die von unserer Rasse angepasst und bevölkert wurden. Leider kommen wir mit der Produktion von Raumschiffen nicht mehr hinterher. Es ist uns derzeit nicht möglich, alle Planeten so abzusichern, dass sie nicht von fremden Species attackiert werden können.«

»Wurden Planeten angegriffen?«, erkundigte sich der Kommandeur.» Konnten wir nicht alle feindlichen Species besiegen?«

»Das ist wahr«, bestätigte die Imperatorin.»Es scheinen keine größeren Flottenverbände mehr in unserer Galaxie zu existieren. Leider ist es unmöglich alle Sterneninseln des Universums zu kontrollieren. Wir wissen noch nicht einmal, wo der Anfang, oder das Ende des schwarzen Raumes zu finden ist.«

»Falls es diese Bezeichnungen überhaupt gibt«, bemerkte Kommandeur Kytasch.»Nach meiner Überzeugung ist das Universum unendlich. Wie sie wissen, erzeugen wir Klone der vernichteten Ceshalter-Rasse auf dieser Station. Diese Humanoiden sind äußerst leistungsfähig und eignen sich hervorragend als Wächter für unsere Gefangenen. Die erste Generation von Klonen wurde aus dem Genmaterial von Toten ihrer Rasse produziert. Sie besaßen nur noch ein geringes Wissen über ihre Herkunft. Angeblich wurden sie von einer alten, wissenden Rasse erzeugt, die sich als Aller-Erste betitelte. Ihre Galaxie und ihre Heimatwelt haben wir bis heute nicht gefunden.«

Die Imperatorin nickte.

»Sie haben Recht«, antwortete sie. »Ist es nicht mit vielen gefangenen humanoiden Tieren so, die wir auf unseren Militärstationen als Sklaven einsetzen? Doch ich möchte auf die Arelaner zu sprechen kommen. Truppenführer Gyratin teilte ihnen mit, dass vor nicht allzu langer Zeit ein Anschlag auf mich verübt wurde. «

»Wir wurden informiert«, antwortete Kytasch bestürzt. »Wir danken der göttlichen Bestimmung für ihren Schutz.«

»Die göttliche Bestimmung hat nichts damit zu tun«, erwiderte die Imperatorin. »Lediglich meinem Schutzschirm ist es zu verdanken, dass ich noch lebe und dem Imperium vorstehen kann. Eines sollten sie jedoch wissen. Der Anschlag wurde von einem getarnten humanoiden Sklaven durchgeführt, der sich als Arelaner ausgab. Ich frage sie jetzt, wie war das möglich? «

Die Gesichtszüge von Kommandeur Kytasch und seines 1. Offiziers entgleisten.

»Das ist eine gute Frage«, konterte der Kommandeur. »Sie wissen selbst aus den Geschichtsarchiven, dass unsere Rasse vor etwas mehr als 100.000 Jahren den Planeten Arel angegriffen und seine Infrastruktur zerstört hat. Die Bewohner wurden getötet, die Überlebenden exekutiert. Aus den alten Berichten geht hervor, dass nur 100 männliche und 100 weibliche Exemplare von uns für Züchtungen von Sklaven ausgesondert wurden.«

»Das entspricht den Tatsachen«, bestätigte die Imperatorin. »Diese Rasse wurde nicht geklont, sondern wir haben sie ihre Nachkommen weiter gebären lassen. Kräftige Exemplare dienen uns in den Bergwerken und bauen wichtige Mineralien ab, die schwächeren Exemplare wandern direkt in die Proteinsekret-Produktion. Es ist aber festzuhalten, dass wir stetig auf eine steigende Population dieser Wesen geachtet haben.«

»Weil eine steigende Nachfrage nach diesen problemlosen Arbeitskräften vorhanden war«, erklärte der Kommandeur der Militärstation. »Wir sollten den Bogen nur nicht überspannen?«

»Können sie ihre Aussage präzisieren?«, fragte die Imperatorin.

»Ganz einfach«, erklärte Kytasch. »Aus den ehemals 100 männlichen und 100 weiblichen Exemplaren sind mittlerweile über 500.000 humanoide Sklaven entstanden. Eines kann ich ihnen schon jetzt versichern, bei dieser Anzahl wird es nicht bleiben. Die humanoide Rasse zeigt sich sehr gebärfreudig. Es wird immer schwieriger für uns, sie alle zu bewachen. Ich züchte immer mehr Ceshalter-Klone, die unter der Erde die Zellenbereiche zu sichern. Wir sollten prüfen, ob wir nicht ihre Anzahl reduzieren und sie der Proteinsekret-Produktion übergeben sollten. «

Imperatorin Arachna blickte ihn an.
»Das könnten wir, wenn sie und ihre Offiziere sich bereit erklären würden, für uns die Rohstoffe in den Bergwerken abzubauen«, lächelte sie »Unser Bedarf an diesen Energie-Mineralien wird sich in den nächsten Jahren noch drastisch erhöhen. Wenn sie ihre Soldaten in den Bergwerken einsetzen wollen, dann halte ich ihren Vorschlag für umsetzbar. Denken sie bitte gelegentlich einmal hierüber nach. «

»Wenn ich noch eines anmerken darf«, sagte der Kommandeur. »Verfügen sie über aktuelle Informationen, wie viele Arelaner sich in unserem Hoheitsgebiet aufhalten? «, erkundigte er sich. » Viele unserer Militärbasen waren begeistert von den Arelanern als günstige und geschickte Arbeitskräfte. Sie haben von uns diese Humanoiden angefordert. Vermutlich um selbst eine Nachzucht auf die Beine zu stellen. Ich rate ihnen eine Erhebung durchzuführen, wie viele dieser Tiere in unserem Hoheitsgebiet leben. Sie sehen es an dem versuchten Attentat, dass es immer noch intelligente Anführer unter ihnen geben muss. Sie wiegeln die Sklaven auf. Es ist nur eine Frage der Zeit, bis wir eine größere Rebellion erleben werden.«

Die Imperatorin lachte laut auf.
»Meine Berater haben mich bereits vor ihnen gewarnt«, sagte sie. »Nach ihrer Einschätzung sind sie der geborene Pessimist. Was können schon einige Hunderttausende dieser Arelaner gegen Milliarden Wesen einer göttlichen Bestimmung ausrichten?«

»Täuschen sie sich nicht«, antwortete Kytasch. »Es gibt eine Legende unter den Arelaner. Sie wird von Generation zu Generation weitergetragen. Meine Wissenschaftler sind machtlos dagegen. Sie haben alles probiert, um diese Erinnerungen aus ihren Genen zu entfernen. Es war zwecklos.«

»Was für Legenden sind das?«, erkundigte sich Arachna. » Es ist uns leider nicht möglich, die Gedanken der Sklaven zu lesen«, antwortete der Kommandeur. » Wir wissen nur, was einige gefolterte Opfer dieser Species vor ihrem Ableben uns gedroht haben. Der Planet Arel ist scheinbar nicht ihre Ursprungswelt gewesen. Er hatte lediglich den Status einer jungen Kolonie besessen. Die Legenden besagen, dass die Arelaner durch ein mächtiges Sphärenportal gekommen sind, um diesen Teil der Galaxie zu besiedeln. Sie haben uns gedroht, dass ihr Kaiser irgendwann das Portal wieder öffnen und mit einer mächtigen Flotte erscheinen wird. Seine Vergeltung wird fürchterlich sein, um unsere Species aus dem Universum zu verbannen.«

Die Imperatorin lachte laut auf.
»Das haben schon viele humanoide Rassen versucht«, antwortete sie. »Aus den vielen Angriffen und Vernichtungen unserer Brutwelten konnten wir jedes Mal gestärkt hervorgehen. Falls die Legenden der Arelaner der Wahrheit entsprechen sollten, werden wir uns zu wehren wissen. So wie ich es aus den Berichten weiß, war der Angriff der Ceshalter der letzte gefährliche Angriff auf unsere Rasse, der uns fast an den Untergang gebracht hatte. Das wird nicht wieder passieren. Wir haben massiv aufgerüstet.«

Imperatorin Arachna blickte ihren Neffen an.«
»Ich wollte eigentlich diese Station abziehen und sie einer neuen Bestimmung übergeben. Doch jetzt ändere ich meine Absicht. Falls es eine Technik geben sollte, die ein Sphären-Portal erzeugen kann, muss sie in unsere Hände gelangen. Wir haben hiermit die Möglichkeit, nicht nur zu dem Heimatsystem der Arelaner zu gelangen und diese

Species vollständig auszulöschen, sondern auch zu den Verstecken humanoider Species, die wir bisher nicht erreichen konnten. Mit einem Sieg über ihren Kaiser und ihr angebliches Heimatsystem, würde sich ihre Legende von alleine erledigen.«

Kommandeur Kytasch nickte nachdenklich.
Die Imperatorin wandte sich dem wissenschaftlichen Berater zu.

»Versuchen sie an mehr Informationen zu kommen«, befahl sie. »Foltern sie die Gefangenen, von denen sie vermuten, dass sie über weitere Informationen verfügen könnten. Der Tod einiger Arelaner ist bedeutungslos. Ich hebe die Schutzverordnung für die Sklavenarbeiter auf.«

»Das wird Unmut unter ihnen auslösen«, bemerkte der wissenschaftliche Leiter. »Es ist möglich, dass alle Sklaven ihrer Species die Arbeit verweigern. Der Rohstoffabbau würde zum Erliegen kommen.«

»Weisen sie die Ceshalter-Wächter an, mit aller Härte gegen einen möglichen Widerstand vorzugehen«, befahl die Imperatorin. »Früher hätten wir alle Angehörigen von humanoiden Rassen getötet. Seit wir einige von ihnen als Arbeiter züchten, ist den Stärksten von ihnen ein Weiterleben erlaubt. Trotz dieser neuen Großzügigkeit der göttlichen Bestimmung, ist den humanoiden Tieren ein Aufstand oder eine Rebellion gegen unsere Führung nicht gestattet.«

Imperatorin Arachna blickte Kommandeur Kytasch an. »Kann ich mich auf sie verlassen?«, fragte sie.

»Natürlich«, bestätigte der Befehlshaber der großen Militärbasis. »Sie werden keinen Grund haben, an unserer Kompetenz zu zweifeln.«

»Führen sie mich durch ihre Basis«, lächelte Arachna. »Ich möchte eine Inspektion durchführen. Das ist der eigentliche Grund meines Besuches. Anschließend beabsichtige ich den Rohstoffabbau und den Lebensbereich der Sklaven zu besichtigen.«

»Ich halte das für zu gefährlich«, warnte der Truppenführer die Imperatorin. »Dieser Bereich ist von Tieren übervölkert. Es lässt sich nur sehr schwer sichern.«

»Ich denke die Ceshalter sorgen dort für Ordnung?«, staunte die Imperatorin. »Bisher habe ich keine Klagen über sie gehört.«

Kommandeur Kytasch nickte zustimmend.

»Das ist richtig«, antwortete er. »Die Ceshalter verursachen keine Probleme. Ich führe sie gerne durch diese Station und alle wichtigen Bereiche unserer unterirdischen Rohstoff-Förderung.«

Er blickte Zythrusch, den wissenschaftlichen Leiter an. »Sie und mein 1. Offizier werden der Imperatorin alles erklären«, befahl er. »Führen sie unseren Besuch und seine Leibgarde durch alle technischen und wissenschaftlichen Abteilungen. Ich bereite in der Zwischenzeit ihren Besuch unter der Erde von Arel vor. Das dauert einige Zeit.«

Er drehte sich zu der Imperatorin um und verbeugte sich. »Sie sind bei meinen Offizieren in guten Händen«, erklärte er. »Ich werde für verstärkte Sicherheits-Maßnahmen in den Mienen von Arel sorgen. Es kommt nicht oft vor, dass so hochrangiger Besuch den Bereich unserer Rohstoffgewinnung begutachten möchte.«

»Danke«, antwortete die Imperatorin.

»Hier entlang bitte«, sagte der 1. Offizier. »Auf dieser Etage liegen alle technischen Abteilungen.«

Truppenführer Gyratin befahl 30 Kampfrobotern vorauszugehen. Dann folgten die Soldaten der

Leibwache, welche die Imperatorin vor direkten Übergriffen schützen sollten.

Kommandeur Kytasch blickte dem Tross hinterher. Mit seiner rechten Hand wischte er sich den Schweiß von seiner Stirn.

Dann drehte er seinen Kopf Flottenbefehlshaber Byrusch zu.

»Ich brauche ihre Hilfe«, flüsterte er.

Der Flottenbefehlshaber wirkte erstaunt.
»Meine Hilfe? «, erkundigte er sich. » Was kann ich tun?«

»Es ist möglich, dass die Ceshalter-Wächter instabil sind«, teilte der Kommandeur mit. »Ich werde zusätzliche Sicherheitsmaßnahmen anordnen. «

»Instabil? «, fragte Byrusch. » Wie kommen sie zu der Annahme? «

»Leider ist uns bei der letzten Gruppen-Klonung ein Fehler unterlaufen«, flüsterte Kommandeur Kytasch. » Durch einen Programmabsturz des zentralen Gedächtnis-Servers der Klon-Abteilung, wurden den Ceshalter-Züchtungen fälschlicherweise die kompletten

Erinnerungen ihrer ausgelöschten Rasse eingespeist. Dieser Prozess ist nicht mehr umkehrbar. Die Klone der Ceshalter ließen sich zuerst nichts anmerken. Wir wurden erst aufmerksam, als einige von ihnen ihr Wissen mit Klonen der vorigen Generation austauschten. Leider ist das noch nicht alles. Einige der Wärter haben den Arelanern die Wahrheit über ihre Rasse mitgeteilt.«

»Verflucht«, flüsterte Byrusch. »Die Klone hätten sofort getötet werden müssen.«

»Das weiß ich«, antwortete der Kommandeur. »Doch der verantwortliche Wissenschaftler hatte die Information nicht weitergegeben. Er wusste, dass Strafmaßnahmen auf ihn zukommen würden.«

»Dann haben wir ein Problem«, erkannte Flottenbefehlshaber Byrusch. »Ich werde sie mit 1.000 Elite-Raumsoldaten unterstützen. Sie werden die Abbauhöhlen und die Zellen der Gefangenen sichern. Sorgen sie dafür, dass uns die Wegstrecke mitgeteilt wird, den die Imperatorin beschreiten wird. Ihr wird nichts zustoßen.«

»Ich kümmere mich persönlich hierum«, antwortete der Kommandeur. »Danke für ihre Unterstützung. Ich werde die Imperatorin begleiten.«

»In Ordnung«, antwortete Byrusch. »Ich gehe in meine Abteilung und fordere das Kontingent Raumsoldaten an. Wir treffen uns in der großen Höhle, in der die abgebauten Rohstoffe für den Abtransport durch unsere Gleiter bereitgestellt werden.«

»Verstanden«, antwortete der Kommandeur. »Wir treffen uns in der Lagerhöhle des Bergwerkes.«

Qunt-Tu hatte die Ankunft der Imperatorin mitbekommen. Es war nicht das erste Mal, dass sie mit ihrer Schutzflotte den Planeten Arel besuchte. Das Energiewesen kannte die oberste Befehlshaberin der Arthropoden nicht. Noch nie hatte er es gewagt, in die große Militärstation einzudringen, um an Informationen über sie zu gelangen. Er hatte Gespräche von arthropodischen Soldaten belauscht, die ihre Imperatorin als Kontakt zu einer göttlichen Bestimmung sahen.

Qunt-Tu wusste, dass es gefährlich war in die fremde Station einzudringen. Auch Energiewesen seiner Art, konnten durch ein Eindämmungsfeld festgehalten, oder eingesperrt werden. Doch er war des Wartens überdrüssig. Viel zu lange hoffte er vergebens auf die Rückkehr des Kaisers der Arelaner. Jetzt hatte er beschlossen zu handeln. Viel konnte er nicht machen, lediglich den Gefangenen Mut zusprechen und sie in ihrem eigenen Wunsch nach Freiheit unterstützen. Doch er besaß noch weitere Fähigkeiten. Langsam sank die nebelige gasförmige Erscheinung auf den Boden des Planeten Arel. Sein Ziel war einer der großen Lüftungsschächte, die verbrauchte Atemluft ausstießen. Er verharrte einen Augenblick über dem Gitter des Schachtes. Dann floss die Erscheinung in den Schacht.

Qunt-Tu registrierte, wie der Schacht tief in das Erdinnere des Planeten führte. Weiter und tiefer stieß er vor. Plötzlich vernahm er Arbeitsgeräusche, Stimmen und laute Schreie. Er bremste seinen Fall ab und schwebte vor ein Gitter. Ein Gesicht formte sich aus der nebeligen Erscheinung. Augen blickten durch das Gitter. Er sah, wie eine große humanoide Gestalt auf eine am Boden liegende kleinere Lebensform mit einer Energiepeitsche einschlug.

Das Gesicht von Qunt-Tu verfloss und löste sich auf. Seine nebelige Erscheinung durchquerte das Gitter. In der Höhle nahm er seine körperliche Form an. Die Arbeiter sahen plötzlich, wie sich hinter dem Aufseher eine humanoide Person aus dem Nebel schälte. Entsetzt rissen sie ihre Augen auf.

»Warum schlägst du so hart auf deine Art ein?«, fragte er in der Sprache der Ceshalter. »Seid ihr nicht alle Gefangene der Arthropoden?«

Der Wärter hielt inne und drehte sich um. Sein Blick fiel auf die 1,90 Meter große Gestalt des Quanaris. Seine Augen wirkten starr. Keine Regung spielte sich in seinem Gesicht ab.

»Wer bist du?«, erkundigte er sich. »Wie kommst du in diesen Abbaubereich? Hier dürfen nur Arelaner arbeiten.«

»Du bist ein Ceshalter«, antwortete Qunt-Tu. »Vor langer Zeit wart ihr eine stolze und eigenständige Rasse.«

»Was redest du da?«, fragte der Wächter. »Wir Ceshalter sind Aufseher der Arthropoden. Niemand darf sich ihnen widersetzen. Sie arbeiten für ihre göttliche Bestimmung.«

»Was für eine göttliche Bestimmung ist das, die verlangt andere Wesen des gleichen Ursprungs zu quälen und zu foltern?«, fragte Qunt-Tu. »Du bist ein Humanoide, wie die Arelaner auch. Ihr entstammt alle der gleichen Aussaat. Warum lasst ihr euch von aggressiven Insekten terrorisieren?«

»Ich verstehe dich nicht«, tobte der Ceshalter. »Der Abbau der Energie-Erze ist vorrangig zu bewerten. Schwache Arbeiter müssen willig gemacht werden. «

Qunt-Tu erkannte, dass es sich bei dem Ceshalter um einen programmierten Klon handelte. Er war nicht fähig, eigene Gedanken zu entwickeln. Das Wissen über die Vergangenheit seines Volkes fehlte ihm, um den Funken eines Widerstandes zu entfachen.

Der Quanaris winkte einigen Arelanern.
»Bringt ihn in eine sichere Ecke«, sagte er auf Arelanisch. »Euer Freund muss sich erholen. Er ist sehr schwach. «

Der Ceshalter beobachtete, wie zwei Arelaner angelaufen kamen und ihren Kameraden aufhoben und in eine dunkle Ecke brachten. Dort setzten sie ihn aufrecht hin und gaben ihm Wasser zu trinken. «

»Du behinderst meine Arbeit«, schimpfte der Ceshalter. »Ich werde die arthropodischen Soldaten informieren. « Er zog seinen Kommunikator aus der Tasche.

»Das ist nicht nötig«, antwortete Qunt-Tu. »Wie lautet dein Name? «

»Mein Name ist Tuula«, antwortete der Ceshalter.

Qunt-Tu verfügte über das vollständige Wissen seiner sehr alten Zivilisation. Auch die Geschichte der Ceshalter war seiner Species bekannt.

»Tuula war ein großartiger Flottenkommandeur der Ceshalter-Zivilisation«, bemerkte der Quanaris. »Unter seinem Befehl gelang es einer mächtigen Kriegsflotte eurer Rasse, vor vielen Jahrtausenden die Arthropoden-Species fast auszuradieren.«

Der Klon blickte ihn verständnislos an.
»Davon weiß ich nichts«, antwortete er.

Dann klappte er seinen Kommunikator auf.
»Ich rufe die Soldaten«, ergänzte er.

»Warte bitte«, lächelte Qunt-Tu. »Ich werde deine Erinnerungen auffrischen.«

Seine Gestalt zerlief in eine Energiewolke, vergleichbar mit einem Nebel. Die Verwandlung erfolgte blitzschnell und war mit den Augen fast nicht zu verfolgen. Der Nebel hüllte Tuula ein. Über die Nasenflügel des Ceshalters trat das Energiewesen in sein Inneres ein. Der Klon war nicht fähig sich zu bewegen. Er stand steif und regungslos da, vergleichbar mit einem Roboter, der auf neue Befehle wartete. Alles ging blitzschnell. Qunt-Tu war in dem Gehirn des Klons. Er aktivierte brachliegende Bereiche und reparierte defekte Zellen und verband getrennte Nervenbahnen. Anschließend übertrug er sein Wissen an den Ceshalter. Der Blick des Klons veränderte sich. Seine Augen funkelten plötzlich, sein Gedächtnis war um das ganze Wissen seiner Rasse erweitert worden. Auch das Wissen über die Arelaner fügte Qunt-Tu seinem Gehirn hinzu. Dann verließ er den Körper wieder. Das Energiewesen floss aus den Nasenflügeln von Tuula und nahm seine körperliche Gestalt wieder an.

Qunt-Tu lächelte Tuula an.
»Weißt du, wer du bist?«, fragte er.

Der Ceshalter erwachte aus seiner Starre. Er blickte auf seine Energiepeitsche. Entsetzt warf er sie zu Boden.

»Ich bin Tuula, Flottenkommandeur des Ceshalter-Imperiums«, sagte er.

»Das ist richtig«, antwortete der Quanaris. »Weißt du, wo du dich befindest?«

»Ja«, antwortete der Ceshalter. »Auf einem eroberten Planeten der Arthropoden. Sie halten uns als Sklaven und Gefangene. Ich bin ein Klon und wurde aus der DNA des

Flottenkommandeurs erzeugt. Meine Rasse wurde von den Insektoiden vollständig ausgerottet.«

»Das entspricht der Wahrheit«, bestätigte Qunt-Tu. »Du bist der Erste deines Volkes, der auf das vergessene Wissen zurückgreifen kann. Bitte helfe mir bei der Suche nach deiner Artgenossen. Ich werde auch ihr Wissen erneuern, wie ich es bei dir gemacht habe. Dann suchen wir einen Weg, um aus dieser Hölle zu entrinnen.«

»Das wird schwierig werden«, antwortete der Ceshalter. »Die Arthropoden wachen über diese Welt. Eine mächtige Militärstation schwebt in der Atmosphäre. Sie wird von 10.000 schweren Zerstörern ihrer 5.000 Meter messenden Raumschiffe bewacht.«

»Das ist mir bekannt«, konterte das Energiewesen entspannt. »Solche Großstationen besitzen reichliche Schwachpunkte. Wir werden sie zum Absturz bringen. Ein Teil ihrer Raumschiffe wird uns zur Flucht dienen. Der richtige Zeitpunkt ist ausschlaggebend.«

Die Arelaner hatten ihre Arbeiten eingestellt. Sie konnten die Worte von Qunt-Tu verfolgen. Die Sprache der Ceshalter hatten sie im Laufe der vielen Jahre ihrer Gefangenschaft erlernt. Ein junger Arelaner warf seinen Hammer und den Meißel zu Boden, mit dem er vorher

Energiekristalle aus den Wänden der Höhe geschlagen hatte. Langsam näherte er sich. Er besaß einen muskulösen Körperbau. Seine braunen Haare waren schweißnass und verstaubt.

Vor Tuula und Qunt-Tu blieb er stehen.
»Bist du ein Gott der Arelaner?«, fragte er.

»Nein«, antwortete der Quanaris. »Ich bin ein Kind dieses Planeten, als er noch intakt war. Viele meiner Art machten sich von hieraus auf, um als Systemregenten den zahlreichen Lebensformen der Galaxis zu dienen. Wir sorgten für eine Verbindung zwischen den Planeten und den Welten. Zu dieser Zeit harmonisierten alle Völker miteinander. Erst als die Evolution eine neue Vielfalt erweckte, kamen auch die aggressiven Lebensformen hinzu. Eine von ihnen nannte sich Arthropoden. Sie haben mein Volk angegriffen und fast ausgelöscht.«

Qunt-Tu blickte den Arelaner an.
»Wie ist dein Name?«, fragte er mit einem freundlichen Ton. »Du erinnerst mich an eine Person.«

»Mein Name ist Prinz Atrin Saar-Arel«, antwortete der Arelaner.

»Du bist ein direkter Nachkomme des ehemaligen natradischen Kaisers?«, erkundigte sich der Quanaris.

»Ja«, antwortete Atrin. »Meine Eltern haben mir die Geschichte unserer Vorfahren immer wieder erzählt. Ich stamme von einem Sohn des Kaisers ab, der in seiner Abwesenheit die Kolonisierung von Arel überwachen sollte.«

»Ich verstehe«, antwortete Qunt-Tu. »Ich konnte noch mit dem Kaiser sprechen. Er gab mir vor seiner Abreise das Versprechen, über diese Welt zu wachen und sie zu beschützen. Leider habe ich ihn nie mehr wiedergesehen. Er war nach unserem Gespräch aufgebrochen, um den Angriff auf seine Kolonien in der Andromeda-Galaxie zu untersuchen.«

Atrin blickte Qunt-Tu verständnislos an.
»Der Name ist mir nicht geläufig«, antwortete er. »Wo befindet sich diese Galaxie?«

»Sehr weit von hier entfernt«, lächelte der Quanaris. »Allein die Technik unseres Sphären-Portals kann den Weltraum krümmen und diese großen Entfernungen für Raumschiffe erreichbar machen.«

Atrin verstand nicht, was Qunt-Tu meinte. Ihm fehlte das nötige Wissen.

»Besitzt du noch andere Informationen von deinen Eltern?«, fragte Qunt-Tu.

Der Arelaner nickte.
»Kurz bevor sie in die Höhlen der Älteren verlagert wurden, konnte sie mir noch eine wichtige Mitteilung machen«, sagte Atrin.

»Bitte teile mir diese Information mit«, sagte der Quanaris. »Jeder Hinweis ist wichtig. «

»Es gibt eine alte Legende unter uns Arelaner«, flüsterte er. »Diese hält uns am Leben und ist die einzige Hoffnung. Sie wird von Generation zu Generation weitergetragen. Arel ist nicht die Ursprungswelt unserer Rasse. Dieser Planet darf lediglich als eine Kolonie betrachtet werden. Die Legenden besagen, dass die Ersten unserer Rasse durch ein mächtiges Sphärenportal gekommen sind, um diesen Teil der Galaxie zu besiedeln. In der Legende steht geschrieben, dass unser Kaiser irgendwann das Portal wieder öffnen wird. Seine mächtige Flotte wird Vergeltung für die jahrtausendelange Knechtschaft unserer Rasse fordern. Seine starken Raumschiffe werden die Species der Arthropoden ausradieren und Gerechtigkeit unter die Völker dieser Galaxie bringen.«

»Ich hatte die Hoffnung schon aufgegeben«, erwiderte Qunt-Tu. »Wann wird sich diese Legende erfüllen? «

»Darüber ist nichts bekannt«, antwortete Atrin. »Doch wir sind vorbereitet. Angehörige unseres Volkes lernen sehr schnell. Alle Arbeiter besitzen Waffen, die wir uns heimlich angefertigt haben. Lediglich die Höhlen der Älteren müssen wir noch suchen. Wir dürfen sie bei einer möglichen Flucht nicht zurücklassen. «

Das Energiewesen stoppte den Euphemismus von Atrin.
»Wir stehen erst am Anfang«, flüsterte Qunt-Tu. »Es ist noch ein langer Weg, bis ich allen Ceshalter ihr Wissen zurückgegeben habe. Nur gemeinsam werden wir einen erfolgreichen Aufstand planen und durchführen können. Sobald die Arthropoden etwas von unseren Absichten mitbekommen, werden sie mit aller Härte gegen uns vorgehen. Der Tod eines Wächters, oder eines Gefangenen, bedeutet ihnen nichts. Ihr müsst weiterarbeiten, wie ihr es bisher auch gemacht habt. Tuula wird euch weiter kontrollieren. Ihr seid voneinander abhängig, den Arthropoden darf keine Veränderung in eurem Verhalten auffallen. Ist euch das möglich? «

»Ich werde dafür sorgen«, erwiderte Prinz Atrin Saar-Arel. »Mein Name verpflichtet mich hierzu. «

»Gut«, bestätigte Qunt-Tu. »Ihr wisst jetzt, dass ich da bin. Haltet aus und bleibt am Leben. «

Qunt-Tu blickte Tuula an.
»Können sie Atrin über alles Weitere informieren? «, fragte er. » Ich werde mich in die nächste Höhle begeben und dort versuchen den Ceshalter-Wächter zu erwecken.«

»Ich mache das«, bestätigte Tuula. »Halten sie mich auf dem Laufenden. Alle Aktionen müssen koordiniert werden. «

»Ich beneide sie nicht um ihre Aufgabe«, sagte Qunt-Tu. »Doch es ist besser, wenn die Arelaner die ganze Wahrheit erfahren. Dann wissen sie, mit wem sie es zu tun haben. «

Tuula nickte mit ernstem Gesicht.
»Sie können sich auf mich verlassen«, antwortete er.
Mit diesen Worten wurde aus der Gestalt von Qunt-Tu erneut das körperlose Energiewesen. Seine nebelige

gasförmige Erscheinung entschwand durch den Lüftungsschacht.

Kommandeur Tuula und Prinz Atrin sahen ihm hinterher. Der Ceshalter zog den Arelaner in den Schatten einer Felsenwand.

Er blickte die Arbeiter an.
»Arbeitet weiter«, sagte er mit sanfter Stimme. »Wir dürfen keinen Verdacht erregen. «

Die Arbeiter nahmen ihre Werkzeuge wieder in die Hand und schlugen die Meißel in das Gestein.

Tuula blickte Atrin an.
»Was gibt es noch? «, fragt der Arelaner.

»Ich hoffe sehr, ihr seid in einem körperlich gesunden Zustand? «, erkundigte sich der Ceshalter.

Atrin nickte.
»Danke«, antwortete er. »Uns geht es gut. Kommen sie zur Sache. «

»Also gut«, antwortete Tuula. »Es gibt keine Verwahrungshöhlen für die Älteren eurer Rasse. «

»Das haben uns doch die Arthropoden immer wieder mitgeteilt«, flüsterte Prinz Atrin empört. »Wo sollen denn unsere Eltern und Angehörige leben?«

»Alle Insektoiden sind notorische Lügner«, antwortete Kommandeur Tuula. »Sie sind nur auf ihren Vorteil bedacht. Uns halten sie für Tiere, so wie wir sie als insektoiden Abschaum sehen. Die Älteren eurer Rasse, die Kranken und die Schwachen, die keine Arbeiten mehr leisten können, werden in gigantischen Anlagen zu Proteinsekret verarbeitet. Sozusagen als Nahrungsergänzung für die Soldaten der Arthropoden.«

»Das ist nicht wahr«, flüsterte Atrin. »Sie werden zu Nahrung verarbeitet?«

»Wie ich schon sagte«, erklärte Kommandeur Tuula. »Sie sehen in uns Tiere. Viele Zivilisationen, auch humanoide Lebensformen, jagen die Tiere ihrer Welt. Haben sie dieses einmal erlegt, essen sie das Fleisch, verarbeiten das Fell zu Kleidung und vieles mehr.«

»Das ist widerlich«, fluchte Prinz Atrin. »Ich hätte Lust, sofort einen Aufstand gegen diese Teufel zu beginnen.«

»Das hat Qunt-Tu vorausgesehen«, sagte Tuula. »Wir dürfen nicht leichtfertig mit dieser einmaligen Chance umgehen. Teile deinen Leuten nichts von dieser Erkenntnis mit.«

»Das wird sicherlich besser sein«, antwortete der Prinz. »Diese kleine Flamme der Hoffnung darf nicht ausgetreten werden.«

Kommandeur Tuula nickte.
»Geht wieder an die Arbeit«, empfahl er. »Verhaltet euch unauffällig. Wir werden wieder von Qunt-Tu hören. Da bin ich mir sicher. Er besitzt erstaunliche Fähigkeiten. Ich vertraue ihm.«

»Nach dem Arbeitsende werde ich in unseren Zellen meine Angehörigen unterrichten«, flüsterte Prinz Atrin. »Wir müssen uns organisieren. Wenn er Zeitpunkt gekommen ist, werden wir uns erheben und die Insektoiden mit unseren Füßen zertreten.«

Kommandeur Tuula schmunzelte.
»Erkenne ich einen Widerstandskämpfer in dir?«, fragte er.» Der Gedanke ist nicht so leicht umzusetzen. Wir haben es mit vielen Garnisonen ihrer Soldaten zu tun. Es muss erst geklärt werden, wie viele kräftige Personen sich unserer Sache anschließen wollen. Weihe nur deine engsten Vertrauten ein. Es ist möglich, dass einige gefolterte Angehörige deines Volkes den Arthropoden

Hinweise auf unseren Plan mitteilen werden. Das darf unter keinen Umständen passieren. Wir würden alles verlieren.«

Der Arelaner blickte den Ceshalter an.
»Seit 100.000 Jahren warten wir auf die Rückkehr unseres Kaisers«, antwortete der Prinz. »Die Legende kennen sie jetzt. Realistisch betrachtet wird er nicht mehr am Leben sein. Doch wir hoffen auf seine Nachkommen. Diese sollten über Informationen verfügen, dass irgendwo tief in der Galaxie noch eine Kolonie unserer Artgenossen existiert. Mein Volk hofft inständig darauf, dass diese Arelaner das Sphären-Portal öffnen werden, um nach uns zu suchen.«

»Ich wünsche es euch und meiner Rasse«, erwiderte der Ceshalter. »Qunt-Tu teilte mit, dass wir von einer Rasse erschaffen wurden, die sich die Aller-Ersten nennen. Möglicherweise suchen sie auch nach uns? Ich hoffe nicht, dass sie uns aufgegeben haben?«

Prinz Atrin erkannte, dass auch Kommandeur Tuula Hoffnungen in sich trug.

»Alles wird ein glückliches Ende nehmen«, flüsterte er. »Der Anfang wird von uns ausgehen. Das Ende ist derzeit noch ungewiss. Von den Überlieferungen meiner

Vorfahren weiß ich jedoch, dass auch wir humanoiden Species in der Lage sind, uns gegen Tyrannei und Unterdrückung zu wehren. Der Kaiser meines Volkes befahl über ein großes Imperium und viele Raumschiffe. In seinem Hoheitsgebiet gab es keine insektoiden Rassen, die uns gefährlich werden konnten.«

»Berücksichtige die lange Zeitspanne, die vergangen ist«, antwortete Kommandeur Tuula. »Eines weiß ich mit Bestimmtheit. Alles ist in Veränderung. Nichts existiert auf Dauer. Heute sorgen wir für den Beginn einer weiteren Veränderung. Achte darauf, dass Angehörige deines Volkes unseren Plan nicht gefährden.«

Prinz Atrin nickte.
»Sei versichert, die Führungskräfte meiner Rasse werden nichts ausplaudern«, flüsterte er. »Darüber bin ich mir sicher.«

Dann drehte er sich um und schritt zu seiner Arbeit zurück. Als ob nichts gewesen wären, griff der nach dem Hammer und dem Meißel und schlug auf die Wand mit den Erzen ein.

Kommandeur Tuula hob die am Boden liegende Energiepeitsche auf und hielt sie locker in seiner Hand. Er beobachte die Arbeit der Arelaner und lächelte still vor sich hin.

Natradische Geheimstation, Planet Schirrack

Major Travis und sein Team schritten die Laserbrücke der Termar 1 hinunter. Ein natradischer Transportgleiter näherte sich aus der Stadt. Heran blickte sich interessiert um.

»Die Stadt war für eine große Anzahl von Personen konstruiert«, bemerkte er. »Der natradische Kaiser hatte sicherlich größere Pläne an diesem Standort.«

»Ob wir diese noch erfahren, das ist sehr fraglich?«, antwortete Gildor Barenseigs.

Er hatte die Protokoll-Roboter Jahol-Sin mitgenommen. Vermutlich mit dem Hintergedanken, dass dieser noch einige Informationen des Kaisers bereitstellen würde. Sirin zeigte auf den näherkommenden Gleiter.

»Er ist nicht mit dem Logo des natradischen Imperiums gekennzeichnet, sondern mit dem Wappen des Hauses Saar-Arel«, sagte sie. »Was hatte mein Onkel hier wieder geplant?«

»Wir werden von Admiral Garxon abgeholt«, bemerkte Heinze. »Ich empfange seine Gedanken klar und deutlich. Er ist uns freundlich gesonnen. Der Admiral freut sich, endlich wieder natradische Abgesandte empfangen zu können.«

»Kannst du Impulse der Hypertronic-KI espern?«, fragte der Major. »Ist sie mit dem Vorgehen von Admiral Garxon einverstanden?«

»Sie hält sich bedeckt«, antwortete der Ro. »Ich empfange keine Aktivitäten von ihr.«

Der Gleiter kam gemächlich näher. Tart 1 und Tart 2 traten jeweils an die rechte und linke Seite von Major Travis. Der Major erkannte, wie ihre Augen sich in eine tiefrote Farbe änderten. Ein Zeichen dafür, dass die Personenschutz-Roboter in den Kampfmodus geschaltet hatten. Jetzt entging ihnen nicht mehr die geringste Kleinigkeit.

Hinter der Gruppe deaktivierte sich die Laserbrücke des Naada-Angriffskreuzers. Das Ausstiegsschott schloss sich selbstständig. Der Schutzschirm aktivierte sich und hüllte das 500 Meter messende Schiff ein. Der Transportgleiter der Station bremste ab. In einem Abstand von 50 Meter zu der wartenden Gruppe, setzte er auf dem laserglasierten Boden des Raumhafens auf.

Gespannt warteten die Besucher ab, was sich als Nächstes ereignen würde. Es vergingen einige Minuten. Dann öffnete sich das Schott des schwarzen Gleiters.

Major Travis staunte nicht schlecht, als zwei Tart-Roboter aus der Luke stiegen und sich rechts und links neben ihr aufstellten. Auch ihre Augen leuchteten tiefrot.

Tart 1 und Tart 2 gaben keine Äußerungen von sich. Doch auch sie hatten ihre Kollegen erkannt. Zusatzprogramme liefen in ihnen an. Sie wussten, dass Tart-Roboter über besondere Fähigkeiten verfügten. Im Angriffsfall würde es auf blitzschnelle Entscheidungen ankommen.

Die Roboter der Station hielten einsatzbereite Lasergewehre vor ihrer Brust. Den Lauf der Waffen war in den Himmel gerichtet.

Die Besucher nahmen eine Bewegung an dem Schott wahr. Ein Roboter mit organischem Kopf sprang aus der Luke. Sein mechanischer Körper schien über breitere Baumasse zu verfügen als die Tart-Roboter. Seine massiven Gelenke aus Natridstahl wirkten fast unverwüstlich. Sein Körper war mit zusätzlichen

Panzerplatten geschützt. Mit leichtfüßigen Bewegungen kam der Cyborg langsam näher. Seine natradischen Augen musterten die Gäste intensiv.

»Das ist Verwalter Garxon«, flüsterte Admiral Tarin. »Ich bin entsetzt. So habe ich meinen Kollegen nicht in Erinnerung. Warum hat der Kaiser ihm so etwas angetan?«

»Wir werden es später erfahren«, beruhigte ihn Major Travis.

»Er gehört mit zu dem Geheimprojekt von Kaiser Quoltrin-Saar-Arel«, bemerkte Gildor Barenseigs. »Der Kaiser wollte hier etwas völlig Neues ausprobieren. Der Admiral ist ein Natrader in einen Roboter-Körper. Vermutlich für die Ewigkeit konstruiert. «

»Wollen sie in so einer Metallhülle leben? «, fragte der Admiral. » Sieht so das ewige Leben für uns aus? «

»Es gibt mehrere Möglichkeiten die Zeit zu überdauern«, antwortete Heran. »Hier sehen wir eine davon. Vermutlich müssen die Flüssigkeiten und Schmierstoffe in der Maschine gelegentlich getauscht werden. Ansonsten haben wir es hier mit einem fast unverwüstlichen und korrosionsfreien Metallkörper zu tun. «

Admiral Garxon trat auf die Gruppe zu. Er wurde von den beiden Tart-Robotern eskortiert. Vor den Gästen blieb das Empfangskomitee stehen.

»Mein Name ist Admiral Garxon«, stellte sich der Verwalter der Geheimstation vor. »Ich begrüße sie auf Schirrack.

Noch immer musterte er die Gäste intensiv. Sein Blick blieb auf Heinze hängen.

Admiral Tarin trat auf seinen Kollegen zu.
»Wir haben uns lange nicht mehr gesehen«, sagte er.

Dann begrüßte er den Admiral mit dem alten natradischen Gruß. Dieser erwiderte die Ehrenbezeugung.

»Admiral Tarin«, lächelte Garxon. »Mit ihnen habe ich am wenigsten gerechnet. Nach ihrem imperialen Deaktivierungsbefehl, an alle Hypertronic-KI geführten Stationen, Basen und Außenstellen des Imperiums, wurden wir zu einem Nichtstun verdammt. «

Admiral Tarin nickte.

»Die Umstände ließen keine andere Vorgehensweise zu«, antwortete er. Nachdem ich das Kommando über die vernichteten Reste des Imperiums übernommen hatte, ging es nur noch um das Überleben unserer Rasse. «

»Höre ich richtig? «, fragte der Admiral. » Sprechen sie von einer imperialen Niederlage? «

»Das ist korrekt«, bestätigte Tarin. »Das Imperium wurde von einer Rasse, die wir als Rigo-Sauroiden bezeichnen angegriffen und ausgelöscht. Natrid wurde bombardiert und war eine lange Zeit radioaktiv verseucht. Ich habe die letzten überlebenden Natrader in eine neue Zukunft evakuiert. Sie leben jetzt in einer anderen Galaxie. Aber unterhalten wir uns in der Station weiter. Wir haben ihnen viel mitzuteilen. «

Admiral Garxon nickte.
»Darum bitte ich«, antwortete er.

Er zeigte auf seine beiden Begleiter.
»Das sind Tart 560 und Tart 565«, erklärte er. »Der Kaiser hat sie mir als Personenschutz-Roboter zugeteilt. Ich sehe, in ihrer Begleitung befinden sich ebenfalls Tart-Roboter. Sorgen sie für ihren Schutz? «

Admiral Tarin schüttelte seinen Kopf.

»Ich brauche keine Schutzroboter«, erwiderte er. »Meine große Kampfflotte reicht für meine Sicherheit aus. Diese besonderen Tart-Roboter wurden eigentlich nur wichtigen Persönlichkeiten des Imperiums zugeteilt. Das sind Tart 1 und Tart 2. Sie wurden Major Travis zugeteilt.«

Admiral Tarin stellte seine Begleiter der Reihe nach vor. Er zeigte auf den lantranischen Wurmlochexperten.

»Das ist Heran«, sagte der Admiral. »Er gehört der lantranischen Rasse an. «

Admiral Garxon nickte ihm zu.
»Ich kenne ihre Species«, sagte er. »Sie waren früher öfter auf Natrid in beratender Funktion. Unser Kaiser musste später ihrer Rasse das Einflugrecht in unser System entziehen. «

»Das sind alte Geschichten«, antwortete Heran. »Heute sind wir Freunde des Imperiums. «

Admiral Tarin zeigte er auf seinen Vorgesetzten.
»Das ist Major Travis, Erbfolgeberechtigter Oberbefehlshaber der vereinigten Natrid & Tarid Streitkräfte und Erhobener im Gefüge der Kaiserkaste mit Rang 1«, sagte er. »Bestätigt und eingesetzt von der imperialen Hypertronic-KI von Natrid im Rahmen der

Nachfolge-Programmierung. Er verfügt über alle Rechte an den natradischen Hinterlassenschaften. Unter seiner Regie entsteht unser altes Imperium neu.«

Admiral Garxon stutzte einen Moment.
»Das Imperium liegt nicht mehr in natradischer Befehlsausführung«, wunderte er sich.

»Das ist nicht ganz richtig«, sagte Sirin und trat vor.
»Ich bin Prinzessin Sani Sirin, eine direkte Cousine des Kaisers und letzte Nachkomme des kaiserlichen Adelsgeschlechtes von Natrid. Ich war die Oberbefehlshaberin einer großen Flotte im Kampf gegen die Sauroiden. Major Travis ist ein Nachkomme von Tarid. Zu unserem Nachbarplaneten sind viele unsere Offiziere geflüchtet. Später haben sie sich mit den dort lebenden humanoiden Völkern vermischt. Tarid ist heute der maßgebende Planet im Sol-System. Die Infrastruktur ist ideal, seine Industrie baut unsere Raumschiffe. Ohne die Hilfe unserer Nachbarn hätte das Imperium nicht mehr auferstehen können.«

Admiral Garxon lächelte sie an.
»Es ist eine Ehre für mich, sie auf diesem Planeten begrüßen zu dürfen«, erwiderte er. »Ich bin froh, dass sie die lange Zeit gut überstanden haben?«

»Vermutlich genauso wie sie, in einer Stasis-Kammer«, antwortete Sirin. »Auch für mich kam der Niedergang unseres Imperiums sehr plötzlich.«

»Dann war der Untergang unseres Imperiums nicht aufzuhalten?«, fragte Admiral Garxon.

Admiral Tarin schüttelte seinen Kopf.
»Wir haben zu spät reagiert«, antwortete er. »Die Schiffe der Angreifer waren uns mengenmäßig 10-fach überlegen. Es war eine reine Materialschlacht. Es ist uns zwar gelungen, die Heimatwelt der Angreifer auszuradieren. Als wir dort ankamen, hatten wir jedoch nicht mitbekommen, dass bereits eine große Armada von ihren Kriegsschiffen nach Natrid aufgebrochen war, um unserer Rasse den Todesstoß zu versetzen. Wenig später traten wir den Rückflug nach Natrid an. Als wir ankamen, war es bereits zu spät. Die Flotte der Heimatverteidigung war aufgerieben worden, unser Planet stand in Flammen. Unser wissenschaftlicher Mond Nors existierte nicht mehr. Wir schafften es, die Flotte der Angreifer zu besiegen. Doch der entstandene Schaden an unserer Welt war nicht mehr reparabel.«

»Ich sehe, das wird eine längere Geschichte werden«, sagte Admiral Garxon. »Sie sehen mich völlig am Boden zerstört. Der Informationsfluss aus dem Imperium war schlagartig abgebrochen.«

Er blickte Major Travis an.
»Ich begrüße sie Major Travis«, sagte er. »So wie es Admiral Tarin gemacht hat, akzeptiere ich sie als Erbfolgeberechtigten Oberbefehlshaber der vereinigten Natrid & Tarid Streitkräfte und als Erhobenen im Gefüge der Kaiserkaste mit Rang 1. Sozusagen sind sie mit der Befehlsgewalt unseres ehemaligen Kaisers ausgestattet. Die Bestätigung unserer imperialen Hypertronic-KI von Natrid reicht mir aus, um mich ihrer Befehlsgewalt unterzuordnen. Ich bin der Verwalter dieser geheimen Station. Auch im Namen der Hypertronic-KI dieser Station teile ich ihnen mit, dass wir nie eine eigenständige Basis sein wollten. Auch diese Station funktioniert nur durch ihr Personal, welche sie bevölkert und bedient. Wir dürfen auch nicht die Ressourcen vergessen, die nach der langen Zeit der Deaktivierung aufgefrischt werden sollten.«

Major Travis antwortete mit dem natradischen Gruß.
»Admiral Garxon«, sagte er. »Es freut mich sie kennenzulernen. Admiral Tarin hält große Stücke auf sie?«

»Wir haben so manche Schlacht geschlagen«, antwortete Garxon. »Doch irgendwann hatte der Kaiser andere Pläne für mich. Ich konnte mich nicht gegen seine Befehle auflehnen. Heute sage ich, es war gut so. Ansonsten könnte ich vermutlich heute nicht vor ihnen stehen.«

Er zeigte auf Heinze.
»Sie haben ihr Haustier mitgebracht?«, erkundigte er sich.

Major Travis verzog sein Gesicht.
»Das ist Heinze«, sagte er. »Er ist ein Ro, ein Verbündeter einer Rasse aus unserer Sterneninsel.«

»Er sieht eigenartig aus«, bemerkte der Admiral.

»Ich kann selbst für mich sprechen«, fluchte Heinze. »Warum halten mich alle für ein Tier. Es gibt so viele Rassen im Weltall. Manche Wesen sehen wesentlich eigenartiger aus als die liebenswerten Ro's.

»Interessant«, antwortete der Admiral. »Verbündete gab es früher in dem kaiserlichen Imperium nicht. Ich erkenne, es hat sich einiges geändert.«

»Du solltest vorsichtig sein«, lächelte Admiral Tarin. »Unser kleiner Freund ist eine mächtige Lebensform. Er hat es nicht gerne, wenn man ihn als ein Tier ansieht. Ich halte mittlerweile große Stücke auf ihn. Hätten wir seine

Rasse als Verbündete in dem großen Krieg gehabt, dann würde Natrid noch existieren. «

»Wie kann ein so kleines Pelzwesen den Krieg ins Positive lenken? «, fragte Garxon. » Das will mir nicht so richtig klar werden. «

»Unser Freund verfügt über besondere Fähigkeiten«, sagte Major Travis. »Er ist Telepath, Telekinet und Teleporter. Weisen sie bitte ihre Tart-Roboter an, in den normalen Modus zu schalten. Wie sie mittlerweile erkennen können, haben wir keine schlechten Absichten im Sinn. «

Admiral Garxon nickte
»Tarts, deaktiviert euren Kampfmodus«, befahl er.

Sein Befehl reichte aus. Die Tart-Roboter schulterten ihre Lasergewehre auf ihren Rücken. Das rote Leuchten in ihren Augen veränderte sich in eine blaue Farbe.

»In Ordnung«, sagte Major Travis.

Er blickte Heinze an.
»Teile bitte Admiral Garxon, was er gerade denkt«, lächelte der Major.

Heinze blickte kurz den Admiral an.

»Sie fragen sich, wie die Hypertronic-KI ihrer Station den Untergang des natradischen Imperiums aufnehmen wird?«, sagte Heinze. » Ich kann sie beruhigen. Wir sind bereits auf viele eigenwillige Hypertronic-KI geführte Stationen gestoßen. Alle haben sich wieder der imperialen Hypertronic-KI untergeordnet. Unsere Absicht ist es, keine natradischen Hinterlassenschaften in fremde Hände gelangen zu lassen. Das würde eine Schwächung unseres Neuaufbaues bedeuten. Das sollte auch der KI dieser Station einleuchten. «

»Das ist mir klar«, antwortete der Admiral. »Ich bin erstaunt über deine scharfe Intelligenz. Du bist eine Bereicherung für das Imperium. Über welche Fähigkeiten verfügst du noch? «

»Eigentlich sind wir nicht hier, um Kunststücke vorzuführen«, lächelte Major Travis. »Wir halten unsere Fähigkeiten lieber versteckt im Hintergrund. «

Admiral Garxon sah den Major an.

»Ich stimme ihnen zu«, antwortete er. »Durch die lange Zeit unserer Deaktivierung haben wir viele Fragen. Es würde mich sehr interessieren, welche Fähigkeiten ihr Freund noch besitzt. Erfüllen sie mir bitte diesen Wunsch. Ich konnte eine lange Zeit nicht mit lebenden Wesen sprechen. Schon gar nicht mit einer so vielseitigen und fähigen Person.«

Major Travis blickte den Admiral nachdenklich an.
»Es sind keine Hintergedanken in seinen Gedanken festzustellen«, flüsterte Heinze ihm zu. »Er ist lediglich von mir begeistert.«

»Also gut«, bestätigte der Major »Zeige ihm noch etwas von deinen Fähigkeiten.«

Heinze schmunzelte. Er blickte Admiral Garxon an.
»Ihr Körper aus Natridstahl wird sicherlich ein schweres Gewicht besitzen?«, fragte Heinze den Admiral.
»Erschrecken sie bitte nicht. Ich habe sie jetzt mit meinem kleinen Finger einen Meter in die Höhe.«

Der Admiral wirkte irritiert und wollte etwas sagen.
»Heinze streckte seine rechte Hand aus und zeigte mit seinem Zeigefinger auf den Admiral. Sein Finger hob sich langsam an.

Der Körper des Admirals schwebte vom Boden hoch.
Ohne Anstrengung hielt Heinze den schweren Metallkörper einen Meter über den Boden in seiner Position.

Der Admiral schaute zu seinen Füßen herunter. Er lächelte beeindruckt.
»Das ist wirklich einzigartig«, sagte er erstaunt aus. »Setze mich bitte wieder ab, bevor ich das Gleichgewicht verliere.«

»Das wird nicht passieren«, beruhigte ihn der Ro. Vorsichtig senkte Heine seine Hand dem Boden entgegen. Der Admiral verspürte wieder festen Boden unter seinen Füßen.

»Als Abschluss führe ich eine Teleportation durch«, lächelte Heinze. »Beobachten sie mich, dann wenden sie ihren Blick zu dem Transportgleiter.«

Admiral Garxon kniff seine Augen zusammen. Er ließ den pelzigen Besucher nicht aus den Augen.

»Luft flimmerte und fiel in sich zusammen. Heinze war von einer Sekunde zur anderen entmaterialisiert. Der Admiral drehte seinen Kopf und sah den Ro vor dem Transportgleiter der Station stehen und winken. Dann verschwand er wieder und materialisierte vor dem Admiral.

Mit aufgerissenen Augen blickte er Heinze an.

»So etwas habe ich noch nicht gesehen«, sagte er. »Das sind Fähigkeiten, die wirklich einen Krieg entscheiden könnten. «

»Genug mit den Demonstrationen«, entschied Major Travis. »Bringen sie uns bitte in ihre Station. Wir haben ein Update der natradischen Hypertronic-KI dabei. Die KI ihrer Station wird mit neuen Befehlen versehen. «

»Gerne«, antwortete der Admiral. »Sie wird sich freuen, wieder eine Aufgabe zugeteilt zu bekommen. «

Er zeigte auf den wartenden Transportgleiter.
»Folgen sie mir bitte, ich erkläre ihnen die Station«, sagte Admiral Garxon.

Er drehte sich ab und schritt auf den Gleiter zu. Seine beiden Tart-Roboter folgten ihm. Die Besucher schritten schweigsam hinterher. Der Transportgleiter war geräumig eingerichtet. Die Besucher ließen sich in die breiten Sessel fallen. Ein Tart 560 übernahm die Steuerung des Gleiters. Langsam hob er von dem Raumhafen ab. Der Tart-Roboter flog eine Schleife und schlug einen Kurs auf die verlassene natradische Stadt des Planeten Schirrack ein.

Vorschau:

www.ingramcontent.com/pod-product-compliance
Lightning Source LLC
Chambersburg PA
CBHW051349220526
45469CB00001B/176